Baulicher Brandschutz im Bestand – Band 1

Jetzt diesen Titel zusätzlich als E-Book downloaden und 70 % sparen!

Als Käufer dieses Buchtitels haben Sie Anspruch auf ein besonderes Kombi-Angebot: Sie können den Titel zusätzlich zum Ihnen vorliegenden gedruckten Exemplar für nur 30 % des Normalpreises als E-Book beziehen.

Der BESONDERE VORTEIL: Im E-Book recherchieren Sie in Sekundenschnelle die gewünschten Themen und Textpassagen. Denn die E-Book-Variante ist mit einer komfortablen Volltextsuche ausgestattet!

Deshalb: Zögern Sie nicht. Laden Sie sich am besten gleich Ihre persönliche E-Book-Ausgabe dieses Titels herunter.

In 3 einfachen Schritten zum E-Book:

❶ Rufen Sie die Website **www.beuth.de/e-book** auf.

❷ Geben Sie hier Ihren persönlichen, nur einmal verwendbaren E-Book-Code ein:

27684209DD6BK99

❸ Klicken Sie das „Download-Feld“ an und gehen dann weiter zum Warenkorb. Führen Sie den normalen Bestellprozess aus.

Hinweis: Der E-Book-Code wurde individuell für Sie als Erwerber dieses Buches erzeugt und darf nicht an Dritte weitergegeben werden. Mit Zurückziehung dieses Buches wird auch der damit verbundene E-Book-Code für den Download ungültig.

Baulicher Brandschutz im Bestand – Band 1

Mehr zu diesem Titel

... finden Sie in der Beuth-Mediathek

Zu vielen neuen Publikationen bietet der Beuth Verlag nützliches Zusatzmaterial im Internet an, das Ihnen kostenlos bereitgestellt wird. Art und Umfang des Zusatzmaterials – seien es Checklisten, Excel-Hilfen, Audiodateien etc. – sind jeweils abgestimmt auf die individuellen Besonderheiten der Primär-Publikationen.

Für den erstmaligen Zugriff auf die Beuth-Mediathek müssen Sie sich einmalig kostenlos registrieren. Zum Freischalten des Zusatzmaterials für diese Publikation gehen Sie bitte ins Internet unter

www.beuth-mediathek.de

und geben Sie den folgenden Media-Code in das Feld „Media-Code eingeben und registrieren" ein:

M276846496

Sie erhalten Ihren Nutzernamen und das Passwort per E-Mail und können damit nach dem Log-in über „Meine Inhalte" auf alle für Sie freigeschalteten Zusatzmaterialien zugreifen.

Der Media-Code muss nur bei der ersten Freischaltung der Publikation eingegeben werden. Jeder weitere Zugriff erfolgt über das Log-In.

Wir freuen uns auf Ihren Besuch in der Beuth-Mediathek.

Ihr Beuth Verlag

Hinweis: Der Media-Code wurde individuell für Sie als Erwerber dieser Publikation erzeugt und darf nicht an Dritte weitergegeben werden. Mit Zurückziehung dieses Buches wird auch der damit verbundene Media-Code ungültig.

Baulicher Brandschutz im Bestand

Gerd Geburtig

Baulicher Brandschutz im Bestand

Band 1: Brandschutztechnische Beurteilung vorhandener Bausubstanz

4., überarbeitete Auflage 2017

Herausgeber:
DIN Deutsches Institut für Normung e. V.

Beuth Verlag GmbH · Berlin · Wien · Zürich

Herausgeber: DIN Deutsches Institut für Normung e. V.

Berlin · Wien · Zürich
Am DIN-Platz
Burggrafenstraße 6
10787 Berlin

Telefon: +49 30 2601-0
Telefax: +49 30 2601-1260
Internet: www.beuth.de
E-Mail: kundenservice@beuth.de

Bei Fragen zur Produktsicherheit wenden Sie sich bitte an DIN Media GmbH, Kundenservice, Burggrafenstraße 6, 10787 Berlin.

Titelbild: © Gerd Geburtig
Satz: B & B Fachübersetzergesellschaft mbH, Berlin
Druck: PRINT GROUP Sp. z o.o., ul. Cukrowa 22, PL-71-004 Szczecin
Gedruckt auf säurefreiem, alterungsbeständigem Papier nach DIN EN ISO 9706

ISBN 978-3-410-27684-5
ISBN (E-Book) 978-3-410-27685-2

Vorwort zur 4. Auflage

Um bestehende Bauwerke oder Bauteile angemessen aus brandschutztechnischer Sicht beurteilen zu können, ist eine möglichst präzise Auseinandersetzung mit den zur Errichtungszeit geltenden „Spielregeln" unumgänglich.

Die nunmehr bereits 4. Auflage schreibt die durch den Autor vor knapp 10 Jahren begonnene Auseinandersetzung mit den geeigneten Zeugnissen und Quellen aus brandschutztechnischer Sicht fort, die für die Beurteilung der vorhandenen Bausubstanz geeignet sind.

Als neuer Bestandteil dieser wiederum überarbeiteten und ergänzten Ausgabe ist zunächst die grundlegende Würdigung eines aktuellen und glücklicherweise in die „richtige Richtung" gehenden Beschlusses des Bundesgerichtshofes (BGH) zu nennen. Mit diesem schloss sich der BGH dabei der Auffassung des Hanseatischen Oberlandesgerichtes (OLG) Hamburg an, dass beim Bauen im Bestand durchaus von Normen bzw. anerkannten Regeln der Technik für Neubauten abgewichen werden darf, wenn eine entsprechend anderweitige Vereinbarung getroffen wurde. Diesem Umstand wird ein vollständig neuer Abschnitt gewidmet. Es wird damit darauf reflektiert, dass es praktisch einfach nicht möglich ist, beim Bauen im Bestand alle aktuellen Normen einzuhalten. Um jedoch an die Stelle von Neubaustandards aus der Sicht des Brandschutzes geeignete andere treten zu lassen, muss man sich insbesondere mit den historischen Regeln auseinandersetzen, damit richtige und angemessene Lösungen gefunden werden können.

In diesem Zusammenhang werden auch die neuen europäischen Bauprodukteregelungen, die damit einhergehende Neuordnung der Musterbauordnung sowie die Auswirkungen auf mögliche abweichende Tatbestände von eingeführten Technischen Baubestimmungen und die Neuerungen hinsichtlich der notwendigen Beachtung europäisch harmonisierter Normen auch beim Bauen im Bestand beleuchtet.

Darüber hinaus wurden u. a. die Abschnitte zur Beurteilung von Wänden, Stützen, Decken und Türen weiter fortgeschrieben und einer zu Glasbausteinen gänzlich neu in den Band eingefügt.

In Fortführung der bisher vierbändigen Reihe zur brandschutztechnischen Beurteilung bestehender Bausubstanz wird ein weiterer Ergänzungsband erscheinen, der sich mit der Historie der sog. eingeführten Technischen Baubestimmungen beschäftigt und den vorbeugenden Brandschutz behandelt.

werden. Es gilt, das zu Recht bauordnungsrechtlich geforderte Schutzziel auf geeignetem Wege zu erreichen.

Dabei wünscht der Autor viel Freude beim Blick „hinter die Kulissen“, denn ohne einen Blick zurück in die Entwicklung brandschutztechnischer Anforderungen geht auch manchem Planenden der Sinn derselben verloren.

Ribnitz-Damgarten/Weimar, im August 2008

Autorenporträt

Gerd Geburtig, Jahrgang 1967.

1986–1991 Architekturstudium an der Hochschule für Architektur Bauwesen Weimar.

1991–1995 Wissenschaftlicher Mitarbeiter an der HAB Weimar.

Seit 1993 Inhaber der Planungsgruppe Geburtig, Architekten & Ingenieure.

Gastvorlesungen an der Bauhaus-Universität; Dozent EIPOS e.V., Bauhaus Akademie Schloss Ettersburg gGmbH, Deutsche Stiftung Denkmalschutz, Architekten- und Ingenieurkammer Mecklenburg-Vorpommern u.a.

Fachbuchautor. Zahlreiche Veröffentlichungen in Fachzeitschriften.

Seit 2001 Referatsleiter Fachwerk in der Wissenschaftlich-Technischen Arbeitsgemeinschaft für Bauwerkserhaltung und Denkmalpflege e.V. (WTA) und seit 2006 1. Vorsitzender der regionalen Gruppe der WTA in Deutschland.

Seit 2003 Mitglied im Deutschen Nationalkomitee von ICOMOS.

Seit 2006 Nachweisberechtigter für vorbeugenden Brandschutz in Thüringen und Hessen, Brandschutzplaner Mecklenburg-Vorpommern und Sachverständiger für Energieeffizienz von Gebäuden (EIPOS Dresden).

Seit 2007 Mitglied im NA 005-52-21 AA (Arbeitsausschuss Brandschutzingenieurverfahren) beim DIN.

2008 Promotion zum Dr.-Ing.

Seit 2008 Prüfingenieur für Brandschutz.

Seit 2014 Honorarprofessor für das Fachgebiet Brandschutz an der Bauhaus-Universität Weimar.

Inhaltsverzeichnis

1 Einführung

Bei einer Feuerkatastrophe kann die Brandausbreitung mit einhergehender Brandgasbildung zu Personen- und Sachschäden führen. Daher werden in den Bauordnungen der Bundesländer die generellen Brandschutzanforderungen an Gebäude verschiedener Konstruktions- und Nutzungsart geregelt. Bauartunabhängig müssen Brandausbreitung und insbesondere die Brandgasausbreitung in Rettungswege und Treppenhäuser für die Personen- und Kulturgutsicherung sowie in die an den Brandherd angrenzenden Räume über die in den Landesbauordnungen vorgeschriebenen Zeiträume verhindert werden. Bestandsgebäude stehen oft im Konflikt mit derzeit gültigen Normen und Regelungen des Brandschutzes.

Erschwerend kommt hinzu, dass die jeweiligen Bauordnungen der Länder im Kern allgemeingültige Brandschutzkonzepte nur für Neubauten liefern.

Abbildung 1: Historisches Tragwerk genügt formal (nicht mehr) den Anforderungen der Versammlungsstätten-Verordnung.

Richtig ist es, sich mit dem tatsächlichen Feuerwiderstand alter Bestandskonstruktionen zu beschäftigen und dann – wenn überhaupt noch notwendig – weitere Verbesserungen als Ersatzmaßnahmen zu planen.

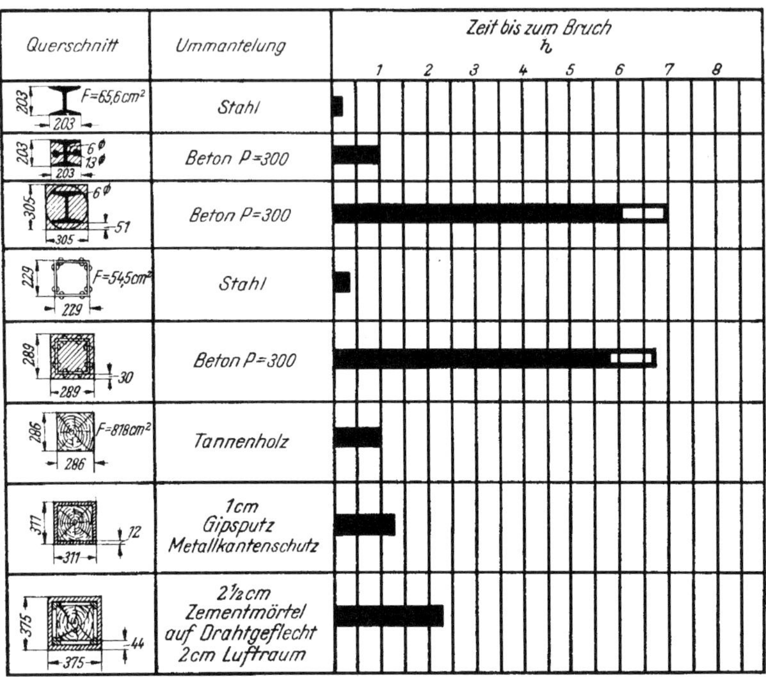

Abbildung 3: Verhalten verschiedener Stützen gleicher Tragkraft im Schadenfeuer, Übersicht 1942[2]

Historische Brandschutzmaßnahmen allein sind natürlich nicht mehr als ausreichende Garantie der Schutzziele gemäß Musterbauordnung, Landesbauordnungen oder Sonderbauvorschriften anzusehen. Es existieren aus vergangener Zeit aber viele sinnvolle Vorschläge für wirkungsvolle Maßnahmen über geeignete Verhaltensregeln in vom Feuer gefährdeten Bauwerken. Leichtsinn und fahrlässiger Umgang mit dem Element Feuer sind immer noch wesentliche Quellen der Brandentstehung. Demzufolge ist auf bauzeitliche Regelungen – an Tagesaktualität ist dieses Thema kaum zu übertreffen – Bezug zu nehmen: Wenn in einem bestehenden Bauwerk, in dem sich Dinge oder Konstruktionen befinden können, die leicht Feuer fangen könnten, der Tabakgenuss mittels Feuer-Ordnung bereits vor 250 Jahren untersagt wurde[3], dann muss Rauchen

Abbildung 4: Geeignete Nutzungsbegrenzung durch entsprechende Möblierung

in einem zum Konzertsaal, zur Gaststätte oder Pension umgebauten Objekt nun auch nicht mehr erlaubt werden, um dann, wenn man dazu nicht bereit ist, dieses wegen der nunmehr erhöhten Brandgefahr bis zur Unkenntlichkeit aufrüsten zu müssen.

Um ein bestehendes bauliches Gefüge und sein Tragwerk einschließlich seiner Qualitäten wirklichkeitsnah einschätzen zu können, ist ein Rückgriff auf die zu seiner Bauzeit gültig gewesenen Regeln oder Normen empfehlenswert. Dadurch kann das zur Errichtungszeit vereinbarte Sicherheitsniveau und -konzept verstanden und nachempfunden werden. Zugleich treten Quellen zu Tage, die Auskunft über die mögliche Leistungsfähigkeit und die zu berücksichtigenden Schwächen im Brandfall geben. Umfangreiche Aussagen dazu sind in historischen Vorschriften, Erlassen, Normen und Standards sowie in klassischer Fachliteratur durchaus zu finden.[4]

2 Entwicklung von deutschen Brandschutzvorschriften im 20. Jahrhundert

2.1 Vereinheitlichende Baupolizeiliche Vorschriften Preußens

Bis in das 20. Jh. hinein existierten auf unterschiedlichen regionalen Ebenen sehr unterschiedliche Bauordnungen bzw. baupolizeiliche Vorschriften in Deutschland. Um diesem Zustand eines häufig beklagten Mangels der Einheitlichkeit von Vorschriften abzuhelfen, erließ der Staatskommissar für Wohnungswesen am 25. April 1919 den Entwurf einer Bauordnung für das Land Preußen, der allen nach diesem Datum neu zu erlassenden Bauordnungen für Städte, Landgemeinden und Vororte größerer Städte zu Grunde gelegt werden sollte.[5] Dieser Entwurf bezweckte eine Vereinfachung in den Anordnungen und Fassungen der bisher geltenden baupolizeilichen Vorschriften und hatte eine Vereinheitlichung für ganz Preußen zum Ziel. Somit kann dieser Entwurf einer Bauordnung als Vorläufer unserer heutigen Musterbauordnung verstanden werden. In diesen baupolizeilichen Vorschriften des Preußischen Ministeriums für Volkswohlfahrt – hier sind erstmals die Bezeichnungen „feuerbeständig" und „feuerhemmend" anstelle der bisherigen Begriffsbezeichnungen „feuerfest" und „feuersicher" zu finden – werden die brandschutztechnischen Bauteilklassifizierungen „feuerhemmend", „feuerbeständig" und „hochfeuerbeständig" unterschieden. Im Jahr 1925 wurde dann erst später ergänzend geregelt, dass Bauteile als feuerhemmende Bauteile galten, wenn der Nachweis gelang, dass sie *„wenigstens eine Viertelstunde dem Feuer erfolgreich Widerstand leisten und den Durchgang des Feuers verhindern"*.[6]

Hinsichtlich des Brandschutzes wurden in diesem Entwurf zu einer Bauordnung im § 10 und in den §§ 14 bis 20 detaillierte Regelungen zum vorbeugenden Brandschutz von Gebäuden wie folgt vorgenommen (s. Tabelle 1). In dieser Zusammenstellung erfolgt der Übersichtlichkeit halber im Wesentlichen nur die Wiedergabe brandschutztechnisch relevanter Anforderungen.

Tabelle 1: Brandschutztechnische Regelungen (Auszüge) im Entwurf einer Bauordnung für das Land Preußen vom 25. April 1919

§	Inhalt
§ 10.	Feuerbeständige und feuerhemmende Bauweise. Bauliche Anlagen sind in allen wesentlichen Teilen feuerbeständig[7] herzustellen, sofern nicht in den Vorschriften dieser Bauordnung ein geringerer Feuerschutz – feuerhemmende Bauweise[8] – zugestanden oder überhaupt kein besonderer Feuerschutz gefordert wird. Die Anforderungen, die an die feuerbeständige oder feuerhemmende Bauweise zu stellen sind, müssen denjenigen entsprechen, die im Regierungsamtsblatte öffentlich bekanntgegeben werden.[9]
§ 14.	Brandmauern. Brandmauern sind Mauern, die bestimmt sind, die Verbreitung eines Brandes zu verhindern. Sie müssen von Grund aus feuerbeständig, ohne Öffnungen und Hohlräume[10] in der Stärke von mindestens einem Stein hergestellt werden. Hölzerne Träger, Balken und Rahmstücke dürfen in Brandmauern nur eingelegt werden, wenn die Mauer noch mindestens 13 cm stark verbleibt und auf der anderen Seite verputzt wird. Brandmauern brauchen nicht über Dach geführt werden, müssen aber beiderseitig bis unter die Dachhaut geputzt sein. Brandmauern sind herzustellen: a) zum Abschluss von Gebäuden, die unmittelbar an der Nachbargrenze errichtet werden. Gemeinsame Brandmauern sind zulässig. (Wegen der Doppel-, Gruppen- und Reihenhäuser vergleiche den vorletzten Absatz dieses Paragraphen.) b) Zur Trennung von Räumen mit Feuerstätten von anderen Räumen auf demselben Grundstück, die infolge ihrer Bauart oder Benutzung der Feuersgefahr besonders ausgesetzt sind; c) in ausgedehnten Gebäuden mindestens in Abständen von 40 m. Die Ortspolizeibehörde kann zulassen, daß Brandmauern zwecks einheitlicher Benutzung der Räume durch Öffnungen durchbrochen werden. Diese sind im Dachgeschoß stets, in den übrigen Geschossen in der Regel mit feuerhemmenden und rauchsicheren Türen zu versehen (§ 10). In Doppel-, Gruppen- und Reihenhäusern, sofern sie Einfamilienhäuser, Kleinhäuser oder Mittelhäuser (§ 28) sind, kann zugelassen werden, daß die Trennungswand zwischen zwei Gebäuden einen halben Stein stark oder als Fachwerkwand hergestellt wird, in Abständen von ungefähr 40 m sind aber die Trennungswände feuerbeständig ohne Öffnungen in der Stärke der Brandmauern herzustellen.

§	Inhalt
§ 14.	Enthält ein einzelnstehendes Einfamilienhaus oder ein Kleinhaus Wohn- und Wirtschaftsräume unter einem Dach, kann die Trennungswand ebenfalls einen halben Stein stark oder als Fachwerkwand hergestellt werden, wenn sie durch beiderseitigen Verputz auch im Dachraum feuerhemmend und wenn die Eindeckung feuerbeständig ist.
§ 15.	Decken. Holzbalkendecken über und unter Räumen, die zum Aufenthalt von Menschen dienen, müssen Zwischendecken mit Auffüllung erhalten. Zur Verfüllung von Decken, insbesondere von Holzbalkendecken, darf kein Stoff verwendet werden, der gesundheitsschädliche, insbesondere verwesende oder fäulnisfähige Bestandteile enthält. Es ist deshalb namentlich die Verwendung von Bauschutt, Gipsabfällen, Kehricht, Papierstücken oder Lumpen verboten. Vor der regensicheren Eindeckung eines Gebäudes darf nicht mit der Verfüllung der Decken vorgegangen werden. Holzbalkendecken in Räumen zum dauernden Aufenthalt von Menschen (§ 26) müssen verputzt werden; doch kann die Ortspolizeibehörde Ausnahmen zulassen. In Einfamilienhäusern und Kleinhäusern (§ 28) sind Holzbalkendecken auch ohne Verputz oder Verschalung zulässig. Die Decken, über welchen sich Waschküchen, Badestuben, Räucherkammern und andere der Schädigung durch Wasser oder Feuer besonders ausgesetzte Räume befinden, müssen feuerbeständig und wasserundurchlässig hergestellt werden. Ausnahmen hiervon kann die Ortspolizeibehörde zulassen, wenn es sich um nachträgliche Einrichtungen handelt. Durchfahrten unter Räumen zum dauernden Aufenthalt von Menschen (§ 26) müssen feuerbeständige Decken (§ 10) erhalten. Kellerdecken in Wohngebäuden, die für mehr als eine Familie bestimmt sind, und in Kellerräumen, die zur Lagerung feuergefährlicher oder fäulnisfähiger Stoffe dienen, müssen feuerbeständig (§ 10) sein. Ausnahmen können von der Ortspolizeibehörde zugelassen werden. Kellerdecken in Kleinhäusern (§ 28) brauchen nicht feuerbeständig hergestellt zu werden.
§ 16.	Dächer. Dächer und Dachteile müssen feuerhemmend (§ 10) eingedeckt sein. Stroh-, Rohr- und Schindeldächer dürfen von der Ortspolizeibehörde in Gebieten der offenen Bauweise und für landwirtschaftliche Bauten zugelassen werden. Solche Dächer müssen aber von der Nachbargrenze und von anderen Gebäuden desselben Grundstücks mindestens 15 m, von Gebäuden mit Bedachung der gleichen Art mindestens 25 m entfernt bleiben. Es darf zur Befestigung des nicht feuerhemmenden Eindeckungsstoffes nur unverbrennliches Material verwendet werden ...

§	Inhalt
§ 17.	Treppen. Jede Treppe einschließlich der Treppenabsätze muß sicher gangbar sein. Treppen müssen mit Handläufer versehen sein. Bei Wendelstufen darf der Auftritt in einer Entfernung von 15 cm von der schmalsten Stelle nicht geringer als 10 cm sein. Treppen müssen überall mindestens 1,80 m Kopfhöhe aufweisen. Jedes nicht zu ebener Erde liegende Wohngeschoß muß durch eine oder mehrere Treppen zugänglich sein, von denen der Ausgang ins Freie jederzeit gesichert ist (Notwendige Treppen). Ausnahmen bezüglich des Dachgeschosses können von der Ortspolizeibehörde mit Rücksicht auf die besondere Benutzungsart zugelassen werden. Von jedem zum dauernden Aufenthalt von Menschen bestimmten Raum muß eine Treppe auf höchstens 25 m Entfernung erreichbar sein, wobei der Abstand von der Mitte des betreffenden Raumes bis zur Treppenhaustür gemessen wird. Alle notwendigen Treppen müssen feuerhemmend sein, vom Tageslicht genügend erhellt werden und in unmittelbarer Verbindung durch alle Vollgeschosse führen. Die Treppenräume notwendiger Treppen müssen feuerhemmende Decke, feuerbeständige Wände und unmittelbaren Ausgang ins Freie haben und in Wohngebäuden mit mehr als sechs Wohnungen außerdem gegen Verqualmung aus dem Kellergeschoß in ausreichender Weise gesichert sein. Das Steigungsverhältnis der notwendigen Treppen darf nicht steiler als 19/26 cm sein; in Mittelhäusern, in Gebäuden von nicht mehr als zwei Vollgeschossen und in Einfamilienhäusern, auch wenn sie mehr als zwei Vollgeschosse haben, darf das Steigerungsverhältnis 20/25 cm betragen. ... Die Treppen in Kleinhäusern, die nur von einer Familie benutzt werden, dürfen beliebige sein, d. h. es werden keine besonderen Anforderungen über Ausmaß und Anlage gestellt. Ist mehr als eine selbständige Wohnung in einem Kleinhause vorgesehen, so muss die Treppe unmittelbar ins Freie führen oder in einem mit einem unmittelbaren Ausgang ins Freie versehenen Flur liegen, dessen Wände feuerhemmend sind. Als Kellertreppen in Kleinhäusern genügen auch hölzerne Leiterstufen, die von Küchen und Nebenräumen unmittelbar zugänglich sein dürfen.
§ 18.	Feuerstätten. Feuerstätten in Gebäuden müssen in allen Teilen aus unverbrennlichen Baustoffen hergestellt werden und dürfen nur in solchen Räumen angelegt werden, die vermöge ihrer baulichen Beschaffenheit und Lage zu Bedenken wegen Feuersgefahr nicht Anlass geben. Kesselfeuerungen und größere Feuerungen dürfen nur unmittelbar auf Fundamenten oder auf feuerbeständiger Unterlage errichtet werden.

§	Inhalt
§ 18.	Nicht feuerbeständiger Fußboden unter Feuerstätten muß gegen Feuersgefahr gesichert sein. Eiserne Feuerstätten müssen mindestens 25 cm, Feuerstätten aus Stein oder Kacheln mindestens 15 cm von verputztem oder feuerhemmend umkleidetem Holzwerk entfernt sein. Von freiem Holzwerk (Konstruktionshölzern) müssen diese Entfernungen 50 cm bzw. 25 cm betragen; Türbekleidungen, Fußleisten usw. werden dem verputzten Holzwerk gleich geachtet. Eiserne Feuerstätten in Räumen, in denen feuergefährliche Arbeiten vorgenommen oder leicht entzündliche Stoffe gelagert werden, sind mit einem Schutzmantel aus Eisenblech zu umgeben oder in einer anderen gleichwertigen Weise zu isolieren.
§ 19.	Rauchrohre. Die Rauchrohre der Feuerstätten müssen aus unverbrennlichem, dichtem Stoff hergestellt und innerhalb desselben Geschosses in die Schornsteine geführt werden. Bei Anschluss mehrerer Rauchrohre an denselben Schornstein müssen die Einmündungen in verschiedener Höhe liegen. Eiserne Rauchrohre müssen von verputztem Holzwerk mindestens 25 cm, von freiem Holzwerk (Konstruktionshölzern) mindestens 50 cm entfernt bleiben. Sind die Rohre unverbrennlich ummantelt, so genügt eine Entfernung von 12 cm. In Rauchrohren von Heizöfen und in letzteren selbst dürfen Absperrvorrichtungen, die das Entweichen der Feuergase in den Schornstein vollständig verhindern, nicht angebracht werden. Wenn ein Rauchrohr unmittelbar ins Freie führt, so kann die Ortspolizeibehörde verlangen, dass seine Ausmündung mit einem Funkenfänger versehen wird ...
§ 20.	Schornsteine. Schornsteine müssen feuerbeständig mit vollen Fugen gemauert sein und gleichbleibenden lichten Querschnitt erhalten. Vor Holzfachwerkwänden muß das Schornsteinmauerwerk ohne Verband mit der Fachwandausmauerung aufgeführt werden, wobei der Zwischenraum zwischen Fachwand und Schornstein voll auszumauern ist. Auf Holz oder andere brennbare Bauteile dürfen Schornsteine weder mittelbar noch unmittelbar aufgesetzt oder gestützt werden. Gemauerte Schornsteine müssen auf den Außenseiten geputzt und auf den Innenseiten glatt ausgestrichen werden. Die Schornsteine müssen so weit über die Dachfläche hinausgeführt werden, daß eine gute Absaugung und Ableitung des Rauches stattfindet und eine Gefährdung der Umgebung durch Funken, Ruß und Rauch vermieden wird. Die Seitenwände (Wangen) von gemauerten Schornsteinen müssen mindestens einen halben Stein stark, an der Außenseite von Umfassungswänden mindestens einen Stein stark sein.

§	Inhalt
§ 20.	Wenn zwei Brandmauern nebeneinander in gleicher Höhe vorhanden sind, genügt ein halber Stein Stärke für die Grenzwangen. Gemauerte Schornsteine von größeren Zentralheizungen und größeren Feuerstätten, wie Backöfen, Schmieden, Darren u. dgl., müssen Wangenstärken von mindestens einem Stein erhalten. Die Innenflächen der Schornsteine müssen von Balken und Dachhölzern mindestens 20 cm entfernt bleiben. Die Schornsteine sind so einzurichten, daß sie in allen Teilen ordnungsmäßig gereinigt werden können. Die Reinigungsöffnungen müssen mindestens die Größe des lichten Schornsteinquerschnitts haben und mit feuerhemmenden und rauchsicheren Verschlussvorrichtungen versehen werden. Ungeschütztes Holzwerk muß mindestens 50 cm, feuerhemmend verkleidetes mindestens 30 cm von den Reinigungsöffnungen entfernt bleiben. Soll die Reinigung eines Schornsteins vom Dache aus geschehen, müssen Aussteigeluken und bei steilen Dächern Laufbretter angebracht werden. Schornsteine, die durch Gelasse führen, in denen leicht entzündliche Stoffe lagern oder verarbeitet werden, sind durch Latten- oder Gitterverschläge in mindestens 30 cm Abstand zu umgeben. Aufsätze auf Schornsteinen sind zulässig, wenn sie die ordnungsmäßige Reinigung nicht verhindern. Es werden weite – besteigbare – und enge – unbesteigbare – Schornsteinrohre unterschieden. Die besteigbaren Schornsteine müssen eine Lichtweite von mindestens 43/43 cm haben und dürfen außer den Raucheinmündungen und einer Einsteigöffnung am Fuße keine weiteren Öffnungen in den Wänden erhalten. Bei größeren Abmessungen lichter Weite sind Steigeisen in Abständen von nicht über 50 cm anzubringen. Jedes unbesteigbare Schornsteinrohr ist mit einem überall gleichen Querschnitt aufzuführen, der im Lichten nicht geringer als ein halber Stein Normalformat sein darf. In ein unbesteigbares Schornsteinrohr von 225 cm^2 innerer Weite dürfen höchstens drei Rauchrohre gewöhnlicher Zimmeröfen eingeführt werden. Ausnahmen kann die Ortspolizeibehörde zulassen; insbesondere dürfen einzelne Feuerstätten in Dach- und Kellergeschossen, wenn ihre Benutzung seltener zu erwarten steht, auch an Schornsteine der Vollgeschosse angeschlossen werden. Für jedes weiter einzuführende Rauchrohr ist die Weite des Schornsteinrohrs um 75 cm^2 zu vergrößern. Ein Kochherd mit mehr als einer Feuerung wird bei der Berechnung der Zahl und Weite der Schornsteinrohre zwei Zimmeröfen gleichgestellt.

Im Zentralblatt der Bauverwaltung 1920[12] wurden die Eigenschaften „feuerfest“, „feuersicher“ und „glutsicher“ näher definiert und übliche Bauweisen entsprechend kategorisiert. Im Folgenden soll der besseren Verständlichkeit halber der gesamte Wortlaut dieser Erläuterungen wiedergegeben werden:

> „Die Eigenschaften „Feuerfest, Feuersicher und Glutsicher“ hat die städtische Baupolizei in Berlin in einer Verfügung vom 8. Juli 1920 auf Grund von Versuchen der letzten Jahre den in nachstehender Zusammenstellung aufgeführten Bauweisen zuerkannt:
>
> Als feuerfeste, zutreffender feuerbeständige Bauweisen sollen solche gelten, die dem Feuer in gleicher Weise widerstehen wie eine 12 cm starke Wand aus Ziegelsteinen oder eine 6 cm starke bewehrte Betonwand, wenn ihre Höhenmasse den üblichen Stockwerkhöhen entsprechen.
>
> Feuerfest sind danach von Wänden bis zu gewöhnlicher Stockwerkhöhe: 1. Mauern, 12 cm stark, aus gebrannten Ziegelsteinen oder Kalksandsteinen, die eine Druckfestigkeit von mindestens 150 kg aufweisen; 2. bewehrte Schlackenbetonwände, 9 cm stark, im Mischungsverhältnis bis 1 : 5; 3. bewehrte Wände aus Bimszementdielen, 8 cm stark; 4. bewehrte Wände, 6,5 cm stark, aus gebrannten Vollziegeln oder porösen Ziegeln (Prüsswände), soweit die Ziegel eine Druckfestigkeit von mindestens 150 kg und eine Porigkeit von weniger als 10 v. H. aufweisen; 5. bewehrte Betonwände, 6 cm stark, aus Kies, Kalkstein, Basalt bei einem Mischungsverhältnis von 1 : 4. Desgleichen bewehrte Zementplattenwände von gleichem Mischungsverhältnis.
>
> Treppen: 1. mit Stufen aus Zementkunststein mit Eisenbewehrung; 2. Eisenbetontreppen, deren Stufen und Lauf mit Bewehrung und im Mischungsverhältnis 1 : 4 gleichzeitig hergestellt sind.
>
> Feuerbeständige Türen müssen einer Feuersglut von 900 °C mindestens eine halbe Stunde lang Widerstand leisten. Dazu gehören Türen aus doppelten, mindestens 1 mm starken Eisenblechplatten mit Asbesteinlagen, die selbsttätig zufallen, in 15 mm breite Falze aus feuerbeständigem Baustoff schlagen und dicht schliessen.
>
> Verglasungen müssen den Einwirkungen des Feuers und Wassers soviel Widerstand bieten, dass innerhalb einer halbstündigen Brenndauer (1 000 °C) die Scheiben nicht ausbrechen und der Zusammenhang des Fensters nicht verlorengeht, insbesondere Drahtglas von mindestens 8 mm Dicke.

Als feuersichere oder Feuerschutz bietende Bauweisen sollen solche gelten, die dem Feuer in gleicher Weise Widerstand leisten wie ein 1 cm starker Kalkputz.

Von Wänden also: 1. Bretterwände, die mit Mörtel abgeputzt oder in sonst gleich wirksamer Weise gegen die Uebertragung von Feuer gesichert sind; 2. Wände aus Gips, Kunststein oder dergl. Platten; 3. ausgemauerte Fachwerkwände, Rabitzwände, Drahtziegelwände und dergl.

Treppen: 1. aus natürlichem Standstein; 2. aus Eisen oder Eichenholz; 3. aus anderem Holz oder aus natürlichen Steinen, wenn die Unterseiten der Stufen bei ersteren gerohrt und geputzt, bei letzteren geputzt oder bei beiden mit einer gleich wirksamen Bekleidung versehen sind.

Türen aus 25 mm starken gespundeten Brettern mit beiderseitig aufgeschraubter oder aufgenieteter Eisenblechbekleidung, mit unverbrennlicher Schwelle und Türwandung, in massive Falze schlagend und selbsttätig schliessend.

Verglasungen aus Glasbausteinen, Drahtglas, Glastafeln nach Art der elektrolytischen Verglasung und mit Eisenbetonsprossen.

Als glutsichere Ummantelung oder besser: erhöhten Feuerschutz bietende Bekleidung sollen solche Bauweisen gelten, die dem Feuer den gleichen Widerstand leisten wie 3 cm starker bewehrter Beton.

1. Gipsplatten, 7 cm stark, aus 1 Teil Koksasche, 4 Teilen Gips, 5 Teilen Sand gemischt und mit Eisenbewehrung; 2. Rabitzputz auf Drahtgewebe, 5 cm stark; 3. Bimszementdielen, 5 cm stark; 4. Asbestzement, 4 cm stark, auf Drahtziegelunterlage oder auf Drahtgeflecht; 5. bewehrter Beton, 3 cm stark, aus Kies, Kalkstein oder Basalt in Mischung 1 : 4.“[13]

Zum 12. März 1925 erließ darauf folgend der Preußische Minister für Volkswohlfahrt Baupolizeiliche Bestimmungen über Feuerschutz (feuerbeständige und feuerhemmende Bauweisen)[14], und verfolgte damit das Ziel, „die bisherigen Begriffe ‚massiv‘, ‚feuerfest‘ und ‚feuersicher‘ durch Bestimmungen zu ersetzen, die klarer erkennen lassen, welche Forderungen an die betreffenden Bauteile zu stellen sind“. In diese Bemühungen wurden auch die Feuerversicherungsanstalten und die Verbände der Feuerwehr einbezogen. Im Ergebnis der Beratungen wurden folgende Bestimmungen erlassen, die nunmehr für weite Teile Deutschlands galten (s. Tabelle 3).

Grundlegend zu beachten ist hierbei, dass die Klassifikationen feuerhemmend und feuerbeständig im Jahre 1925 noch anderslautend gegenüber heutigen Anforderungen benutzt wurden.

Tabelle 3: Anforderungen, die an eine feuerbeständige und eine feuerhemmende Bauweise zu stellen sind[15]

Bauweise		Jeweilige Anforderungen an die Bauteile
1. Feuerbeständige Bauweise: Als feuerbeständig gelten: Wände, Decken, Unterzüge, Träger, Stützen und Treppen, wenn diese unverbrennlich sind, unter dem Einfluss des Brandes und des Löschwassers ihre Tragfähigkeit oder ihr Gefüge nicht wesentlich ändern und den Durchgang des Feuers geraume Zeit verhindern.	a)	Wände aus vollfugig gemauerten Ziegelsteinen, Kalksandsteinen, Schwemmsteinen, kohlefreien Schlackesteinen oder Steinen aus anderen im Feuer gleichwertigen Baustoffen von mindestens ½ Stein Stärke, ferner Betonwände aus mindestens 10 cm starkem, unbewehrtem Kiesbeton oder aus mindestens 6 cm starkem, bewehrtem Kiesbeton.
	b)	Decken aus Ziegelsteinen oder anderen unter a aufgeführten Steinen oder Baustoffen bei Innehaltung der dort geforderten Mindestabmessungen.
	c)	Unterzüge und Träger aus Eisenbeton. Eiserne Träger und Unterzüge gelten nur dann als feuerbeständig, wenn sie feuerbeständig ummantelt werden (siehe i).
	d)	Stützen und Pfeiler, wenn sie aus Ziegelsteinen, Beton oder Eisenbeton oder aus natürlichem, in Feuer hinreichend erprobten Gestein hergestellt werden. Stützen aus Granit oder Marmor gelten nicht als feuerbeständig. Stützen aus Eisen müssen allseitig feuerbeständig ummantelt sein (vgl. i).
	e)	Dachkonstruktionen in Eisenbeton. Dachkonstruktionen aus Eisen gelten nur dann als feuerbeständig, wenn die eisernen Binderkonstruktionen feuerbeständig ummantelt werden (vgl. i) oder wenn der Dachraum feuerbeständig abgeschlossen wird und unbenutzbar bleibt.
	f)	Treppen, wenn sie aus Ziegelsteinen, Eisenbeton, erprobtem Kunststein oder erprobtem Werkstein hergestellt sind. – Freitragende Treppenstufen aus Marmor oder Granit gelten nicht als feuerbeständig.
	g)	Türen, wenn sie bei amtlicher Probe einer Feuersglut von etwa 1 000 °C mindestens eine halbe Stunde Widerstand leisten, selbsttätig zufallen und in Rahmen aus feuerbeständigen Stoffen mit mindestens 1 ½ cm Falz schlagen und rauchsicher schließen.

Bauweise		Jeweilige Anforderungen an die Bauteile
	h)	Verglasungen können in Vertikalwänden als feuerbeständig angesehen werden, wenn sie den Einwirkungen des Feuers und Löschwassers so viel Widerstand bieten, dass innerhalb einer einhalbstündigen Brenndauer bei der amtlichen Probe (etwa 1 000 °C) ein Ausbrechen der Scheiben oder Verlorengehen des Zusammenhangs nicht eintritt.
	i)	Feuerbeständige Ummantelung. Die feuerbeständige Ummantelung der an sich nicht feuerbeständigen walzeisernen Träger und Unterzüge oder Stützen erreicht man durch allseitiges feuerbeständiges Ausmauern oder Ausbetonieren der Eisenprofile, wobei die Flanschflächen wenigstens 3 cm Deckung von Beton mit eingelegtem Drahtgewebe oder von gebranntem Ton oder anderem als gleichwertig erprobten Baustoff erhalten müssen. Die freiliegenden Flanschflächen walzeiserner Träger in preußischen Kappen und in eisernen Fachwerkswänden brauchen im Allgemeinen keinen besonderen Feuerschutz.
2. Feuerhemmende Bauweise: Als feuerhemmend gelten Bauteile, wenn sie, ohne sofort selbst in Brand zu geraten, wenigstens eine Viertelstunde dem Feuer erfolgreich Widerstand leisten und den Durchgang des Feuers verhindern.	a)	Wände, Decken, Stützen und Dachkonstruktionen aus Holz, wenn sie mit 1 ½ cm starkem, sachgemäß ausgeführtem Kalkmörtelputz auf Rohrung bekleidet sind; auch Bekleidungen mit Rabitzputz oder anderen erprobten Baustoffen sind zulässig.
	b)	Treppen aus Sandstein, Eisen oder Hartholz, sonstige Holztreppen und nicht feuerbeständige Steintreppen, wenn sie unterhalb 1 ½ cm stark gerohrt und geputzt oder gleichwertig bekleidet sind.
	c)	Türen aus Hartholz oder aus 2 ½ cm starken, gespundeten Brettern mit allseitig aufgeschraubter oder aufgenieteter Bekleidung von mindestens ½ mm starkem Eisenblech und mit unverbrennlicher Wandung und Schwelle, sofern die Türen selbsttätig in wenigstens 1 ½ cm tiefe Falze schlagen.

Dieser Erlass vom 12. März 1925 mit den vorgenommenen Begriffsänderungen hatte zur Folge, dass nunmehr auch das Muster zur Bauordnung des Jahres 1919 geändert werden musste. Demzufolge lautete ein weiterer Erlass des preußischen Ministers für Volkswohlfahrt vom 15. März 1925 wie folgt:

> I. Im Hinblick auf die Aufhebung der bisherigen Begriffsbestimmungen ‚feuerfest', ‚feuersicher' und ‚massiv' und die Einführung der Begriffsbestimmungen ‚feuerbeständig' und ‚feuerhemmend' (vergl. meinen Runderlass vom 12. März 1925 – s. oben –) ist in dem mit Erlass des Staatskommissars für das Wohnungswesen vom 25. April 1919 (Zentralblatt der Bauverwaltung 1919, S. 225) mitgeteilten ‚Entwurf zu einer Bauordnung' der § 10 folgendermassen zu fassen:
>
> § 10
>
> Feuerbeständige und feuerhemmende Bauweise
>
> Bauliche Anlagen sind in allen wesentlichen Teilen feuerbeständig[16] herzustellen, sofern nicht in den Vorschriften dieser Bauordnung ein geringerer Feuerschutz – feuerhemmender Bauweise[17] – zugestanden oder überhaupt kein besonderer Feuerschutz gefordert wird. Die Anforderungen, die an die feuerbeständige oder feuerhemmende Bauweise zu stellen sind, müssen denjenigen entsprechen, die im Regierungsamtsblatt öffentlich bekanntgegeben werden.
>
> II. Eine Anerkennung weiterer Bauweisen als feuerbeständig oder feuerhemmend kann auf Antrag durch die örtlichen Baupolizeibehörden oder durch die Baupolizeiaufsichtsbehörden auf Grund von Versuchen in amtlichen Prüfungsanstalten oder von ausschlaggebenden Erfahrungen erfolgen.
>
> Die Änderungen des § 10 des mitgeteilten Entwurfs zu einer Bauordnung macht folgende weiteren Änderungen dieses Entwurfs erforderlich.
>
> 1. Im § 11 sind die Worte: ‚Eiserne Träger und Stützen sind auf Verlangen der Ortspolizeibehörde glutsicher zu ummanteln' zu streichen.
> 2. Im § 12 ist statt ‚Massive' zu setzen ‚Tragende'.
> 3. Im § 15 Abs. 4 ist statt ‚massiv' zu setzen ‚feuerbeständig und wasserundurchlässig'.
> 4. Im § 15 Abs. 5 (Durchfahrten) ist statt ‚feuersichere und feuerfeste' zu setzen ‚feuerbeständige'.
> 5. Im § 29 Ziffer 1d ist statt ‚massiv' zu setzen ‚standsicher'.
> 6. Im § 29 Ziffer 2g ist statt ‚feuersichere Rohre' zu setzen ‚Rohre aus feuerhemmendem Baustoff'.

7. In den §§ 14, 15, 17, 18, 20, 23 und 26 ist statt ‚massiv' zu setzen ‚feuerbeständig'.
8. In den §§ 14 und 20 ist statt ‚feuerfest' zu setzen ‚feuerbeständig'.
9. In den §§ 14, 16, 17, 18, 20, 23, 26 und 29 ist statt ‚feuersicher' zu setzen ‚feuerhemmend'.

Soweit bereits Bauordnungen nach dem mitgeteilten Entwurf zu einer Bauordnung erlassen oder entworfen sind, ist ihre Berichtigung zu veranlassen. Auch diejenigen Bauordnungen, die noch nicht nach dem Entwurf aufgestellt sind (hier kommen hauptsächlich die Bauordnungen für das platte Land in Frage), sind entsprechend zu ändern."[18]

Mit diesem Erlass des Jahres 1925 ist die darauf folgende Regelung des Deutschen Institutes für Normung abzusehen. Besonders zu beachten ist bei den vorgenannten Regelungen, dass für die „feuerhemmende Bauweise" lediglich ein Widerstand von 15 Minuten und für die der „feuerbeständigen" eine „geraume Zeit" gefordert war. Auf Grundlage weiterführender Literatur kann davon ausgegangen werden, dass es sich bei dieser „geraumen Zeit" bei tragenden Bauteilen um etwa eine Stunde handelte. Für Verglasungen und Türen hingegen wurde „eine halbe Stunde Widerstand" angegeben (s. Tabelle 3, 1. g) und h)). Somit ist es nicht möglich, die Begriffe „feuerhemmend" und „feuerbeständig" bei der Beurteilung eines bestehenden Bauteils gleichlautend entsprechend den heutigen bauordnungsrechtlichen Anforderungen zu verwenden. Dennoch können derartige Bauteile Bestandsschutz genießen, wenn diese den zur Errichtungszeit geltenden Regeln bzw. den Anforderungen des Brandschutznachweises genügen.

→ s. Anhang 1 Baupolizeiliche Bestimmungen über Feuerschutz, Erlass vom 12. März 1925

Interessant ist darüber hinaus noch zu erfahren, wie sich ab den 1920er Jahren der bauaufsichtliche Umgang mit dem Thema der Zulassung moderner Bauweisen entwickelte, zu vergleichen mit den heutigen Regelungen zu Verwendbarkeitsnachweisen wie allgemeine bauaufsichtlich Zulassungen (abZ). Die fortschreitende Industrialisierung nach dem 1. Weltkrieg führte nämlich zu einem enormen Anwachsen bisher nicht bekannter Bausysteme bzw. Bauteile, die eine bauaufsichtliche Akzeptanz benötigten. Um auf die entsprechenden Sorgen der deutschen Bauwirtschaft zu reagieren, erließ der preußische Minister für Volkswohlfahrt am 15. Mai 1929 zunächst einen Erlass über die „Zulassung neuer Bauweisen für ebene Steindecken"[19], welcher sich jedoch sehr schnell als nicht ausreichend erwies. Deswegen wurde dieser Erlass mit einem Rundschreiben an „sämtliche Herren Regierungspräsidenten" am 4. Juli 1930 um eine Bemerkung zur „Zulassung neuer Bauweisen" wie folgt ergänzt:

> „Nach den Ausführungen der Anlage zur Einheitsbauordnung zu § 13 soll der Einführung neuer Bauweisen, wenn sie den öffentlichen Interessen des Feuerschutzes, der Standsicherheit und der Gesundheitspflege gerecht werden, kein Widerstand entgegengesetzt werden. Es hat sich aber gezeigt, dass bei der Beurteilung neuer Bauweisen die Ansichten der örtlichen Stellen derart weit auseinandergehen, dass jeder Fortschritt gehemmt wird und eine Schädigung der deutschen Bauwirtschaft zu befürchten ist. Mein Erlass vom 15. Mai 1929 – II C. Nr. 1170/29 –, betreffend Zulassung neuer Bauweisen für ebene Steindecken, wird daher auch auf die Zulassung sämtlicher neuer Bauweisen für Wohnungs- und Industriebau, und zwar in statischer, materialtechnischer und feuerpolizeilicher Hinsicht ausgedehnt.
>
> Zu meinem vorgenannten Erlass wird erläuternd und ergänzend bemerkt:
>
> Die Zulassungsbescheinigung für eine neue Bauweise darf künftig nur von der staatlichen Prüfungsstelle für statistische Berechnungen in Berlin auf Grund der eingereichten Unterlagen und der von ihr für erforderlich erachteten Versuche ausgestellt werden. Die Versuche werden in einer amtlichen Prüfungsanstalt angestellt werden. Wenn örtliche Baupolizeiverwaltungen glauben, Einwendungen oder Ergänzungsvorschläge zu der Zulassungsbescheinigung der staatlichen Prüfungsstelle vorbringen zu sollen, so haben sie solche mit ausreichender Begründung an die staatliche Prüfungsstelle Berlin einzusenden und deren Stellungnahme abzuwarten. Bestehen auch dann noch solche Meinungsverschiedenheiten, dass eine Einigung ausgeschlossen erscheint, so ist meine Entscheidung auf dem Dienstwege anzurufen.
>
> Es bleibt den örtlichen Baupolizeibehörden unbenommen, über die Zulassungsbescheinigung hinausgehende Forderungen zu stellen, die keine grundsätzlichen Fragen betreffen und im Einzelfalle durch besondere örtliche Verhältnisse usw. bei dem jeweiligen Bauvorhaben geboten erscheinen, da die Verantwortung für die Zulassung im einzelnen Bauwerk grundsätzlich von der örtlichen Baupolizeibehörde getragen werden muss."[20]

2.2 Entstehung von DIN 4102

Zur Regelung des Feuerwiderstandes von Baustoffen und Bauteilen ist DIN 4102 mittlerweile in allen deutschen Bundesländern eine „Eingeführte Technische Baubestimmung"[21]. Bis es soweit war, vergingen jedoch mehrere Jahrzehnte.

Die Norm DIN 4102 erschien – als Entwurf – vermutlich erstmals im Jahre 1928; eine detaillierte Überlieferung dessen ist leider nicht mehr aufzufinden. Mit der Neufassung bzw. offiziellen Erstfassung ihres Blattes 1 im Jahr 1934 wurden die Begriffe „feuerhemmend“, „feuerbeständig“ und „hochfeuerbeständig“ als Baustoffklassifizierung für das gesamte Deutsche Reich normiert.[22] Im Blatt 2 wurden

- brennbare,
- schwer brennbare und
- nicht brennbare

Baustoffe ohne weiteren Nachweis unterschieden.

Tabelle 4: Zuordnung der Baustoffe zu brandschutztechnischen Begriffen gemäß DIN 4102, Bl. 2, Stand August 1934

Begriffe	Baustoffe
brennbar	Holz, Magnesium, Papier, Pflanzenfaserstoffe, Stroh, Torf, Zellhorn u. dgl.
schwer brennbar	reine Wolle
nicht brennbar	Sand, Lehm, Kies, Schlacke, natürliche und künstliche Steine, Mörtel und Beton, Glas, Asbest, chemisch reine Seide, Metalle in nicht fein verteilter Form, wie Blei, Gusseisen, Kupfer, Stahl, Zink, Zinn

Unterschiedliche Bauteile wurden ohne besonderen Nachweis den Kategorien „feuerhemmend“ bzw. „feuerbeständig“ zugeordnet. Tabelle 5 benennt die Bauteile, für die Zuordnungen ohne weitere Nachweise enthalten sind.

Tabelle 5: Normung der Bauteileigenschaften gemäß DIN 4102, Bl. 2, Stand 1940

Begriffe	Zugeordnete Bauteile
feuerhemmend	Bekleidungen, Wände, Decken, Dachkonstruktionen, Stützen, Treppen, Türen
feuerbeständig	Wände, Decken, Unterzüge und Träger, Stützen und Pfeiler, Dachkonstruktionen, Treppen
hochfeuerbeständig	Keine

Über hochfeuerbeständige Bauteile lagen zum Zeitpunkt des Erscheinens noch keine gesicherten Erkenntnisse vor, daher erfolgte auch noch keine Benennung.

Im Blatt 3 „Brandversuche“ hat man die Temperaturen im Brandraum für die durchzuführenden Brandversuche mit Hilfe einer „Einheitstemperaturkurve“, dem Vorläufer der heutigen Einheitstemperaturzeitkurve, beschrieben und die maximal zulässigen Abweichungen davon genormt. Außerdem erfolgten Festlegungen zu den Prüfverfahren zum Nachweis der Schwerbrennbarkeit und der feuerhemmenden, feuerbeständigen und hochfeuerbeständigen Eigenschaften.

→ s. Anhang 2 DIN 4102, Fassung August 1934

Im Jahre 1940 erfolgte eine erneute Überarbeitung der Norm (Tabelle 6).[23]

Tabelle 6: Klassifikation des Feuerwiderstandes gemäß DIN 4102, Bl. 1, Stand 1940

Klassifikation nach DIN 4102, Nov. 1940	Feuerwiderstand in Minuten	Verbale Definition
feuerhemmend	30	„Bauteile, die beim Brandversuch nach DIN 4102 Blatt 3 während einer Prüfzeit von ½ Stunde nicht entflammen und den Durchgang des Feuers während der Prüfzeit verhindern. Tragende Bauteile dürfen während der Prüfzeit ihre Standfestigkeit und Tragfähigkeit unter der rechnerisch zulässigen Last nicht verlieren. ... Einseitig dem Feuer ausgesetzte Bauteile dürfen auf der dem Feuer abgewandten nicht wärmer als 130 °C werden und müssen dort nach dem Brandversuch durchweg auf etwa 1 cm Dicke erhalten bleiben.“
feuer-beständig	90	„Bauteile aus nichtbrennbaren Baustoffen, die bei einem Brandversuch nach DIN 4102 Blatt 3 während einer Prüfzeit von 1½ Stunden dem Feuer und anschließend dem Löschwasser standhalten, dabei ihr Gefüge nicht wesentlich ändern, unter der rechnerisch zulässigen Last

Klassifikation nach DIN 4102, Nov. 1940	Feuerwiderstand in Minuten	Verbale Definition
feuerbeständig	90	ihre Standfestigkeit und Tragfähigkeit nicht verlieren und den Durchgang des Feuers verhindern. ... Einseitig dem Feuer ausgesetzte Bauteile dürfen auf der dem Feuer abgewandten nicht wärmer als 130 °C werden.“
hochfeuerbeständig	180	„Bauteile, die den Anforderungen an feuerbeständige Bauteile während einer Prüfzeit von 3 Stunden genügen.“

Während es die Begriffsbestimmung für schwer brennbare Baustoffe in der Fassung von 1934 noch zuließ, dass schwer entflammbare Baustoffe, *„die unter Einwirkung von Feuer und Wärme zwar zur Entzündung gebracht werden können, so dass sie verkohlen, aber bei atmosphärischer Luft nicht von selbst weiterbrennen“*[24], galten ab 1940 Baustoffe dann als schwer entflammbar, wenn diese beim *„Brandversuch nach DIN 4102 Blatt 3 nur schwer zur Entflammung gebracht werden können und nur bei zusätzlicher Wärmezufuhr mit geringer Geschwindigkeit abbrennen ... Als schwer entflammbar gelten auch Baustoffe, die bei Einwirkung von Feuer und Wärme verkohlen, ohne dass dabei Flammen auftreten, der Baustoff nachglimmt und das Feuer weitergetragen wird.“*[25]

Tabelle 7: Zuordnung der Baustoffe zu brandschutztechnischen Begriffen gemäß DIN 4102, Bl. 2, Stand November 1940

Begriffe	Baustoffe
brennbar	Holz, Magnesiumlegierungen, Papier, Pflanzenfaserstoffe, Stroh, Torf u. dgl.
schwer brennbar	reine Wolle
nicht brennbar	Sand, Lehm, Kies, Hochofenschlacke, Schlackensand, Hüttenbims, natürliche und künstliche Steine, Mörtel und Beton, Glas, Asbest, Schlackenwolle, Glaswolle, Gusseisen, Stahl und andere Metalle in nicht fein verteilter Form

Ab dem 1. Januar 1983 wurden die bis dahin neu erarbeiteten Standards TGL 10685/01 bis /09 (Ausgabe April 1983) sowie /11 und /13 (Ausgabe Dezember 1981) verbindlich eingeführt. Damit wurde auch das in der DDR bestehende Nebeneinander vielfältiger Regelungen mit der Zusammenführung eines weitgehend ganzheitlichen Grundlagenstandardkomplexes beendet.

Tabelle 9: Übersicht zu den Standards der TGL 10685

Standard TGL	Titel	Letzte Ausgabe
10685/01	Begriffe	November 1988
10685/02	Brandlast, Brandlaststufen	April 1982
10685/03	Brandsperren, Brandschutztechnische Gebäudeabstände	April 1982
10685/04	Evakuierungswege für Personen in Bauwerken	April 1982
10685/05	Löschwasserversorgung, Zufahrten und Zugänge der Feuerwehr	April 1982
10685/06	Brandgefahrenklassen (BGKL)	April 1982
10685/07	Feuerwiderstandsklassen (FWKL), Forderungen an Ausbaukonstruktionen	April 1982
10685/08	Brandabschnittsgröße	April 1982
10685/09	Rauch- und Hitzeableitung	April 1982
10685/10	Gebäude und Anlagen der tierischen Produktion	Februar 1979
10685/11	Bestimmung der Brennbarkeitsgruppe von Baustoffen	Dezember 1981
10685/12	Bestimmung des Feuerausbreitungsgrades und der Eignungsgruppe von Bauwerksteilen und Ausbaukonstruktionen	August 1988
10685/13	Bestimmung des Feuerwiderstandes von Bauwerksteilen, Brandverschlüssen und Verschlüssen von Durchführungen	Dezember 1981

Zugleich wurde ein grundlegendes Sicherheitsniveau vorrangig für Menschen, aber auch für Sachwerte geschaffen. Spezifische Standards, vergleichbar mit den heutigen Sonderbauvorschriften, galten u. a. noch mit der TGL 107377/07 „Gebäude und Räume für die medizinische und soziale Betreuung; Städtebauliche, bautechnische und brandschutztechnische Forderungen" für Gebäude des Gesundheitswesens. Außerdem existierten jeweils für Übergangsphasen bis zur Ausarbeitung neuer bzw. zur Ergänzung oder Änderung bestehender Standards gesonderte Vorschriften der Staatlichen Bauaufsicht („Verordnung über die Staatliche Bauaufsicht"), mit denen auf aktuelle Entwicklungen reagiert werden sollte. Der Standard TGL 10685/10 mit den Regelungen für „Gebäude und Anlagen der tierischen Produktion" vom Februar 1979 blieb als Entwurf bestehen. Es war vorgesehen, diesen bis zum Jahr 1986 zu überarbeiten, was aber nicht mehr erfolgte. Die vorgenannten Standards TGL 10685/01 bis /09 wurden im Jahr 1985 zusammenhängend und mit dazugehörigen Regelungen ergänzt, auf die an dieser Stelle nicht eingegangen werden soll, als Arbeitsmittel für die Planenden von der Bauakademie der DDR (Institut für Projektierung und Standardisierung) herausgegeben. Zugleich erfolgte mit dieser Veröffentlichung die Herausgabe einer Vorschrift der Staatlichen Bauaufsicht, die Ergänzungen und Änderungen von TGL 10685/01 bis /09 (Ausgabe April 1982) enthielt. Vor der Vereinigung der DDR mit der BRD erfolgte zunächst im August 1988 die Veröffentlichung des neuen Fachbereichstandards /12, bevor nach der Neufassung des Standards /01 zum November 1988 die Arbeiten an den Standards der TGL 10685 schließlich eingestellt wurden.

Ein grundlegender Unterschied zwischen dem Normenwerk der DIN 4102 und dem Standard der TGL 10685 ist zum einen in der differenzierteren Betrachtung der Brandlasten und zum anderen der kleineren Schrittfolge von 15 Minuten bei der Betrachtung der Feuerwiderstandsdauer eines Bauteils im zeitlichen Bereich von 0 bis 60 Minuten sowie von 30 Minuten im Bereich von 120 bis 150 Minuten zu sehen.

Tabelle 10: Klassifizierung des Feuerwiderstandes

Maßgebende Feuerwiderstandszeit der Probe in min	Klassifizierter Feuerwiderstand
0 bis < 15	fw 0
15 bis < 30	fw 15
30 bis < 45	fw 30
45 bis < 60	fw 45

Maßgebende Feuerwiderstandszeit der Probe in min	Klassifizierter Feuerwiderstand
60 bis < 90	fw 60
90 bis < 120	fw 90
120 bis < 150	fw 120
150 bis < 180	fw 150
> 180	fw 180

Das Unterscheiden der Brennbarkeit der Baustoffe in der Normung bzw. den Standards der beiden deutschen Staaten war zwar ähnlich[32], in der DDR erforderten jedoch zunehmende ökonomische Zwänge die weitgehende Erhaltung bestehender Bausubstanz, so dass eine größere Anzahl von tragenden Holzkonstruktionen bewahrt blieb, als durch die geltende Normung vorgesehen. Zunehmend wurde in der DDR eine differenzierte Betrachtung der konkreten Brandlast angestrebt, um das tatsächliche brandschutztechnische Risiko genauer beschreiben zu können. Eine derartige differenzierte Betrachtung des planbaren Risikos gab es in der Bundesrepublik nicht; standardisierte Bauteilanforderungen dominierten den Alltag, selbst in den Sonderbauvorschriften.[33]

Insgesamt liegt mit dem Standard TGL 10685 ein inhaltlich geschlossenes Regelwerk zum Bautechnischen Brandschutz vor, das per Verordnung vom August 1990 als bestehender staatlicher Standard ab dem 1. Oktober 1990 „den Charakter von Empfehlungen im Sinne von DIN 820“ hat und in den Stand „Regeln der Technik“ erhoben wurde; lediglich als Eingeführte Technische Baubestimmung fungiert dieses nicht mehr.[34] Der TGL-Standard ist in Gänze im Band 3 dieser Buchserie abgedruckt.

3 Gefahrbegriffe und genügende Brandsicherheit

3.1 Übergeordnete Planungen

Baugesetzbuch und Baunutzungsverordnung

Mit dem Europarechtsanpassungsgesetz Bau (EAG Bau) wurden die europäischen Anforderungen an die deutsche Baugesetzgebung in das Baugesetzbuch integriert. Damit erfolgte im Jahre 2004 ihre Novellierung, wobei zwar vorwiegend umweltrechtliche Belange, aber auch Angelegenheiten des Brandschutzes, wie der Abstand baulicher Anlagen zum Wald, eine Rolle spielten. Laut Baugesetzbuch[35] sind bei der Beteiligung der Träger öffentlicher Belange auch die zuständigen Brandschutzdienststellen zu hören. Ob deren Anhörung bereits in der nunmehr seit 2004 verbindlichen frühzeitigen Einbeziehung der Träger öffentlicher Belange vonnöten ist oder erst im Rahmen der normalen Behördenbeteiligung notwendig wird, sei im Einzelfall zu entscheiden. Die Baunutzungsverordnung[36] regelt das Maß und – für den Brandschutz besonders von Bedeutung – die Art der baulichen Nutzung von Grundstücken.

Bauleitplanung

Bereits bei der Flächennutzungsplanung sind brandschutztechnische Belange, wie Waldabstandsregelungen, zu berücksichtigen. Hinsichtlich des Bestandsschutzes baulicher Anlagen, die sich nach aktueller bauleitplanerischer Beurteilung nunmehr in einem Waldgebiet befinden, sind die Regelungen, z. B. Waldabstandserlasse[37], eines jeweiligen Bundeslandes zu beachten. Unter Denkmalschutz stehende bauliche Anlagen sind in ihrem Bestand generell geschützt. Inwieweit dieser Bestandsschutz aber auch Nutzungserweiterungen oder -änderungen erfassen kann, erfordert eine Prüfung für den Einzelfall. Während einer Bebauungsplanerstellung wird bei der Beteiligung der Träger öffentlicher Belange die zuständige Brandschutzdienststelle gehört. Die hier gegebenen Anregungen und Hinweise sind durch den Planverfasser für die beauftragende Kommune oder den betroffenen Investor, u. a. bei einem vorhabenbezogenen Bebauungsplan, in die Bauleitplanung aufzunehmen bzw. während derselben abzuwägen.

Regelungen der Musterbauordnung 2002 und 2016

Die Regelungen zum Brandschutz wurden in der Musterbauordnung im Jahr 2002 neu formuliert[38] und im Jahr 2016 weiter modernisiert. Unter anderem hat man die im europäischen Ausland bereits seit längerer Zeit gebräuchliche Klassifizierung „hochfeuerhemmend“ und die Zulässigkeit der Verwendung

3.3 Beurteilung der Gefahren und Anpassungsverlangen

Erschwerend für die brandschutztechnische Beurteilung historischer Gebäudeanlagen sind vielfältige Umstände: Fahrzeuge der Feuerwehr haben erschwerte Zufahrtsbedingungen; zu geringe Durchfahrtshöhen oder -breiten sind vorhanden. Eine Löschwasserbevorratung und -versorgung oder eine Druckerhöhung für eventuelle Sprinkleranlagen gibt es nicht. Sinnvoller Kulturgutschutz verbietet oft eine solche Anlage. Weite Gebäudeausdehnungen mit fehlenden Brandabschnittsbildungen, Fluchttreppen aus brennbaren Materialien und hölzerne Deckenkonstruktionen erhöhen das Gefährdungspotenzial erheblich, weil starke Verrauchungen auf Grund der vorhandenen brennbaren Materialien erwartet werden müssen. Hinzu gesellen sich eingeschränkte Einsatzmöglichkeiten freiwilliger Feuerwehren kleinerer Gemeinden und die damit verbundenen Schwierigkeiten, schnell zum Brandherd zu gelangen. Für museale Nutzungen lassen sich die notwendigen Rettungswege und Treppenräume vielmals nicht ohne größere Substanzeingriffe schaffen. Die Rettungswege für behinderte Besucher und Bewohner sind erschwert, da Aufzüge dafür allgemein nicht zugelassen werden. Veraltete technische (zumeist Elektro-)Anlagen runden das vorzufindende brandschutztechnisch desolate Bild ab.

Eine Vielzahl, zum großen Teil miteinander verwobener, einschränkender Bestandssituationen gilt es in die Entwurfsüberlegungen bei einer Instandsetzungsplanung mit einhergehender Nutzungsänderung zu berücksichtigen. Dass bei dieser Komplexität der Anforderungen dennoch Möglichkeiten substanzschonender Behandlung gegeben sind, mag die Analyse ausgewählter Beispiele belegen, die u.a. deutlich machen, dass Planende und Gutachter zu einem sehr frühen Zeitpunkt das gemeinsame Gespräch suchen müssen.

In diesem Zusammenhang muss der Gefahrbegriff näher präzisiert werden. Zu unterscheiden ist zwischen den juristischen Begriffen einer „konkreten", damit wird die reale bezeichnet, und einer „abstrakten" Gefahr, die mit der potenziellen identisch ist. Die Letztere entsteht aus der Rechtsverletzung, einer Nichtübereinstimmung mit dem geltenden Recht. Zur Vermeidung einer solchen Gefahrenlage „hat der Gesetzgeber Vorschriften erlassen oder technische Regeln (Normen, Richtlinien) eingeführt".[64]

Zu den technischen Regeln ist anzumerken, dass z.B. gemäß § 3 (3) der Thüringer Bauordnung eine Abweichung von ihnen zulässig und nicht als Abweichung zu beantragen ist und entsprechend genehmigt werden muss, wenn das Schutzziel anderweitig gleichermaßen erreicht wird. Hier trifft jedoch die Beweislastumkehr zu, d.h., der Planer muss das beispielsweise mittels eines Brandschutzkonzeptes nachweisen. Andererseits gilt bei der Befolgung der

„Eingeführten Technischen Baubestimmungen“ sowie von nicht eingeführten, aber dennoch als allgemein anerkannten Regeln der Technik, dass keine potenzielle Gefahr vorliegt.[65]

Eine konkrete (reale) Gefahr besteht aus juristischer Sicht immer dann, wenn mit der Schädigung von Leben und Gesundheit zu rechnen ist und diese mit hoher Wahrscheinlichkeit erwartet werden muss[66], sie liegt jedoch nicht schon vor, wenn ein *„Abweichen von Vorschriften, die der Sicherheit dienen“*[67] festgestellt wird. Nach aktueller Auffassung der Gerichte ist die *„fachkundige Feststellung, dass nach den örtlichen Gegebenheiten der Eintritt eines erheblichen Schadens nicht unwahrscheinlich ist“*[68], erforderlich.

Auszüge aus der Begründung zum Beschluss des Hessischen Verwaltungsgerichtshofes vom 18. 10. 1999 (4 TG 3007/97) zeigen zugleich die Grenzen des bauaufsichtlichen Anpassungsverlangens auf:

> „Nach § 61 Abs. 3 HBO 1993 kann die Bauaufsichtsbehörde an rechtmäßig bestehende bauliche Anlagen nachträgliche Anforderungen stellen, soweit dies zur Abwehr von Gefahren für Leben und Gesundheit notwendig ist. Aus den von der Agg. ermittelten Tatsachen ergibt sich nicht, daß eine Gefahr für Leben und Gesundheit i. S. v. § 61 Abs. 3 HBO vorliegt. Zur Beurteilung der Frage, welcher Gefahrbegriff der genannten Vorschrift zugrunde liegt, ist der Sinnzusammenhang und der Regelungsgehalt der Norm insgesamt heranzuziehen. Danach ergibt sich, daß es sich in § 61 Abs. 3 HBO nicht lediglich um eine abstrakte Gefahr handeln kann. Insbes. genügt der bloße Umstand, daß der Gesetzgeber brandschutzrechtliche Vorschriften verschärft hat, allein nicht, ein bauaufsichtliches Einschreiten mit dem Ziel der Veränderung rechtmäßig bestehender baulicher Anlagen zu rechtfertigen. Erkennt der Gesetzgeber eine neue Gefahrenlage für Leben und Gesundheit, zu deren Bewältigung auch bei allen bestehenden baulichen Anlagen bestimmte Sicherheitsvorkehrungen erforderlich sind, so muß der Gesetzgeber selbst – unter Einhaltung einer angemessenen Übergangsfrist – allen Eigentümern oder Betreibern bestehender baulicher Anlagen unmittelbar eine entsprechende Nachrüstungspflicht auferlegen. Sieht der Gesetzgeber davon ab und fordert er erhöhte brandschutzrechtliche Standards nur bei der Errichtung von Neubauten, so vermag der erhöhte vom Gesetzgeber bei Errichtung von Neubauten geforderte Sicherheitsstandard allein nachträglich generelle bauaufsichtliche Anforderungen an rechtmäßig bestehende bauliche Anlagen nicht zu rechtfertigen, sondern es bedarf einer konkreten Überprüfung und Beurteilung der jeweiligen baulichen Situation im Einzelfall (ebenso: HambOVG, Beschl. v. 4. 1. 1996 – Bs II 61/95 – BRS 58

Nr. 112, und OVG NW, Beschl. v. 28.12.1994 – 7 B 2890/94 – BRS 57 Nr. 245; soweit Simon, BayBauO, 1994, Art. 66 Rn. 51, ohne nähere Begründung, aber gestützt auf eine Entscheidung des BayVGH vom 30.7.1992 – Nr. 15 CS 92.1935 –, eine abstrakte Gefahr für ausreichend hält, ist darauf hinzuweisen, daß der dort entschiedene Fall tatsächlich eine konkrete Gefahrenlage betraf, ebenso die Entscheidung des BayVGH v. 25. 1. 1989 – 2 B 89.740 –). Die Agg. führt in diesem Zusammenhang aus, eine bloß abstrakte Gefahr rechtfertige ein bauaufsichtliches Einschreiten, soweit die Gefahr erheblich sei; ihr ist jedoch entgegenzuhalten, daß es sich im vorl. Fall gerade nicht um eine festgestellte erhebliche Gefahr, sondern um eine nicht näher untersuchte Gefahr für bedeutende Rechtsgüter handelt. Im Hinblick darauf, daß es zum Wesen brandschutzrechtlicher Vorschriften gehört, daß diese zum Schutz von Leben und Gesundheit zum Teil auch vorsorgliche Schutzbestimmungen für einen bei vielen Bauten nicht sehr wahrscheinlichen, andererseits aber – etwa auch im Hinblick auf mutwillige Brandstiftung – auch nicht auszuschließenden Fall eines Brandes treffen und daß es nach Ausbruch eines Brandes für die Anordnung von Vorsorgemaßnahmen zu spät ist, kann die nachträgliche Forderung von Maßnahmen des Brandschutzes nicht davon abhängig gemacht werden, daß im Einzelfall bereits eine konkrete Gefahr im Sinne der herkömmlichen allgemeinen polizeirechtlichen Definition vorhanden ist (so aber OVG NW, Beschl. v. 28.12.1994, a. a. O.). Eine solche Gefahr ist nämlich erst dann anzunehmen, wenn im konkreten Einzelfall in überschaubarer Zukunft mit einem Schadeneintritt hinreichend wahrscheinlich gerechnet werden kann (BVerwG, Urt. v. 12.7.1973 – 1 C 23.72 –, DVBl. 1973, S. 857 [859]). Wegen der in Rede stehenden wichtigen Rechtsgüter muß es der Bauaufsichtsbehörde jedoch möglich sein, bei Feststellung einer erheblichen Gefahrensituation im Einzelfall, die dadurch gekennzeichnet ist, daß Gefahrbekämpfungs- oder Rettungsmöglichkeiten nach heutiger Kenntnis typischer Schadensverläufe unzulänglich sind, auch dann zusätzliche Schutzvorkehrungen bei rechtmäßig bestehenden Gebäuden zu verlangen, wenn keine hohe Wahrscheinlichkeit für einen Schadeneintritt in absehbarer Zeit vorliegt, dieser andererseits aber auch nicht ganz unwahrscheinlich ist. Um festzustellen, ob im vorl. Fall eine erhebliche Gefahrensituation gegeben ist, müßte die Agg. die Brandlasten im Kellergeschoß der Liegenschaft, im Treppenhaus und in den Wohneinheiten, die Gefährdungspotentiale durch die Heizungseinrichtung sowie das Maß der Rauchdichtigkeit der Kellerabschlußtür sowie der Wohnungstüren ermitteln. Ferner müßten die konkrete Tauglichkeit des ersten Rettungswegs und die Möglichkeit der Rettung der Bewohner der rückwärtigen Wohnungen durch die straßenseitigen Wohnungen hindurch näher geprüft werden ...

Diese noch näher zu ermittelnden Tatsachen müßten einer fachkundigen brandschutztechnischen Bewertung unterzogen werden. Ergibt sich dabei, daß die Gefahrenpotentiale so groß sind, daß zur Wahrung von Leben und Gesundheit die Einrichtung eines zweiten Rettungswegs notwendig ist, so sind die Voraussetzungen für ein Einschreiten gemäß § 61 Abs. 3 HBO gegeben."[69]

Die Einzelfallentscheidung über das Vorliegen einer realen Gefahr bedarf demnach immer einer konkreten Gefährdungsanalyse, um festzustellen, ob im vorliegenden Fall eine erhebliche Gefahrensituation vorliegt. Es geht zudem bei einem bestehenden Gebäude nicht darum, jede Einzelanforderung im Brandschutz entsprechend den gültigen Rechtsvorschriften und Eingeführten Technischen Baubestimmungen zu erfüllen (Abwehren potenzieller Gefahren), sondern durch das Beseitigen realer Gefährdungen ein Sicherheitsniveau zu schaffen, das den Grundsatzforderungen zum Schutz von Leben und Gesundheit gerecht wird. Eine zentrale Frage in diesem Zusammenhang ist häufig die nach den Rettungswegen. Auch in bestehenden baulichen Anlagen müssen für jede Nutzungseinheit zwei Rettungswege zur Verfügung stehen; anderenfalls liegt eine reale Gefahr vor.

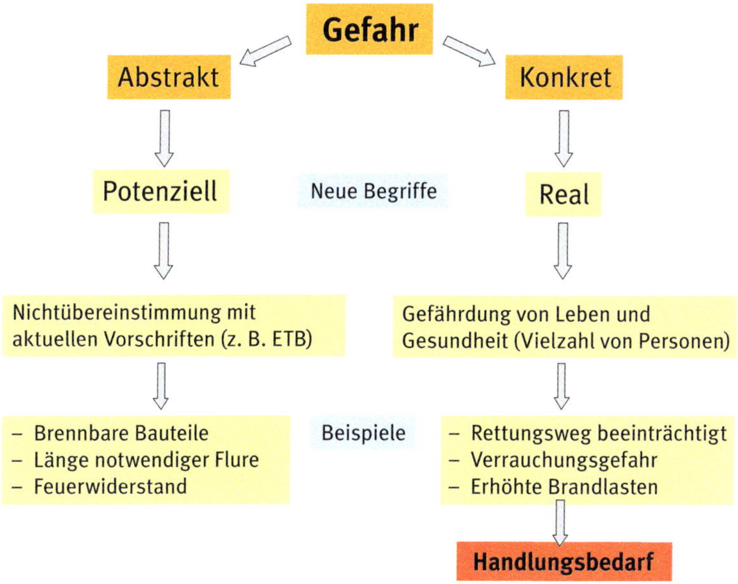

Abbildung 5: Beurteilung der brandschutztechnischen Gefahren

Namentlich in der Baudenkmalpflege sollte das brandschutztechnische Ziel nicht im Maximum technischer Möglichkeiten bestehen, sondern nach Erstellung eines gebäudeorientierten Brandschutzkonzeptes das brandschutztechnisch notwendige Maß sein und zur Durchsetzung des nur sicherheitstechnisch Unverzichtbaren führen.[70] Dieses Ziel wird in der alltäglichen Praxis jedoch nur auf der Grundlage einer geeigneten Beurteilung des Bestandes zu erreichen sein, um die Forderung nach der ausreichenden Brandsicherheit zu erfüllen.

3.4 Ausreichende Brandsicherheit

Unter ausreichender Brandsicherheit eines Bauwerkes oder eines Brandabschnittes desselben ist gemäß SIA 81 der Zustand zu verstehen, *„wenn das vorhandene Brandrisiko ein akzeptiertes Brandrisiko nicht übersteigt“*.[71] Eine derartige individuelle Brandrisikobewertung ist für Sonderbauten oder Gebäude mit gemischten Nutzungen und damit auch für bestehende Gebäude, vor allem größeren Ausmaßes, geeignet und kann der Überprüfung von Brandschutzkonzepten für diese dienen. Als Entscheidungshilfe ist es mit der SIA Norm 81 möglich, in Abhängigkeit von detaillierten Angaben zur Brandbelastung, zu potenziellen Gefahren, zu Normal- und Sondermaßnahmen sowie zur Baukonstruktion, für die jeweils vielfältige Varianten wählbar und zulässig sind, numerische Aussagen zum effektiven Brandrisiko sowie zum Gefährdungsgrad und zur Brandsicherheit zu erhalten.[72] Es werden Bewertungskriterien und Kenngrößen an Stelle von standardisierten Bauteilvorgaben mit vielfältigen Kombinationsmöglichkeiten der die Brandsicherheit beeinflussenden Kenngrößen vorgeschlagen.[73]

Für eine brandschutztechnische Gefahreneinschätzung ließ die Stiftung Weimarer Klassik und Kunstsammlungen in den Jahren 2005/2006 – ausgelöst durch den Weimarer Bibliotheksbrand im Jahre 2004 – eine Untersuchung zur Brandgefährdung der ihr anvertrauten historischen Gebäude durchführen, bei der eine ähnliche Arbeitsmethode angewendet wurde.[74] Bei dieser brandschutztechnischen Gesamtbeurteilung hat man Einflussgrößen auf das brandschutztechnische Sicherheitsniveau erfasst und diesen danach numerische Werte zugewiesen. Abschließend erfolgte die Analyse der Wirkung der Einflussgrößen auf die Gewährleistung der jeweils objektkonkreten Schutzziele.

Als für das Sicherheitsniveau bedeutende Einflussfaktoren wurden die Lage und das bauliche Umfeld der Liegenschaft, die brandschutztechnische Gliederung der Gebäude, die Rettungswegsituation im Objekt, die Qualität der Einrichtungen zur Branderkennung und Alarmierung, das Vorhandensein und die Eignung der Anlagen zur Brandbekämpfung, die organisatorischen Voraussetzungen des Brandschutzes, das bauwerksspezifische Brandentstehungsrisiko und die Infrastruktur der zuständigen Feuerwehr definiert.[75]

Tabelle 11: Numerische Zuordnung der Einflussfaktoren auf das Sicherheitsniveau eines Gebäudes

Bewertung	Definition der Einflussfaktoren
0	Die in den Tabellen aufgeführten und am konkreten Objekt untersuchten Einzelfaktoren bewirken **keinen Beitrag** zum sicherheitstechnischen Effekt der jeweiligen Einflussgröße.
2	Die in den Tabellen aufgeführten und am konkreten Objekt untersuchten Einzelfaktoren bewirken lediglich einen **sehr niedrigen Beitrag** zum sicherheitstechnischen Effekt der jeweiligen Einflussgröße.
4	Die in den Tabellen aufgeführten und am konkreten Objekt untersuchten Einzelfaktoren bewirken lediglich einen **schwachen Beitrag** zum sicherheitstechnischen Effekt der jeweiligen Einflussgröße.
6	Die in den Tabellen aufgeführten am konkreten Objekt untersuchten Einzelfaktoren bewirken einen **Beitrag** zum sicherheitstechnischen Effekt der jeweiligen Einflussgröße.
8	Die in den Tabellen aufgeführten am konkreten Objekt untersuchten Einzelfaktoren bewirken einen **hohen Beitrag** zum sicherheitstechnischen Effekt der jeweiligen Einflussgröße.
10	Die in den Tabellen aufgeführten am konkreten Objekt untersuchten Einzelfaktoren bewirken einen **sehr hohen Beitrag** zum sicherheitstechnischen Effekt der jeweiligen Einflussgröße.
1, 3, 5, 7, 9	Mittelwerte

Mit dieser bewertenden Untersuchung wurde den Verantwortlichen für die Gebäude ein Werkzeug an die Hand gegeben, das für gezielte Investitionsentscheidungen zur Verbesserung des brandschutztechnischen Sicherheitsniveaus, unabhängig von bauordnungsrechtlichen und des Denkmalschutzes wegen zumeist nicht zu befolgender Vorschriften, angewendet werden kann. Derartige und vergleichbare anzustrebende Untersuchungen sollten vermehrt initiiert und durch Analysen begleitet werden, um zu ähnlichen, für bestehende Gebäude sicheren Kennwerten wie in der SIA Norm 81 für die Anwendung in

Deutschland zu gelangen. Die Angaben aus der SIA Norm 81 lehnen sich nicht speziell an bestehende Bauwerke an und sind auch nicht kritiklos zu übernehmen, können aber einem besseren Verständnis der im Einzelfall notwendigen und zugleich genügenden Brandsicherheit dienen.

3.5 Handlungsempfehlungen für eine Sanierung oder eine denkmalpflegerische Behandlung

In der Analyse bisheriger Planungsverläufe und deren wiederkehrender Probleme können die folgenden schematischen Handlungsempfehlungen angewendet werden. Diese basieren auf gewonnenen Erkenntnissen in der brandschutztechnischen Planungspraxis sowohl zum geeigneten als auch zum unangemessenen Umgang mit bestehenden Gebäuden, die von heutigen Regelungen des Bauordnungsrechtes abweichen. Es wird an dieser Stelle zwischen dem in der Praxis häufigeren Fall der „Sanierung" und der „Denkmalpflegerischen Behandlung" unterschieden. Bei der Letzteren sind besondere Randbedingungen, wie z.B. das Vetorecht der Denkmalschutzbehörde, gesondert zu betrachten. Generell gilt jedoch, dass als Voraussetzung für vernünftige Abläufe das erforderliche „Hineindenken" in die Gegebenheiten der jeweils scheinbar einander gegenüberstehenden handelnden Seite vorauszusetzen ist. Es bedarf des gegenseitigen Verständnisses – ohne Erfordernis des sofortigen „Überlaufens" oder des „Aufgebens" der eigenen Position – und des wirklichen Bestrebens, sich verstehen zu wollen. Dann wird die Suche nach dem einvernehmlichen Brandschutzkonzept erfolgreich sein, das sich zuvor nicht an starren Standard-Regelungen orientiert.

Um glaubwürdig die mögliche brandschutztechnische Eignung der bestehenden Baustoff bzw. Bauteile beschreiben zu können, ist eine präzise Gefahrenbeurteilung auf der Grundlage genauer Bauteilkenntnisse erforderlich.

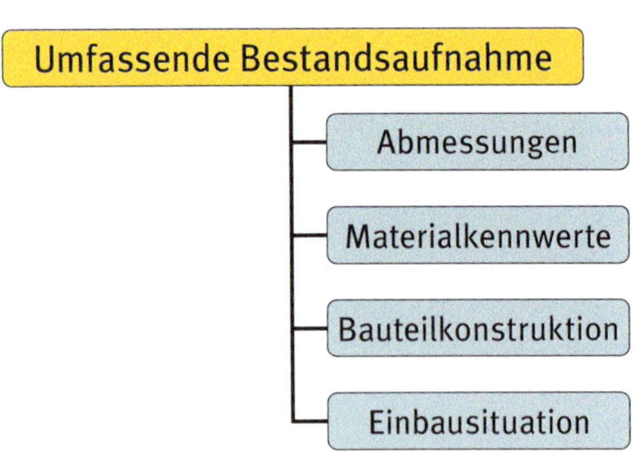

Abbildung 6: Notwendige Bestandteile einer brandschutztechnischen Bestandsaufnahme

Handlungsempfehlungen für eine Sanierung

Ein zunächst gegebener Bestandsschutz schützt zwar zunächst die bisher erworbene Rechtsposition eines Gebäudeeigentümers bzw. -betreibers (s. Kap. 3.2), aber nicht vor einem bauordnungsrechtlichen Anpassungsverlangen, das in vielen Bundesländern sogar direkt in den Landesbauordnungen enthalten ist. So geben sowohl der § 89 (2) ThürBO[76] als auch der § 81 (3) der BauO Bln gleichermaßen vor:

> „Sollen rechtmäßig bestehende bauliche Anlagen wesentlich geändert werden, so kann gefordert werden, dass auch die nicht unmittelbar berührten Teile der baulichen Anlage mit diesem Gesetz oder den aufgrund dieses Gesetzes erlassenen Vorschriften in Einklang gebracht werden, wenn die Bauteile, die diesen Vorschriften nicht mehr entsprechen, mit den beabsichtigten Arbeiten in einem konstruktiven Zusammenhang stehen und die Durchführung dieser Vorschriften bei den von den Arbeiten nicht berührten Teilen der baulichen Anlage keine unzumutbaren Mehrkosten verursacht.“[77]

Im Absatz 4 des § 81 der BauO Bln wird weiter ausgeführt, dass der vorgenannte Absatz 3 nicht anzuwenden ist, *„es sei denn, dass anderenfalls Gefahren eintreten“*.[78]

Umso wichtiger ist es, ggf. die vorhandene Eignung bestehender Bauteile nach der eingehenden Analyse zu begründen oder diese bei der Möglichkeit des Ausschließens einer realen Gefahr ohne Änderung im Bestand zu belassen, um dem Anpassungsverlangen entgehen zu können. Auf jeden Fall sollte dem Anpassungsverlangen eine vollständige Analyse des Bestandes gegenübergestellt werden, um auf dieser Grundlage die Gefahrenanalyse mit dem Schwerpunkt der Bewältigung der angetroffenen realen Gefahren vornehmen zu können. Oftmals stellt sich nämlich im Nachhinein heraus, dass eine Anpassung nicht verlangt worden wäre, hätte man vorher den tatsächlichen Handlungsbedarf detailliert hinterfragt. Ein gebäudeorientiertes Brandschutzkonzept kann nur erfolgreich zwischen den aktuellen Anforderungen und den vorhandenen Eigenschaften vermitteln, wenn die Ausgangsposition hinreichend geklärt ist.

Handlungsempfehlungen für eine denkmalpflegerische Behandlung

Bei einer denkmalpflegerischen Behandlung ist weiterhin zu beachten, dass durch die institutionalisierte Denkmalpflege gegenüber einem brandschutztechnischen Anpassungsverlangen zunächst ein Dispens gegenübergestellt werden kann, um eine Beeinträchtigung des jeweiligen Baudenkmals zu ver-

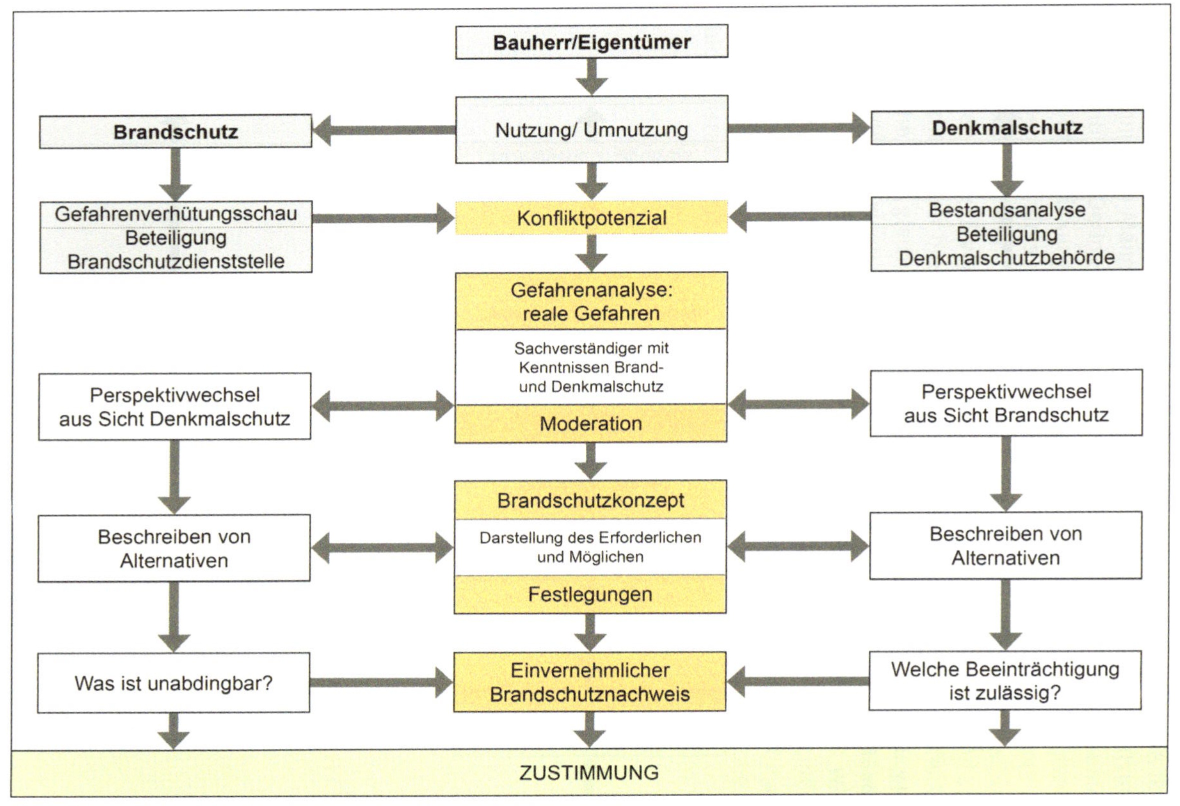

Abbildung 8: Methodik bei einer denkmalpflegerischen Behandlung

Welche besonderen Maßstäbe bei einer Brandschutzplanung bei Baudenkmalen gelten, kann dem aktuellen Arbeitsheft 13 „Brandschutz im Baudenkmal“[79] bzw. der Buchreihe „Brandschutz im Baudenkmal“[80] des Autors entnommen werden.

3.6 Abweichungen und Erleichterungen vom Bauordnungsrecht

Regelmäßig begegnet man beim Bauen im Bestand abweichenden Tatbeständen gegenüber den aktuellen bauordnungsrechtlichen Vorschriften, den eingeführten Technischen Baubestimmungen und den allgemeinen bauaufsichtlichen Zulassungen oder Prüfzeugnissen.

- Welche der abweichenden Sachverhalte sind in der Praxis wesentlich und welche nicht wesentlich?
- Welche Abweichungen sind förmlich genehmigungspflichtig?
- Welche abweichenden Tatbestände sind ohne förmliche Abweichungsentscheidung lediglich als Erleichterung innerhalb eines abgestimmten Brandschutzkonzeptes zu gestatten?

Es ist dabei grundlegend zwischen Abweichungen von bauordnungsrechtlichen Vorschriften gemäß § 67 Musterbauordnung (MBO), Abweichungen von eingeführten Technischen Baubestimmungen nach § 85a MBO, abweichenden Tatbeständen nach § 51 MBO und Abweichungen, die das Bauproduktenrecht betreffen, zu unterscheiden.

Während bei Abweichungstatbeständen nach § 67 MBO bei Standardgebäuden, wie Wohn- oder Bürogebäuden, die keine Sonderbauten sind bzw. bei denen die Schwelle zum Sonderbau nicht überschritten wird, eine förmliche Abweichungsentscheidung auf der Grundlage eines notwendigen schriftlichen Abweichungsantrages erforderlich ist, gestaltet sich das bei Sonderbauten anders.

Bei Sonderbauten ist zwischen sog. geregelten und ungeregelten zu unterscheiden.

Geregelte Sonderbauten erkennt man daran, dass für diese eine Sonderbauverordnung auf der Grundlage der jeweiligen Landesbauordnung, z. B. eine Verkaufsstättenverordnung, erlassen wurde. Erleichterungen von Anforderungen der Sonderbauverordnungen, ausgenommen solcher, die im Rahmen bautechnischer Nachweise geprüft werden, können nur durch eine Abweichung nach § 67 MBO zugelassen werden, es sei denn, durch Landesregelungen wurde bestimmt, dass diese gesonderte Abweichungsentscheidung bei einer Prüfung bautechnischer Nachweise entfallen kann.

Wenn dagegen für Sonderbauten, so u. a. für Schulen, lediglich Richtlinien bekannt gemacht worden sind oder keine Sonderbauregelungen bestehen, handelt es bei diesen um „ungeregelte" Sonderbauten. Abweichende Tatbestände sind dann als Erleichterungen innerhalb eines ganzheitlichen Brandschutznachweises zu gestatten, es bedarf in diesen Fällen aber keiner gesonderten förmlichen Abweichungsentscheidung.

Die Regelungen zu den Bauprodukten und Bauarten sind dagegen weitaus komplexer. Gemäß § 16a – Bauarten – und 16b – Allgemeine Anforderungen für die Anwendung von Bauprodukten – dürfen Bauarten (z. B. Trockenbauwände) oder Bauprodukte (z. B. Abschottungen) nur dann verwendet werden, *„wenn bei ihrer Anwendung die baulichen Anlagen bei ordnungsgemäßer Instandhaltung während einer dem Zweck entsprechenden angemessenen Zeitdauer die Anforderungen dieses Gesetzes oder aufgrund dieses Gesetzes erfüllen und für ihren Anwendungszweck tauglich sind."*[81] Für CE-gekennzeichnete Bauprodukte gilt, dass diese verwendet werden dürfen, *„wenn die erklärten Leistungen den in diesem Gesetz oder aufgrund dieses Gesetzes festgelegten Anforderungen für diese Verwendung entsprechen. Die §§ 17 bis 25 Abs. 1 gelten nicht für Bauprodukte, die die CE-Kennzeichnung aufgrund der Verordnung (EU) Nr. 305/2011 tragen."*[82]

Im § 17 – Verwendbarkeitsnachweis – der MBO wird danach, was ausdrücklich nicht für CE-gekennzeichnete Bauprodukte gilt, ausgeführt:

> „Ein Verwendbarkeitsnachweis (§§ 18 bis 20) ist für ein Bauprodukt erforderlich, wenn
>
> 1. es keine Technischen Baubestimmungen und keine allgemein anerkannte Regel der Technik gibt,
> 2. das Bauprodukt von einer Technischen Baubestimmung (§ 85a Abs. 2 Nr. 3) wesentlich abweicht oder
> 3. eine Verordnung nach § 85 Abs. 4a es vorsieht."[83]

Das bedeutet für den Fall, dass für diese Fälle wie bisher entweder eine allgemeine bauaufsichtliche Zulassung (abZ), ein allgemeines bauaufsichtliches Prüfzeugnis (abP) oder eine Zustimmung im Einzelfall (ZiE) vorliegen muss.

Für diese – im Folgenden „national" benannten Bauprodukte oder Bauarten ist im § 21 MBO auch weiterhin vorgesehen, dass im Rahmen der abzugebenden Übereinstimmungsbestätigung auch eine Abweichung, die nicht wesentlich ist, als Übereinstimmung gilt. Für europäische harmonisierte Bauprodukte bzw. Bausätze ist jedoch nicht mehr möglich! Deswegen kommt es beim Einsatz dieser insbesondere auf eine exakte Überprüfung der Einbaurandbedingungen bei bestehenden baulichen Anlagen an.

Zudem ist es auch für die Wahrung eines im Einzelfall gegebenen Bestandsschutzes notwendig, die zur Errichtungszeit allgemeinen anerkannten Regeln der Technik oder die Technischen Baubestimmungen sukzessive die damals geltenden Technischen Regeln in der Bauregelliste A einzusehen. Außerdem wird man nicht umhinkommen, die zur Bauzeit gültigen allgemeinen bauaufsichtlichen Zulassungen bzw. Prüfzeugnisse oder auch die ggf. genehmigten Zustimmungen im Einzelfall (in der Regel durch die oberste Bauaufsichtsbehörde erteilt) nachzuvollziehen.

Weiterhin kommt es darauf an festzustellen, ob es sich um eine Abweichung nach § 85a der Musterbauordnung und somit um eine Abweichung von einer eingeführten Technischen Baubestimmung handelt. Für diese Abweichungen gilt nach § 85a MBO grundsätzlich, dass für die von der jeweiligen obersten Bauaufsichtsbehörde durch öffentliche Bekanntmachung als Technische Baubestimmungen eingeführten Technischen Regeln abgewichen werden kann, somit durch eine andere Lösung im gleichen Maße die allgemeinen Anforderungen erfüllt werden. In diesen Fällen bedarf es grundsätzlich keiner gesonderten förmlichen Abweichungsentscheidung durch die untere Bauaufsichtsbehörde. Dies gilt z. B. für Abweichungen von der DIN 4102-4, die als eingeführte Technische Baubestimmung in allen Bundesländern bekannt gemacht worden ist.

Ist ein nationales Bauprodukt zu verwenden, für das es einen nationalen Verwendbarkeitsnachweis gibt (abP, abZ, ZiE), ist durch den Errichter (i. d. R. der Handwerker) ein Übereinstimmungsnachweis gemäß der jeweiligen Landesbauordnung zu erbringen. Die Bestätigung der Übereinstimmung erfolgt dabei regelmäßig durch eine Übereinstimmungserklärung des Errichters oder durch ein Übereinstimmungszertifikat. Weicht die Herstellung eines Bauproduktes in der Örtlichkeit jedoch wesentlich von den Bestimmungen der allgemeinen bauaufsichtlichen Zulassung (abZ) oder des Prüfzeugnisses (abP) ab, liegt auch eine wesentliche Abweichung vor.

Folgend wird beschrieben, welche Schritte zur entsprechenden Überprüfung einer Abweichung vorzunehmen sind.

a) Abweichung von technischer Regel, z. B. von der abZ, wird festgestellt

b) Abklären der Randbedingungen, z. B. der durch die Zulassung vorgegebenen Einbaubedingungen

c) Grad der Änderung sachkundig ermitteln, z. B. unter Zuhilfenahme bzw. Auswertung der für das Bauprodukt durchgeführten Brandprüfung, dazu Hinzuziehen des Herstellers oder einer geeigneten Materialprüfanstalt

4.3 Decken

Allgemein

Adäquat zu den Wandkonstruktionen sind die Randbedingungen hinsichtlich des Raumabschlusses, notwendiger Überdeckungen und der gesonderten Betrachtung der Brandbelastung von oben oder unten zu überprüfen. Im Jahre 1925 wurden Decken ebenfalls gemäß den vorgenannten Baupolizeilichen Bestimmungen über Feuerschutz in feuerhemmend und feuerbeständig unterschieden. Die entsprechende Zuordnung zu den zu erfüllenden Eigenschaften ist in Tabelle 15 enthalten.

Ergänzend zu den folgenden Regeln für Holzbalkendecken und Decken aus massiven Baustoffen sind bei St. Appel[118] detaillierte Hinweise in Bezug auf die brandschutztechnische Beurteilung von Deckenkonstruktionen zu finden.

Tabelle 15: Einordnung von Decken hinsichtlich brandschutztechnischer Eigenschaften[119]

Einordnung	Notwendige Eigenschaften
Feuerhemmende Decken	Decken ... aus Holz, wenn sie mit 1 ½ cm starkem, sachgemäß ausgeführtem Kalkmörtelputz auf Rohrung bekleidet sind; auch Bekleidungen mit Rabitzputz oder anderen erprobten Baustoffen
Feuerbeständige Decken	Decken aus Ziegelsteinen oder anderen unter Wänden aufgeführten Steinen oder Baustoffen (s. s. Tabelle 14) bei Innehaltung der dort geforderten Mindestabmessungen

Als feuerhemmende Bekleidung für Decken wurde nach DIN 4102 i. d. F. des Jahres 1934 eine *„Bekleidung aus 2 ½ cm dicken Estrichen aus Zement oder Gips"* geregelt.[120]

Der o. g. Putz auf Eisenbetonplatten und Steineisendecken konnte auch durch eine Rabitzdecke ersetzt werden. Außerdem konnte der Putz bei Eisenbetonplatten und Steineisendecken entfallen, wenn die Platten über mehrere Stützen durchlaufen oder beidseits voll eingespannt sind und auch auf der Druckseite eine durchgehende Bewehrung erhielten, deren Querschnitt in Feldmitte noch mindestens ⅓ derjenigen der Zugbewehrung war.

Bei Eisenbetonrippendecken konnte der Putz stets entfallen, wenn die Füllkörper aus Bimsbeton bestanden und mindestens 3 cm dicke Fußleisten der Füllkörper den Steg der Eisenbetonrippen gegen die Brandbelastung schützen.

Holzbalkendecken

Mittels Brandversuchen an unterschiedlichen Holzbalkendecken, die von 1957 bis 1962 am Institut für Baustoffkunde und Stahlbetonbau der Technischen Hochschule Braunschweig vorgenommen wurden, konnte festgestellt werden, dass Holzbalkendecken durch geeignete Maßnahmen eine Feuerwiderstandsdauer der gesamten Konstruktion von mehr als 90 Minuten erreichen können.[121] Auch ohne weitere Nachrüstung erwiesen die geprüften Holzbalkendecken zumindest die Klassifikation feuerhemmend und Feuerwiderstände bis zu 65 Minuten.[122] Da die geprüften Holzbalkendeckenkonstruktionen aus brennbaren Baustoffen bestanden, erfüllten sie auch bei einer Feuerwiderstandsdauer von mehr als 90 Minuten dennoch nicht die in der zur Versuchszeit gültigen Fassung der DIN 4102 gestellten Anforderungen an feuerbeständige Bauteile.[123] Im Jahre 1966 vorgestellte Ergebnisse von Versuchen, die den Nachweis über die Feuerwiderstandsfähigkeit und das positive Brandverhalten von Bauteilen aus Holz erbrachten, ergaben für acht unterschiedliche von unten verputzte Holzbalkendecken einen Mindestfeuerwiderstand von 43 Minuten und maximale Feuerwiderstände von mehr als 90 Minuten (s. Abbildung 10 u. Abbildung 11).[124]

Decke 1

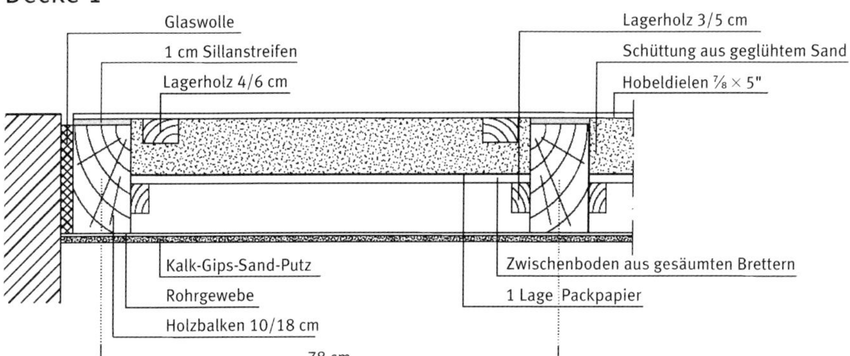

Abbildung 10: Untersuchter Deckenaufbau mit einer Feuerwiderstandsfähigkeit von 43 Minuten

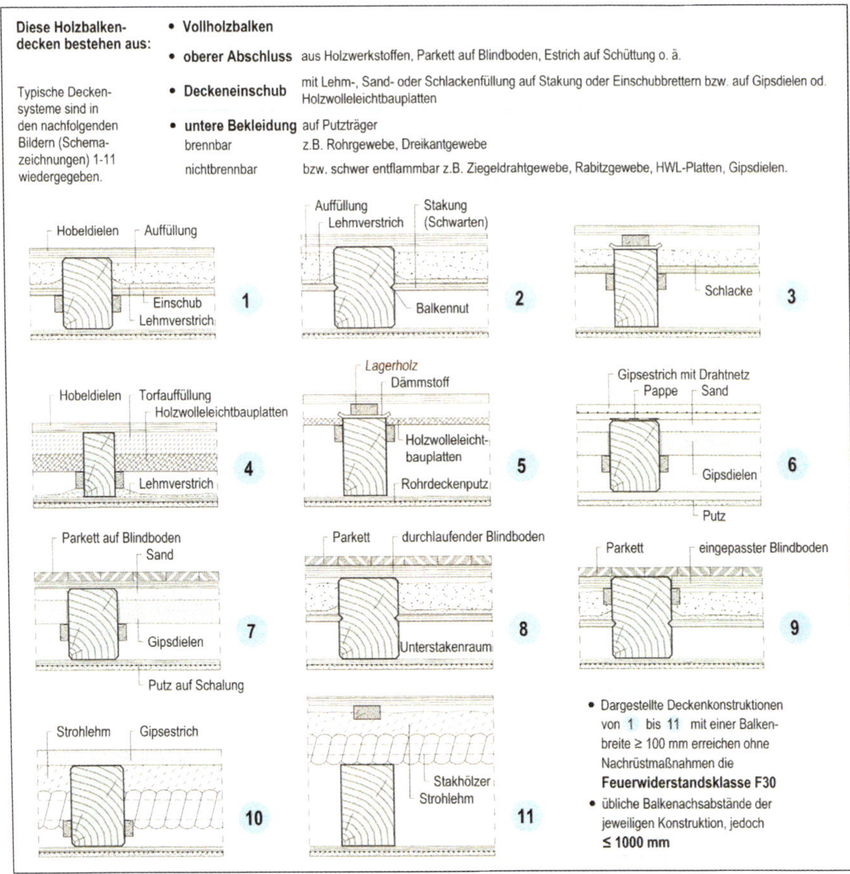

Abbildung 13: Übersicht üblicher Holzbalkendecken im Bestand, alle feuerhemmend[129]

Decken aus massiven Baustoffen

Randbedingungen sind insbesondere hinsichtlich notwendiger Überdeckungen, z.B. bei Beton- und Stahlbetonkonstruktionen, der tragenden Elemente zu klären. Unbekleidete Stahlbauteile innerhalb von Decken haben i.d.R. nur einen geringen Feuerwiderstand und bedürfen entweder eines speziellen rechnerischen Nachweises, der Verhinderung der kritischen Bauteilerwärmung durch eine gezielte Brandlastbegrenzung bzw. eine Bauteilkühlung im Brandfall oder einer zusätzlichen Ertüchtigung. Zu berücksichtigen sind in dieser

Hinsicht bereits vorgenommene Ver- oder Bekleidungen, die asbesthaltig sind und daher vor einer neuen brandschutztechnischen Verbesserung unbedingt regelgerecht entsorgt werden müssen.

Brandprüfungen an Kappendecken mit ungeschützten Stahlträgern haben ergeben, dass die Feuerwiderstandsdauer größer als 30 Minuten ist, weil nur die Untergurte der Stahlträger frei liegen und der Beton bei betonvergossenen Stahlträgern eine kühlende Wirkung hat. In alten Bauordnungen, wie z. B. dem Preußischen Feuerpolizeirecht von 1925, wird darauf hingewiesen, dass Kappendecken mit frei liegenden Untergurten auch ohne zusätzliche Brandschutzmaßnahmen als feuerbeständig gelten. Zur damaligen Zeit galt eine „geraume Zeit" (in etwa eine Feuerwiderstandsdauer von 60 Minuten) als feuerbeständig.[130]

Bei bestehenden Gebäuden kann davon ausgegangen werden, dass nicht die in mehrgeschossigen Gebäuden und Gebäuden besonderer Art und Nutzung heutigen geforderten feuerbeständigen Geschossdecken vorhanden sind, sondern Ortbetondecken mit geringerer Betonüberdeckung. Diesen Ortbetondecken kann aber auf der anderen Seite positiv unterstellt werden, dass diese durch ihre Durchlaufwirkung zu einer Abkühlung beitragen und daher im Vergleich zu modernen elementierten Deckensystemen trotz geringerer Betonüberdeckungen als in heutiger Normung verlangt einen höheren Feuerwiderstand haben.

Einige dieser Decken werden im Folgenden exemplarisch behandelt. Die Feuerwiderstandsdauer nach DIN 4102 von Deckenkonstruktionen in bestehenden Gebäuden lässt sich auf Grund von umfangreichen Erfahrungen aus Normbrandprüfungen abschätzen. In Tabelle 13 werden einige Deckentypen exemplarisch zusammengestellt und die Beurteilung nach DIN 4102 aktuellen Brandversuchen[131] gegenübergestellt.

Im Folgenden werden mehrere statisch bestimmt gelagerte Stahl-, Spann- und Porenbeton- (Gasbeton-)deckenkonstruktionen zusammengestellt, für die durch das Institut für Baustoffe der Bauakademie der DDR die Feuerwiderstandswerte festgelegt wurden (Tabelle 14).

Unabhängig von diesen Tabellen kann man im Einzelfall durchaus eine höhere Feuerwiderstandsdauer annehmen, da konstruktiver Querabtrag, konstruktive Randeinspannungen, größere Querschnitte als in der DIN 4102 oder der Zusammenstellung der Feuerwiderstandswerte der Bauakademie der DDR berücksichtigt werden und zusätzliche Putzschichten diese verlängern können.

Tabelle 16: Exemplarische Übersicht verschiedener Deckenkonstruktionen nach [132] und [133]

Deckentyp	Trägerelemente	Feuerwider-standsdauer entsprechend DIN 4102 [min]	Brand-versuche [min], Nause
Segmentbogen-Gewölbe (Preußische Kappen)	Gewölbe (Beton bzw. Mauerwerk) + Stahlträger	<30	≅30
Montage-Gewölbeplatten	Ziegel/Beton (Unterschale)	<30	≅30
Stahlträger-Decken Förster-Decken	 Stahl/Ziegel	<30	<30 bis ≅30
Stahlbeton und Stahlstein-Balken Günther-Decke Stahlstein-Balken	 Stahlstein – Balken + Beton Balken + Deckenziegel	 ≅30 <30	 >30
Massivdecken Leipziger Decke Ackermann-Decke Menzel-Decke Zwickauer Rippenplatte	 Stahlbeton + Ziegel Stahlbeton + Ziegel	 <30	 ≅30 ≅30 >30 >30

Tabelle 17: Feuerwiderstandskennwerte nach Bauakademie der DDR[134]

Deckentyp	Festlegungen zu a_s und Dicke	Feuerwiderstand nach Bauakademie der DDR [min]
Spannbetonvollplatten, Tragbewehrung St 140/160, sofortiger Verbund	$a_s \geq$ 25 mm, Dicke = 140 mm $a_s \geq$ 30 mm, Dicke = 190 mm $a_s \geq$ 35 mm, Dicke = 290 mm	45 60 90
Gasbetondeckenplatten	$a_s \geq$ 15 mm, Dicke = 100 mm $a_s \geq$ 20 mm, Dicke = 200 mm	45 60
Stahlbetonhohldielen nach TGL 24778	Dicke 60 mm bis 100 mm	30
Stahlbetonhohlplatten, Tragbewehrung aus St 140/160, sofortiger Verbund	$a_s \geq$ 25 mm, Dicke = 190 mm $a_s \geq$ 30 mm, Dicke = 190 mm	45 60
Stahlsteindecken	$a_s \geq$ 15 mm, Dicke = 90 mm	30

Deckentyp	Festlegungen zu a_s und Dicke	Feuerwiderstand nach Bauakademie der DDR [min]
Anmerkung: a_s ist das Maß für den Abstand der Schwerachse der Bewehrung von der feuerbeanspruchten Oberfläche. Bei mehrlagiger Bewehrung darf a_s auf die Schwerachse aller Bewehrungsstäbe der Zug- und Druckbewehrung bezogen werden. Jeder Bewehrungsstab muss jedoch den Mindestabstand für den Feuerwiderstand von 30 Minuten haben.		

Auch Hinsichtlich bestehender Stahlbetondecken kann zur Beurteilung dieser der bereits im Kap. zu den Wänden Abschnitt 7. „Brandschutztechnische Anforderungen" des TGL-Standards TGL 33405/01[135] herangezogen werden, der im Anhang 5 enthalten ist. Diesem Standard können ergänzend zum Teil 4 von DIN 4102 geeignete Hinweise zu Richtwerten für Stahlgrenztemperaturen unter Normlast in Abhängigkeit vom Verhältnis der erforderlichen zur vorhandenen Fläche der Biegezugbewehrung, zu Mindestmaßen der Querschnitte und min a_s für statisch bestimmt gelagerte Platten und für Rippen von Rippenquerschnitten entnommen werden. Zudem sind hier mögliche Abminderungsfaktoren in Abhängigkeit von der Zuschlagstoffart von Betonen und äquivalente Schutzschichtdicken für jeweils 10 mm Beton enthalten, die mit entsprechend bauzeitlichen Materialien zu erreichen waren.

Darüber hinaus wurde bei den bereits unter dem Kap. 4.2 angeführten weitergehenden Untersuchungen in den 1980er Jahren festgestellt, dass Bauteile im eingebauten Zustand im Vergleich zu einem Bauteil mit idealen Lagerungsbedingungen i. Allg. einen höheren Feuerwiderstand haben. Untersucht wurden dabei auch u. a. Spannbeton-Volldecken der WBS 70 Montagebauweise. Im Ergebnis der experimentellen Untersuchungen im Einbauzustand konnte festgestellt werden, dass unter definierten Voraussetzungen im Einbauzustand für ein Einzel-Deckenelement, welches nach TGL 33405/01[136] eine Einstufung von fw 60 hatte, ein Feuerwiderstand von 90 Minuten angesetzt werden konnte.[137]

Interessant ist dazu auch ein im Jahr 1985 veröffentlichter „Kommentar zum Feuerwiderstand von Decken und Deckenscheiben"[138], der besagt, dass eine aussteifende Funktion von Stahlbeton-Deckenscheibenkonstruktionen im Brandfall bei einem Versagen von Einzelgliedern nicht sofort verloren geht.[139] Es wurden in diesem Zusammenhang sowohl Brandschäden ausgewertet, als auch theoretische Begründungen herangezogen. Das Ergebnis der durchgeführten Untersuchungen ergab die in Tabelle 18 zusammengestellten Ergebnisse.

Tabelle 18: Feuerwiderstandswerte in min, nach [140]

Decken-Einbauort/ Feuerwiderstandsklasse (FWKL)	Forderung an tragende Bauteile nach Vorschrift 9/84 StBA	Aussteifende Funktion der Deckenscheibe und damit Standsicherheit des Gesamttragwerks ist gewährleistet bei vorh fw für Riegel	Deckenplatten
Kellerdecken / FWKL II	120	90	60
Geschossdecken / FWKL III/1	90	90	60
Kellerdecken / FWKL III/2	120	90	60
Geschossdecken / FWKL III/2	60	60	45
Kellerdecken / FWKL III/3	90	90	60
Geschossdecken / FWKL III/3	45	45	30

Weitere Detailinformationen zu nachzuweisenden Feuerwiderständen von bestehenden Spannbetonvolldecken bzw. Spannbetondecken im Einbauzustand mit unterschiedlichen Systemlängen, Plattendicken und Bewehrungsgraden können dem vorgenannten Kommentar entnommen werden, dessen vollständige Aufnahme in den Band 3 dieser Buchreihe vorgesehen ist.

In Sonderfällen war in Anlehnung an den Kommentar auch eine gutachterliche Nachweisführung möglich, wenn die in dem Kommentar benannten Randbedingungen nicht in Gänze erfüllt werden konnten. So war es u.a. möglich, die Feuerwiderstandsklassifikation fw 90 unter Beachtung zusätzlicher Anforderungen, wie z.B. durch verlängerte Obermatten oder eine verstärkte Verbinderbewehrung, zu erreichen (s. [141] bis 144]).

4.4 Balken und Unterzüge

Holz

Bei Holzbalken wird gemäß DIN 4102-4 zur Ermittlung der Feuerwiderstandsklasse zwischen dreiseitiger und vierseitiger Brandbeanspruchung unterschieden. Unbekleidete Balken aus Vollholz können danach nur die Klassifizierung F 30-B erreichen; weitergehende Klassifizierungen werden nur für Holzbalken aus Brettschichtholz angegeben. Holzstützen, die für den historischen Fachwerkbau zutreffen, sind in der DIN 4102-4 unbekleidet aus Vollholz für F 30-B und bekleidet (dreiseitig beanspruchte Stützen, deren vierte Seite so abgedeckt ist, dass sie nur dreiseitig vom Brand beansprucht werden) genormt. Auch für Holzstützen gilt wie für die Holzbalken, dass eine Klassifizierung F 60-B nur für Brettschichtholz, jedoch nicht für Vollholz vorgenommen wird. In Ergänzung zur DIN 41024, Normtabellen 74 bis 83, sind im Holz Brandschutz Handbuch 1994, besonders zur Beurteilung von Balken und Stützen in Altbauten, in den Tabellen E 5-5 bis E 517 Angaben für unbekleidete Balken und Stützen aus Vollholz bis zur Klassifizierung F 90-B mitgeteilt.[145] Für unbekleidete Zugglieder aus Vollholz erfolgt das in den Tabellen E5-34 bis E-5-38 in Ergänzung der Normtabelle 85. Die Mindestwerte der entsprechenden Tabellen können ohne besondere Vereinbarung anstelle derjenigen nach den entsprechenden Normtabellen der DIN 4102-4 für das bauaufsichtliche Genehmigungsverfahren verwendet werden.

Ein Feuerwiderstand von 30 Minuten wird bei Erfüllung der „kalten" Bemessung gemäß EC 5 von unbekleideten Biegeträgern mit dreiseitiger Beflammbarkeit bereits bei einem Querschnitt von b/h = 140 mm Breite und 180 mm Höhe erreicht.

Abbildung 14: Unbekleideter Holzbalken, verblieben im Treppenraum eines historischen Schulgebäudes, Feuerwiderstand etwa 60 Minuten

Abbildung 16: Stahlträger, die mit Bekleidungen auf F 120 ertüchtigt wurden.

Abbildung 17: Unbekleidete Stahlträger verblieben ohne Nachrüstung im Schulgebäude.

Stahlbeton

Balken und Unterzüge aus Stahlbeton galten grundsätzlich als feuerhemmend und in der Normfassung der DIN 4102 vom August 1934 sogar prinzipiell als feuerbeständig. Um ab 1940 als feuerbeständig eingestuft werden zu können, mussten sie mit Ausnahme von Fensterstürzen mindestens 40 cm hoch und 20 cm breit sein. Eine gesonderte Festlegung zur Betonüberdeckung der Bewehrung wurde 1940 noch nicht vorgenommen. Lediglich niedrigere Balken und Unterzüge waren gemäß DIN 4102 vom November 1940 zu bekleiden.

Zumeist sind es zu geringe Betonüberdeckungen, die eine nachträgliche Bekleidung dieser Bauteile nach sich ziehen. Soll eine solche Bekleidung, z. B. aus Gründen des Denkmalschutzes oder wegen zu geringer Geschosshöhen, vermieden werden, empfiehlt sich eine detaillierte statische Beurteilung bei freien Annahmen unter Berücksichtigung einer ggf. anzusetzenden Bauteilabkühlung in den Randbereichen wegen der Durchlaufwirkung von Ortbetonbauteilen.

Für vorhandene Balken und Unterzüge aus Stahlbeton kann zur brandschutztechnischen Beurteilung auch der Abschnitt 7. „Brandschutztechnische Anforderungen“ des TGL-Standards TGL 33405/01[149] herangezogen werden, der im Anhang 5 abgedruckt ist. Diesem Standard können ergänzend zum Teil 4 von DIN 4102 geeignete Hinweise zur Ermittlung adäquater Schutzschichten für Beton, Richtwerte für Stahlgrenztemperaturen unter Normlast in Abhängigkeit vom Verhältnis der erforderlichen zur vorhandenen Fläche der Biegezugbewehrung, zu Mindestmaßen der Querschnitte und min a_s für statisch bestimmt gelagerte Balken und Plattenbalken sowie mögliche Abminderungsfaktoren in Abhängigkeit von der Zuschlagstoffart von Betonen entnommen werden.

4.5 Stützen

Holz

Für Holzstützen und andere druckbeanspruchte Stäbe ist fast immer die „heiße“ Bemessung maßgebend. Auf Grund der vierseitigen Beflammbarkeit und des Knickverhaltens sind bereits bei mittleren Knicklängen von mehr als 2 Metern relativ große Querschnitte erforderlich. Die Spannungsauslastung spielt eine besonders große Rolle (Tabelle 15).[150]

Tabelle 19: Mindestquerschnitte von Stützen bei verschiedenen Knicklängen von F 30-B

Tragfähigkeitsauslastung η	**Erforderliche Querschnitte [mm/mm] bei Knicklänge [m]**		
	2,0	**3,0**	**4,0**
0,4	115/115	120/120	120/120
0,8	140/140	155/155	160/160
1,0	155/155	170/170	175/175

Abbildung 18: Unbekleidete Holzstütze, Feuerwiderstand mind. F 90-B

Weiterführende Klassifikationen bis 90-B werden im Holz Brandschutz Handbuch[151] angeboten, die ohne gesonderte Vereinbarung in das bauaufsichtliche Genehmigungsverfahren und damit auch in eine brandschutztechnische Beurteilung bzw. in ein Brandschutzkonzept eingeführt werden können.

Stahl

Zunächst gilt auch bei Stützen aus Stahl das kritische Temperaturkriterium von 500 °C. Daher waren diese, sollten sie einen entsprechend hohen Feuerwiderstand haben, zu bekleiden. Nur in der Normfassung der DIN 4102 vom August 1934 wurden Stahlstützen ohne Bekleidung als feuerhemmend eingeordnet, wenn das Verhältnis von Umgang zu Querschnitt kleiner als 1,5 cm/cm² war. Stählerne Stützen, denen man lange Zeit sogar die „Feuerbeständigkeit“ zugestand, wurden in den 1920er Jahren intensiv untersucht.[152] Im Ergebnis dieser wurde festgelegt, dass derartige Stützen entsprechend ummantelt sein müssen. Bereits in DIN 4102 vom August 1934 mussten Stützen aus Stahl, um als feuerbeständig eingestuft werden zu können, *„wenigstens 3 cm dicke Deckung von Beton mit eingelegtem Drahtgewebe oder von gebranntem Ton oder anderen gleichwertigen Stoffen erhalten“*. Nur bei freiliegenden Flanschaußenflächen von Stahlprofilen in feuerbeständigen Decken oder in Stahlfachwerkwänden konnte auf diesen zusätzlichen Schutz vor Feuer verzichtet werden, trotzdem wurden sie als feuerbeständig eingeordnet.

Die Übersicht zu den Feuerwiderstandskennwerten der Bauakademie der DDR gibt zu Bekleidungen von Stützen u. a. Folgendes aus (s. Tabelle 20):

Tabelle 20: Feuerwiderstandskennwerte für Bekleidungen von Stahlstützen, nach Bauakademie der DDR[153]

Bekleidung	Dicke in mm	Feuerwiderstand in min
Gips, Leichtbeton oder Putz (MG II) auf nicht brennbarem Putzträger oder Mauervollziegel	15	15
	30	60
	50	90
	65	120

Bei der genauen Bewertung von Stahlstützen sollte man zunächst die Art der Verkleidung untersuchen, um anschließend die Feuerwiderstandsdauer unter Verwendung der heute gültigen Normen zu bestimmen.

Stahlstützen aus warmgewalzten schmalen, mittelbreiten und breiten T-Trägern ohne Ausbetonierung bzw. Ausmauerung erreichen je nach Dicke der folgenden Bekleidungen und Beschichtungen folgende Feuerwiderstandsdauer (Tabelle 21).

Tabelle 21: Feuerwiderstandsdauer von bekleideten Stahlstützen

Bekleidung/Beschichtung	F 30 A	F 90 A
Stahlbeton nach DIN 1045	50 mm	50 mm
Mauerwerk oder Wandbauplatten nach DIN 10531 bzw. DIN 41032	50 mm	70 mm
Mauerziegeln nach DIN 105-1	50 mm	70 mm
2-lagiger Putz auf Putzträger, Mörtelgruppe 2 nach DIN 185502 (mittlerweile ungültig)	20 mm	50 mm
2-lagiger Putz aus Vermiculite oder Perlite-Mörtel	15 mm	40 mm
Gipskarton-Feuerschutzplatten GKF nach DIN 18180	12,5 mm	3 × 15 mm

Heutzutage bestehen ergänzend zu vielfältigen Bekleidungsarten, die in Abhängigkeit des U/A-Verhältnisses zu wählen sind, die Einsatzmöglichkeiten dünner Anstrichsysteme, mit denen der Feuerwiderstand von Stahlbauteilen erhöht werden kann. Kritisch zu bewerten ist lediglich die Stoßempfindlichkeit derartiger Systeme, so dass deren Anwendung in stark frequentierten Bereichen sich eher schwierig gestalten sollte. Außerdem kommt eine zeitweilige Bauteilkühlung mittels Einbau einer Sprinkler- oder einer Wassernebellöschanlage in Betracht, die eine übermäßige Erwärmung der betreffenden Stützen verhindert. Die Beschränkung der Brandlast ist ein weiterer Weg, um für die Stahlstützen kritische Brandszenarien auszuschließen (s. Stahlträger).

Gusseisen

Gusseiserne Stützen wurden zunächst für „feuerfest" befunden und ersetzten im 19. Jahrhundert in vielen Gebäuden hölzerne Konstruktionen. Doch bereits in Brandkatastrophen des 19. Jahrhunderts zeigte sich, dass diese gusseisernen Bauteile zwar selbst nicht brennen, zugleich aber eine nur beschränkte Widerstandsfähigkeit gegenüber Feuer haben. Daher wurden schon in den 80er Jahren des 19. Jahrhunderts Untersuchungen zur Feuerwiderstandsfähigkeit von gusseisernen Stützen und möglichen Konstruktionsanpassungen zum Schutz vor dem Brand, wie Betonverguss, Wasserfüllungen und dickere Wandstärken, durchgeführt.[154] Bei diesen stellte sich heraus, dass schmiedeeiserne Stützen schon bei 600 °C ihrer Tragfähigkeit verloren, während gusseiserne zwar ebenfalls empfindlich auf die unmittelbare Einwirkung von Feuer reagierten, jedoch erst später versagten und sogar dem Löschwasser – unter Rissbildung, aber bei Erhaltung einer gewissen Resttragfähigkeit – widerstehen konnten.[155] Der Zusammenhang zwischen dem individuellen Feuerwiderstand einer gusseisernen Stütze, deren Herstellungsqualität und der konkreten statischen Belastung wurde demnach bereits damals offensichtlich. Im Ergebnis derartiger, z. T. sehr kontrovers diskutierter Versuche trat weiterhin zu Tage, dass ein Ausbetonieren lediglich eine Erhöhung des Feuerwiderstandes von bis zu zehn Minuten nach sich zog und eine Verdopplung der Wandstärke nur eine brandschutztechnische Verbesserung von etwa 50 %. Als besonders wesentlich stellten sich zudem die herstellungsbedingten Qualitäten der Bauteile heraus. Die Feuerwiderstandsdauer von ungeschützten gusseisernen Stützen kann i. d. R. zunächst mit etwa 30 Minuten angegeben werden.[156] Fehlerfreie Stützen können durchaus einen höheren Feuerwiderstand aufweisen.

Untersuchungen an den historischen gusseisernen Stützen der ehemaligen Ravensberger Spinnerei in Bielefeld durch das Institut für Baustoffe, Massivbau und Brandschutz der Technischen Universität Braunschweig haben ergeben, dass durch einen Schutzanstrich eine Feuerwiderstandsdauer von 50 Minuten nachgewiesen werden konnte. Bei zusätzlichen technischen Maßnahmen, z. B. einer Sprinkleranlage oder Wassernebellöschanlage, kann bis zur Zustimmung der Genehmigungsbehörden eine geforderte Feuerwiderstandsdauer von 90 Minuten zu Grunde gelegt werden. Aktuelle Untersuchungen können[157] entnommen werden.

In weiterführenden Brandversuchen während der Arbeiten am Sonderforschungsbereich 315 der Universität Karlsruhe, die von ergänzenden Materialuntersuchungen u. a. mittels Ultraschall begleitet wurden, konnte ermittelt werden, dass je nach Belastung unbekleidete gusseiserne Stützen aber durchaus Feuerwiderstandszeiten von bis annähernd 60 Minuten erreichen können.[158] Als entscheidend hat sich neben dem geringeren Einfluss der Exzentrizität die Beeinflussung durch die Belastung herausgestellt. Unbefriedigend war der bis in die 80er Jahre des 20. Jahrhunderts hinein andauernde Zustand, dass keine qualifizierten Konzepte für die brandschutztechnische Beurteilung vorlagen. Erst mit den Untersuchungen während des Sonderforschungsbereiches 315 der Universität Karlsruhe wurden Nachweismethoden entwickelt, die es auch unter Brandeinwirkung erlauben, die wesentlichen Bauteilparameter sehr genau in die Ermittlungen einzubeziehen. Es wird damit möglich, die zulässige Last für einen erforderlichen Feuerwiderstand oder die Feuerwiderstandsdauer für eine konkrete Belastung annähernd zu ermitteln.[159] Weiterhin wurden zur Reduzierung des Rechenaufwandes für verschiedene Werte der bezogenen Schlankheit für drei dimensionslose Exzentrizitätsmaße Diagramme mit Darstellung der Versagenszeit ermittelt, denen für eine bekannte Belastung die Versagenszeit oder umgekehrt entnommen werden kann.[160] Durch das Herabsetzen der Gebrauchslast lässt sich der Feuerwiderstand durchaus in die Klasse F 60 führen.[161] Geeignet ist auch der Einsatz einer Sprinkler- oder einer Wassernebellöschanlage, mit denen die Kühlung des konstruktiven Gerüstes und damit der Schutz vor dem kritischen Temperaturbereich erfolgt. Historische Berichte, denen zufolge Löschwassereinsätze vor allem in der Mitte brandbelasteter Stützen zu einem deutlich früheren und plötzlichen Versagen führten, sind wenig seriös[162], zudem kühlen moderne Löschanlagen die Stützen von oben, so dass die Gefahr des mittigen Anspritzens nicht besteht.

Abbildung 19: Nachträgliche Beschichtung F 30-A

Mit reaktiven Brandschutzbeschichtungen kann man den Feuerwiderstand von gusseisernen Stützen ebenfalls wirkungsvoll erhöhen. Oftmals sprechen jedoch denkmalpflegerische Belange gegen den Einsatz derartiger Anstrichsysteme; zum einen gehen bauzeitliche Farbfassungen irreversibel verloren, zum anderen die Authentizität des Materials. Zudem ist zu beachten, dass die reaktiven Brandschutzbeschichtungen gegenwärtig trotz Versicherungen der Hersteller, dass eine längere Wirkdauer möglich ist und durchaus auch erreicht worden sei, nur eine begrenzte Wirkdauer haben und sog. In-situ-Prüfungen nicht möglich bzw. zugelassen sind, weshalb eine Erneuerung der aufgetragenen Beschichtung in regelmäßigen Abständen einzurechnen ist.[163]

Mauerwerk und Stahlbeton

In DIN 4102 von 1934 galten alle Stützen und Pfeiler aus vollfugig gemauerten Steinen ohne Hohlräume in Kalkzementmörtel (Ziegel-, Kalksand-, Schwemm-, kohlefreie Schlackensteine) oder aus unbewehrtem oder bewehrtem Beton als feuerbeständig, wenn sie einen Querschnitt von 20 cm × 20 cm hatten. Ab 1940 mussten diese mindestens einen Querschnitt von 38 cm × 38 cm haben. Langlochziegel und zementgebundene Hohlsteine waren von der Regelung ausgeschlossen. Außerdem galten Stützen aus Granit, Kalkstein, Sandstein und ähnlichen Natursteinen bereits seit der Normfassung von 1934 nicht als feuerbeständig.

Gemäß den Feuerwiderstandswerten des Instituts für Baustoffe der Bauakademie der DDR haben Stützen aus Mauerklinkern und Hochlochziegeln bei einem Querschnitt von 240 mm × 365 mm einen Feuerwiderstand von 150 Minuten sowie aus Kalksandsteinvoll und -lochsteinen bei einem Querschnitt von 240 mm × 240 mm einen Feuerwiderstand von 180 Minuten, wenn diese vollfugig gemauert wurden.

Auch für bestehende Stützen aus Stahlbeton kann zur brandschutztechnischen Beurteilung der Abschnitt 7. „Brandschutztechnische Anforderungen" des TGL-Standards TGL 33405/01[164] herangezogen werden, der im Anhang 5 enthalten ist. Diesem Standard können ergänzend zum Teil 4 von DIN 4102 geeignete Hinweise zur Ermittlung adäquater Schutzschichten für Beton, Richtwerte für Stahlgrenztemperaturen unter Normlast in Abhängigkeit vom Verhältnis der erforderlichen zur vorhandenen Fläche der Biegezugbewehrung, zu Mindestmaßen der Querschnitte und min a_s für Stützen und mögliche Abminderungsfaktoren in Abhängigkeit von der Zuschlagstoffart von Betonen entnommen werden.

Abbildung 20: Gusseiserne Stütze aus dem Jahr 1874 (feuerhemmend) verblieb unbehandelt in einem historischen Gebäude.

4.6 Dächer

Für Dachkonstruktionen bestehen in der Regel in den Landesbauordnungen für Bestandsgebäude keine besonders restriktiven Anforderungen gegenüber Neubauten. Besondere Schwierigkeiten bei der Beurteilung eines genügenden oder nicht ausreichenden Brandschutzes einer bestehenden Dachkonstruktion bereiten jedoch zumeist historische Stahltragwerke oder Brettbinder, auch Nagelbinder genannt. Während man bei Stahltragwerken (s. Abbildung 21) ohne zusätzliche „heiße Bemessung" nach Eurocode 3[165] zunächst immer davon ausgehen muss, dass kein normativer Feuerwiderstand vorliegt, hängt das Verhalten bei Brettbindern in besonders starkem Maße von der Holzdicke (>60 mm), dem Zustand des Holzes (keine Verformungen), dem Vorhandensein einer ausreichenden Aussteifung (z. B. Windverbände) und dem Schutz der stählernen Verbindungen ab (s. Abbildung 21). Somit sind bei derartigen Konstruktionen, insbesondere bei geschützten Stahlverbindungen (z. B. Nägel, keine Nagelplatten) Feuerwiderstände von 15 bis 30 Minuten möglich. Erheblich kann sich zudem das Vorhandensein weicher Bedachungen auswirken; es sind dementsprechend größere Abstandsflächen als sonst einzuhalten. Spezielle Regelungen zu Dachkonstruktionen der jeweiligen Errichtungszeit, auch zu Sonderformen, können den Anhängen 1 bis 5 entnommen werden.

Abbildung 21: Historisches Stahltragwerk, ungefährer Feuerwiderstand ≤15 min, mit dämmschichtbildener Nachrüstung ≥ 30 min

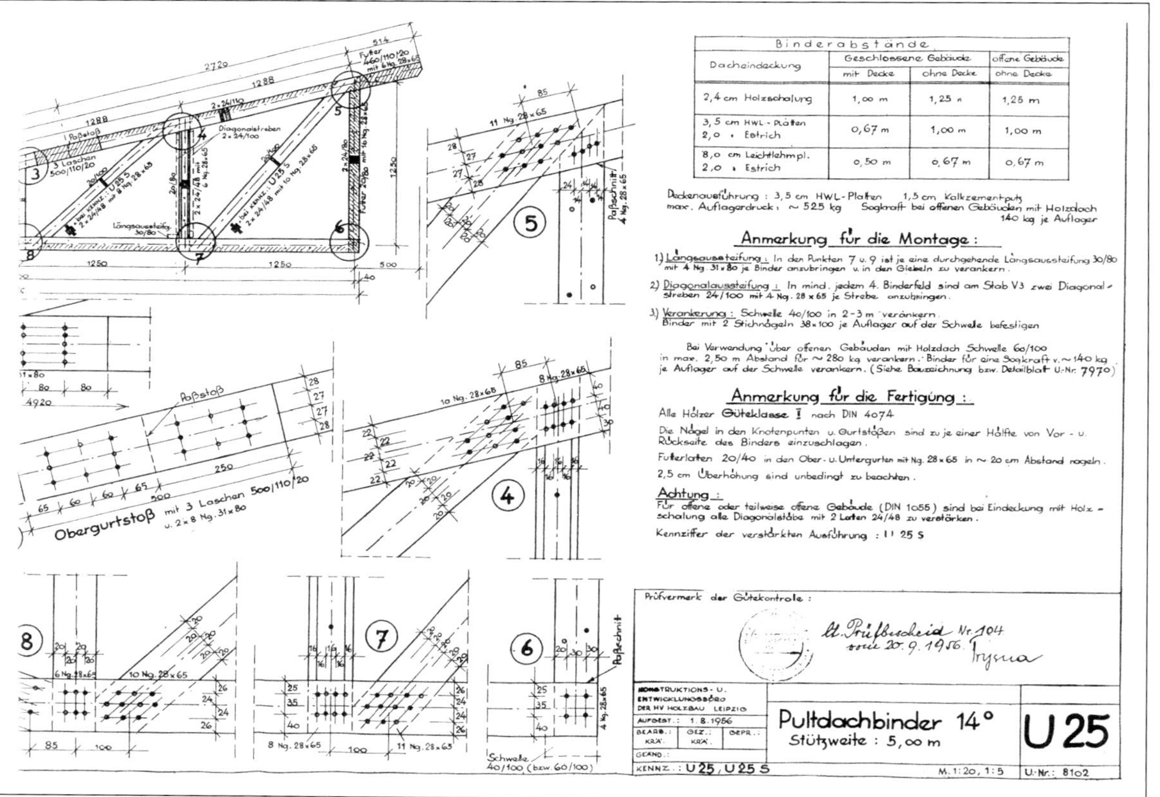

Abbildung 22: Brettbinder (Nagelbinder)

Ergänzend zu den hier enthaltenen Hinweisen für Dächer sind bei St. Appel[166] weitergehende Informationen zur brandschutztechnischen Beurteilung von Deckenkonstruktionen zu finden.

4.7 Treppen

Allgemein

Auch Treppen wurden ohne besondere Nachweise oder Brandprüfungen konkrete Eigenschaften hinsichtlich des Brandschutzes in den Regelwerken der 1. Hälfte des 20. Jahrhunderts zugesprochen, die häufig auch auf ältere vergleichbare Treppen angewendet werden können.

Tabelle 22: Einordnung von Treppen hinsichtlich brandschutztechnischer Eigenschaften[167]

Einordnung	Notwendige Eigenschaften
Massive feuerhemmende Treppen	Treppen aus Sandstein
Massive feuerbeständige Treppen	Treppen, wenn sie aus Ziegelsteinen, Eisenbeton, erprobtem Kunststein oder erprobtem Werkstein hergestellt sind

Anzumerken ist noch, dass im Sinne der Baupolizeilichen Bestimmungen des Jahres 1925 Treppen aus Marmor oder Granit ausdrücklich nicht als feuerbeständig ohne besonderen Nachweis galten.

Holztreppen

Wie sich in Untersuchungen herausgestellt hat, verzögern zusätzliche Bekleidungen der Treppenkonstruktionen auf der Unterseite einen Vollbrand im Treppenraum nur unwesentlich, sind wenig wirkungsvoll und können sogar die Bildung von schwer zugänglichen Glutnestern in Hohlräumen fördern. Sie sollten daher nur dann Anwendung finden, wenn die Überprüfung der Wangenausbildung ergibt, dass die im Einzelfall erforderliche Mindestfeuerwiderstandsdauer der tragenden Teile einer Holztreppe anderweitig nicht gewährleistet werden kann. Die in bestehenden Bauwerken befindlichen Treppen und Podeste wurden gelegentlich unterseitig verputzt, auch mit Holzverschalungen versehen. Falls derartig nicht geschützt, wird bei baulichen Veränderungen oder nach Bränden oft eine unterseitige Verkleidung der Treppenläufe und Podeste gefordert. Dadurch soll die Treppe im Brandfall angeblich eine verlängerte Standzeit erreichen, um ihrer Funktion als Rettungsweg für Ansässige und als Angriffsweg für die Feuerwehr besser zu genügen. Die nachträgliche Bekleidung kann jedoch Probleme hinsichtlich statisch-konstruktiver, bauphysikalischer und baukünstlerischer Art aufwerfen.[168]

Eine Ermittlung der im Brandfall zu evakuierenden Personen hat zu erfolgen, damit ersichtlich wird, welches konkrete Schutzziel anzustreben ist. Mit der zuständigen Brandschutzdienststelle hat man den Einsatzfall durchzusprechen. Weiterhin empfiehlt sich die Überprüfung, ob ergänzend zur notwendigen (Holz-)Treppe Alternativen für die Evakuierung (geringere Rettungsweglängen als gefordert, zusätzliche Außentreppe, Nutzungsbeschränkungen) angeboten werden können. Es ist durchaus möglich, Holztreppen ohne zusätzliche brandschutztechnische Ertüchtigungen bei Einbindung in das Gesamtbrandschutzkonzept mit einer Abweichung vom Genormten zu erhalten (Abbildung 23 u. Abbildung 24). Anstriche bewirken zusätzliche Verbesserungen; Holzwerkstoffe können schwerentflammbar gemacht werden. Damit ist die Klassifikation B1 gemäß DIN 4102-1 zu erreichen.

Abbildung 23: Bauzeitlich feuerhemmend bekleidete Holztreppe (Putz) als 1. Rettungsweg

Abbildung 24: Hölzerne Treppe, verblieben als Rettungsweg (Versammlungsstätte)

Im Jahre 1986 wurden in Leipzig Originalbrandversuche in einem Altwohngebäude durchgeführt.[169] Ziel der Versuche war, das Verhalten von Originalbauteilen im Brandfall zu erfassen. Es wurden dazu auch Brandversuche an Holztreppen durchgeführt. Dabei wurde der Versuchskomplex für die Holztreppen in zwei Teile gegliedert:

- Brandentwicklung aus kleinen Zündinitialen (Entstehungsbrand)
- Vergleichsversuche zum Erfassen der Wirkung eines Wohnungsbrandes auf den Treppenraum.

Im Ergebnis der durchgeführten Versuche konnten die folgenden Schlussfolgerungen gezogen werden:

- *„Die Bekleidung der Unterseiten von hölzernen Treppenläufen und Podesten mit nichtbrennbaren Deckenschichten verzögert den Vollbrand im Treppenraum nur kurze Zeit. Die Zeitdifferenz bis zum Feuersprung ($T \geq 500$ °C) beträgt ca. 5 Minuten.*
- *Die Menschenrettung ist sowohl bei geschützten als auch bei ungeschützten Treppenläufen praktisch dann unmöglich, wenn ein Wohnungsbrand auf den Treppenraum übergreift (Rauch, Flammen, Wärmestrahlung).*
- *Eine wirksame Maßnahme zur Verzögerung des Übergreifens eines Wohnungsbrandes auf den Treppenraum wird darin gesehen, daß Wohnungseingangstüren in mehrgeschossigen Wohngebäuden zumindest dichtschließend (besser T 30!) und mit einer Selbstschließeinrichtung versehen werden.*
- *An diesen Türen erkennbare Schwachstellen müssen verändert werden. Dies sind insbesondere Verglasungen, dünne Holzquerschnitte und Oberlichte."*[170]

Die durchgeführten Originalbrandversuche erbrachten als wichtigstes Ergebnis, dass die alleinige Verkleidung der Unterseiten von Holztreppen im Treppenraum die Sicherheit des Rettungsweges im Brandfall nur wenig verbessert. Lediglich die Podeste oberhalb der jeweiligen Wohnungseingangstüren lohnt es sich, soweit nicht im Bestand vorhanden, entweder mit einem geeigneten Putz (z. B. Rohrputz) oder mit einer Trockenbaubekleidung zu versehen.

Treppen aus natürlichen und künstlichen Steinen

Freitragende Treppen aus Natursteinen wurden bereits seit der Normfassung der DIN 4102 vom November 1940 nicht als feuerbeständig angesehen. Als feuerhemmend wurden Treppen aus Sandstein genormt, wenn diese eine unterseitige feuerhemmende Bekleidung hatten. Sonstige Steintreppen mussten, um als feuerhemmend zu gelten, im Gegensatz zu hölzernen Treppen sogar feuerhemmend bekleidete Wangen aufweisen.

Abbildung 25: Feuerhemmend von unten bekleidete Natursteintreppe

Abbildung 26: Wange einer Sandsteintreppe, die nachträglich mit Putz bekleidet werden musste.

Besonders empfindlich gegenüber Feuereinwirkung sind freitragende Treppen aus Naturstein. Hartgesteinstufen springen bei schlagartig auftretenden Temperaturunterschieden. Wurden Stufenenden bauzeitlich mittels Stahlträgern unterstützt, versagten diese im Brandfall durch seitliches Ausbiegen der Träger; ein Absturz der Stufen war unausweichlich. Erfolgreicher waren Unterstützungen der Podeste und der Treppenläufe. Diese erhielten durchaus die Einschätzung als feuerbeständige Konstruktionen.[171] Unbewehrte Kunststeinstufen können ähnlich wie Sandsteinstufen als etwa feuerhemmend eingeordnet werden.

Treppen aus Stahlbeton

Treppen aus Stahlbeton wurden seit der Normfassung der DIN 4102 vom August 1934 als feuerbeständig eingestuft, wenn sie aus 10 cm Beton gefertigt worden waren. Außerdem galten Treppen aus Betonwerkstein als feuerbeständig. Seit dem November 1940 erhielten Treppen aus „Eisenbeton“, die mindestens 10 cm dick waren, die Klassifikation feuerhemmend zuerkannt.

Abbildung 28: Nachträgliche Türdichtung (unten)

Abbildung 29: Seitliche Türdichtung

Abbildung 30: Neue Hartholzschwelle

Häufig ist es auch ausreichend, vorhandene Türen als selbstschließende nachzurüsten, um vor allem einer Rauchausbreitung im Brandfall entgegenzutreten (s. Abbildung 31). Übliche Verglasungen in historischen Holztüren sind zumeist unkritischer als angenommen; eine reale Gefahreneinschätzung führt häufig zu dieser Erkenntnis. In ihrer Einbausituation gesichert, haben sie in der Regel einen Feuerwiderstand von 15 bis 20 Minuten.

Abbildung 31: Nachträglicher Obentürschließer mit Freilaufschließung

Abbildung 32: Historische Verglasung in Wohnungseingangstür

Ausgehend von den unter dem Kap. „Treppen“ (s. Kap. 4.7) ausgewerteten Untersuchungen ist jedoch festzustellen, dass die Verbesserung der brandschutztechnischen Qualität der Wohnungseingangstüren in Altwohngebäuden der zweckmäßigste Weg einer Ertüchtigung ist, damit der Treppenraum auch bei Wohnungsvollbränden für die Bewohner noch längere Zeit benutzbar ist. Die Anordnung von Selbstschließeinrichtungen für Türen hat dabei eine große Bedeutung.[175]

Stahltüren

Historische Stahltüren können anhand historischer Literaturquellen zumeist nicht ihre Leistungsfähigkeit belegen. Dennoch verrichteten sie oftmals unter Brandbeanspruchung wertvolle Dienste. Ein Beispiel lieferte der Brand in der Herzogin-Anna-Amalia-Bibliothek in Weimar (s. Kap. 4.1). Die Trennmauer des Saales zum Anbau an der Nordseite hielt einschließlich der dort in der Mitte des 19. Jahrhunderts eingebauten stählernen Türblätter im 1. und 2. Dachgeschoss den mehrstündigen Brandbelastungen stand (Abbildung 33). Es ist daraus ersichtlich, dass sich die betreffenden Türen in den historischen Brandmauern bewährt haben. Diese haben sich zwar bereits sehr schnell nach dem Brandausbruch auf der dem Brand abgewandten Seite erhitzt, was die vor Ort im Einsatz gewesenen Feuerwehrleute bestätigten, hielten dem Brand jedoch unter nur geringen Formänderungen stand, so dass diese heute noch zum Teil in der Bibliothek besichtigt werden können. Als raumabschließende Bauteile können sie jedoch zumeist nicht akzeptiert werden, da sowohl ihre Konstruktionsart den gültigen Normen nicht entspricht als auch ihre Einbausituation die Rauchundurchlässigkeit in vollem Umfang nicht gewährleisten kann.

Stahltüren, die bauzeitlichen Normen, so auch gültigen TGL-Standards der DDR entsprachen, genießen zunächst generell Bestandsschutz, es sein denn, ihre Funktionsfähigkeit ist nicht mehr gegeben (s. Abbildung 34) oder es wurden Nachrüstungsverpflichtungen durch ergänzende länderspezifische Regelungen erlassen.

Die entsprechenden Standards TGL 21-382877 und TGL 22891 sind in Gänze im Band 4 dieser Buchreihe abgedruckt.

Abbildung 33: Brandmauer mit Türblatt im 1. Dachgeschoss vom Brandraum aus

Abbildung 34: Brandbeanspruchte Tür im 2. Dachgeschoss (von der dem Brandraum abgewandten Seite)

Abbildung 35: Defekte Obentürschließer sind in bestehenden Türen häufig das eigentliche Problem.

Abbildung 36: Bauzeitliche Feuerschutztür (1970er Jahre, fw 1,5 ≙ 90 Minuten)

Rauchdichtigkeit bei Bestandstüren

Häufig tritt bei der Beurteilung bestehender Türen die Frage danach auf, ob diese die ggf. erforderliche bauordnungsrechtliche Qualität „rauchdicht" erfüllen. Zunächst ist dabei zu unterscheiden, dass einerseits bereits seit längerem in den Bauordnungen der Länder an ausgewählte Türen die Anforderung der Rauchdichtigkeit an Öffnungsabschlüsse existiert, andererseits aber keine normative Grundlage für die Klassifikation dieser Anforderung vorlag.

Der in Abbildung 37 zu sehende hölzerne Öffnungsabschluss ist ein geeignetes Beispiel für eine historische rauchdichte Tür in einer Umgebung, in der ein Umgang mit Stäuben eine dramatische Folge haben könnte. Verbaut in einer Ölmühle leistet diese Tür bereits seit ungefähr 150 Jahren ihren Dienst und ist umlaufend derart konstruiert, dass eine Rauchdichtigkeit gewährleistet wird. Besonders interessant ist dabei der untere Abschluss, der bei einem Schließen durch die Schwerkraft eine wirksame Dichtung ermöglicht.

Wenn heutzutage i. d. R. aus bauordnungsrechtlicher Sicht davon ausgegangen wird, dass die Anforderung „rauchdicht" durch Rauchschutztüren nach DIN 18095[176] erfüllt wird, ist es wichtig zu beachten, dass diese Normenreihe erst seit dem Oktober 1988 im sogenannten Weißdruck existiert.[177] Zuvor gab es dafür keine einheitlichen Regelungen.

Die Entwürfe und früheren Ausgaben von DIN 18095 wurden nunmehr im Band 4 der Buchreihe zusammengestellt.

Abbildung 37: Historische untere Türdichtung

Das Studium dieser mittlerweile historischen Unterlagen lässt die umfangreiche Diskussion zum Thema lebendig werden und erkennen, dass es zuvor keine einheitlichen Regelungen für Rauchschutztüren gab. Ein Grund mehr, bei der Beurteilung bestehender Türen nicht voreilig zu handeln und einen im Einzelfall unbegründeten Austausch zu fordern.

Für eine mögliche Überprüfung von nach diesem Zeitpunkt eingebauten Türen im Bestand wurde im Band 4 dieser Buchreihe der mittlerweile für Rauchschutztüren nicht mehr gültige Normteil 2 von DIN 18095 vom Oktober 1988 abgedruckt, anhand dessen eine sachgerechte Beurteilung betreffender Bestandstüren vorgenommen werden kann. Dieser Teil wurde im März 1991 von einer überarbeiteten Fassung abgelöst.

Es ist auch denkbar, im Bestand vorhandene Türen auf ihre Rauchdichtigkeit hin in der Örtlichkeit zu überprüfen. Als geeignet hat sich dabei das als „BlowerDoor-Test" bekannte Prüfverfahren im örtlichen Zustand herausgestellt, mit dem sich adäquat die rauchdichten Eigenschaften von bestehenden Öffnungsabschlüssen erproben lassen. Es ist mit dem BlowerDoor-Messsystem möglich, einen entsprechenden Überdruck von 50 Pascal aufzubauen und den durch ein Nebelgerät erzeugten „Rauch" durch diesen Druck vor der jeweils zu prüfenden Tür zu verteilen. Dabei stellen sich ggf. vorhandene Leckagen, wie beispielsweise im Bereich von Türklinken oder Schlössern heraus, die i. Allg. problemlos nachgerüstet werden können. Weil auch bei einer normativen Prüfung dabei das Prüfmedium Luft nicht heißer als 200 °C zu sein hat, spricht nichts gegen die Anwendung handelsüblicher Nebelgeräte. Die entsprechend geprüften Türen können nach einem solchen durchgeführten Test zwar nicht nachklassifiziert werden, es ist aber der ordnungsgemäße Nachweis der bauordnungsrechtlich geforderten Eigenschaft einer Rauchdichtigkeit zu führen.

4.9 Verglasungen

Entwicklung von Brandprüfungen

Erstmals finden sich zur Feuerwiderstandsfähigkeit von Verglasungen Bezüge innerhalb der DIN 4102 vom November 1940. In feuerbeständigen Bauteilen wurden von diesen verlangt, dass sie in den Abmessungen zu prüfen sind, mit denen sie im betreffenden Bauteil vorgesehen sind. Eine Prüfung war für die Zeit von einer Stunde vorgeschrieben. Nach Abschluss des Brandversuchs musste die Verglasung noch wirksam sein, durfte weder Flammen noch Rauch durchlassen und unmittelbar danach bei der Beanspruchung mit Löschwasser nicht zerstört werden.

Bei der individuellen Beurteilung zumeist nicht geprüfter historischer Verglasungen in Türen (z. B. zum Treppenraum) sind die in der unmittelbaren Nähe befindliche Brandlast zur Bestimmung der zu erwartenden Temperaturbeanspruchung im anschließenden Brandraum und die Scheibengrößen die wesentlichen Faktoren. Mit Hilfe von Brandschutzingenieurmethoden lässt dich die maximale Temperaturbeanspruchung der Verglasungen bei der Wahl zutreffender Brandszenarien ermitteln. So kann damit die mögliche Sicherheit von Rettungswegen, die an historische Verglasungen angrenzen, bzw. die Versagenszeit von Verglasungen prognostiziert werden.

Drahtgläser

Um 1895 gelten Drahtglasplatten der „Aktiengesellschaft für Glasindustrie“ vorm. F. Siemens als feuersicher.

In den 1920er Jahren wird ausgeführt, dass Drahtglas mind. 10 mm dick, mit Maschenweite max. 6 mm und Drahteinlage mind. 0,8 mm als feuerbeständig gilt.

Zur möglichen Einstufung von Drahtglas in Abhängigkeit von der jeweiligen Größe gibt der Teil 10 „Verglasungen“ des Anhanges 6 Auskunft. Bei Drahtglas in Außenflächen einer Fläche bis zu 0,5 m^2 kann demnach bei einer Dicke von 6 mm in Beton- und Stahlbetonrahmen mit Befestigungen mittels Stahlstiften, -keilklemmen oder -klammern ein Feuerwiderstand von 30 Minuten angenommen werden. Kittlose Außenverglasungen mit einfachem Drahtglas können mit PVC-Dichtungsbändern einen Feuerwiderstand von 15 Minuten haben.

Heutzutage können Drahtgläser mit einer Glasdicke von etwa 7 mm und festgelegten Abmessungen i. d. R. als sog. Brandschutzgläser in Bauteilen der Feuerwiderstandsklasse G nach DIN 4102 verwendet werden; es ist dabei jedoch darauf zu achten, dass nur Drahtnetze der Maschenweite 12,5 mm × 12,5 mm und in symmetrischer Anordnung zugelassen sind. Für Glasbausteine existieren zudem in DIN 4102 brandschutztechnische Klassifikationen bis G 120.

Gemäß der Allgemeinen Durchführungsverordnung zur Niedersächsischen Bauordnung (DVNBauO) entsprechen Verglasungen in Wänden bzw. in Türen der Anforderung „feuerhemmend“, wenn diese aus mindestens 6,5 mm dickem Drahtglas mit geschweißtem Netz bestehen (s. Abbildung 40).[178]

Abbildung 38: Erhaltene Drahtverglasung in einem Hotel, etwa feuerhemmend

Abbildung 39: Neue feuerhemmende Brandschutzverglasung vor einem historischen Holzfenster ohne Feuerwiderstand

Abbildung 40: Feuerhemmende Verglasung, 1960er Jahre

Glasbausteine

Im Bestand vorhandene Glasbausteine genießen zunächst auch Bestandsschutz, wenn der Einsatz rechtmäßig war. Im Bereich von Grenzbebauungen ist jedoch bei Umnutzungen bzw. soweit keine zulässige Verwendung zur Errichtungszeit nachzuweisen ist, abzuklären, ob durch die mögliche Wärmestrahlung eine mögliche Beeinflussung zu berücksichtigen ist.

Voll- oder Hohlglasbausteine in Wänden haben bei einem Einbau in massiven Wänden einen Feuerwiderstand von 30 bis 120 Minuten (s. Tabelle 23).

Abbildung 41: Feuerbeständige Glasbausteine in einer Wand eines notwendigen Treppenraumes

Tabelle 23: Mögliche Einordnung von Glasbausteinen

Einordnung	Notwendige Eigenschaften
feuerhemmend	Vollglassteine mit einer Dicke von 115 mm
hochfeuerhemmend	Vollglassteine und Glashohlbausteine mit einer Dicke von 115 mm
feuerbeständig	Vollglassteine mit einer Dicke von 240 mm (Feuerwiderstand bis 120 min möglich)

4.10 Fußböden

Estriche

Seit dem November 1940 existieren in DIN 4102 auch Angaben zur Feuerwiderstandsfähigkeit von Estrichen. Unter dem Begriff „Beläge“ wurde Schichten aus 2,5 cm Zement- oder Gipsestrich bzw. 2,5 cm dickem Steinholz und 5 cm dickem Lehm die Klassifikation feuerhemmend zuerkannt.

Hölzerne Böden

Bestehenden hölzernen Fußböden kann entgegen den Angaben in der Bauregelliste[179] ab einer bei historischen Gebäuden oft anzutreffenden Mindestdicke von 24 mm zumindest die Eigenschaft „feuerhemmend" zuerkannt werden; eine Zuordnung nach gültigen normativen Regelungen ist jedoch nicht möglich. Im Holz Brandschutz Handbuch wird angegeben, dass in Altbauten üblichen Dielenfußböden mit 19 mm Dielendicke (Nadelholz) und 30 mm dicken Lagerhölzern eine Feuerwiderstandsfähigkeit von oben von ungefähr 90 Minuten zuzuerkennen ist, wenn sich zwischen den Lagerhölzern eine Schlacke- oder Sandschüttung befindet.[180] Dass diese Erkenntnis auch für bauzeitlich historische „Estriche" gelten kann, wurde durch den Brand in der Herzogin-Anna-Amalia-Bibliothek in Weimar am 2. September 2004 eindrucksvoll belegt: Der Dielenboden, aufgebracht auf einer gestampften Lehmschicht, hielt in großen Flächen ohne nennenswerte Schädigungen einer längeren Brandbelastung stand.

Abbildung 42: Brandbelasteter Dielenboden im 1. Dachgeschoss der Herzogin-Anna-Amalia-Bibliothek in Weimar nach Wiedereinbau

Bei Holzbalkendecken mit vollständig freiliegenden Holzbalken ist auf Grundlage der Tabelle 61 in DIN 4102-4 für den hölzernen Bodenbelag eine Bohlendicke von 50 mm für einen Feuerwiderstand von 30 Minuten erforderlich, wenn eine doppelte Nut-Feder-Verbindung zur Ausführung gelangt. Ermittlungen ergaben, dass dann Fugenbreiten bis maximal 1,5 mm auftreten können und dennoch der Feuerwiderstand von 30 Minuten gesichert ist.[181] An den Bohlen befindliche Profilierungen sind brandschutztechnisch von sekundärer Bedeutung.[182] Wegen der notwendigen Fugenüberdeckung wird für einen Feuerwiderstand von 60 Minuten entweder eine völlige Fugenfreiheit, die bei Holz in einlagiger Ausführung nicht gewährleistet werden kann, bzw. eine zweilagige Ausführung mit einer Gesamtmindestdicke beider Sichten von 48 mm und einem Fugenversatz von ≥60 mm gefordert.[183] Überträgt man die Erkenntnisse auf historische Fußböden, so kann davon ausgegangen werden, dass ein bauzeitlich historischer Estrich, wie z. B. eine gestampfte Lehmschicht der ungefähren Dicke von 30 mm, in Verbindung mit einem Dielen- oder Parkettboden einer Dicke von mindestens 19 mm, ebenfalls eine Feuerwiderstandsfähigkeit von etwa 60 Minuten hat. Außerdem kann ein Eichen-Parkettboden zumindest als schwerentflammbar angesehen werden.[184]

4.11 Schächte

Häufig sind zur Errichtungszeit zwar zulässige, aber aus heutiger Sicht reale Gefahren ausstrahlende Schachtkonstruktionen der Anlass für brandschutztechnische Sanierungsmaßnahmen.

Bei der Beurteilung dieser – i. d. R. handelt es sich um planmäßig errichtete Schächte für Ver- und Entsorgungsleitungen – ist zu hinterfragen, ob die eigentliche Konstruktionsart (z. B. Schachtwände aus Trockenbaukonstruktionen ohne Verwendbarkeitsnachweis, Stahlbetonfertigteile ungenügender Dicke), Raumabschlüsse (z. B. Verfugungen, Vergussmaterialien, nicht nachvollziehbare Schottungen) oder technische Anlagen bzw. Leitungen (z. B. Badentlüfter in der Schachtwand, brennbare Leitungen) die Problemstellung sind.

In vielen Fällen wurden bauzeitlich die Abschlüsse der an notwendige Flure grenzenden Installationsschächte nicht sachgerecht ausgeführt. Außerdem befinden sich in bestehenden Wohngebäuden, z. B. für Bäder, Installationsschächte, die im Kellerbereich oder im Übergang zum jeweiligen Bad nicht brandschutztechnisch wirksam abgeschottet wurden. Ungenügende Leitungsabschottungen zwischen dem eigentlichen Schachthohlraum und den jeweiligen Wohnungen im Bereich von Bädern und Küchen runden die brandschutztechnischen Mängel in dieser Hinsicht oftmals ab. Um die Erforderlichkeit von Nachrüstungen trotz des gegebenen Bestandsschutzes ermitteln zu können,

Abbildung 43: Schachtwand aus den Errichtungsjahren 1962/63

sind Rauchversuche zur Überprüfung der zur Errichtungszeit zulässigen Ausführungsarten – womit zunächst der Bestandsschutz auch für diese Bauteile gegeben ist – sinnvoll, um aufzeigen, ob und an welcher Stelle tatsächlich reale Gefahren bestehen und daher ein Handlungsbedarf aufzuzeigen ist. Am folgenden Beispiel wird eine derartige Überprüfung erläutert.

Die Lage der Hauptinstallationsschächte und der mittels Rauchversuchen überprüften Schächte kann der Abbildung 44 entnommen werden.

Gegenüber den Bädern und im Kellergeschoss war bei dem Beispiel der jeweils betreffende Lüftungsschacht nicht brandschutztechnisch wirksam abgeschottet. Außerdem wurden die Abschottungen zwischen den jeweiligen Rohr- bzw. Leitungsdurchführungen zwischen dem Hauptinstallationsschacht und den Bädern nicht gemäß heutigen brandschutztechnischen Anforderungen an Leitungs- bzw. Lüftungsanlagen ausgeführt (bauzeitliche Bestandssituationen s. Abbildungen 45 und 46).

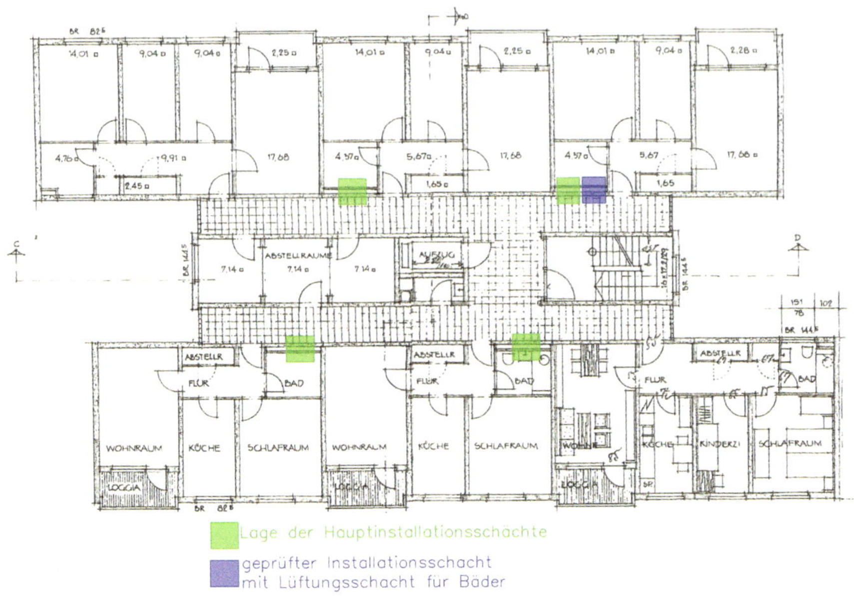

Abbildung 44: Grundriss eines Wohnhauses aus den 1960er Jahren

Abbildung 45: Lüftungsschacht für die Bäder innerhalb des Kellergeschosses

Abbildung 46: Entlüftung der Bäder

Abbildung 47: Leitungsführungen in einem der überprüften Bestandsschächte

Daher waren diese beiden Schachtkonstruktionen auf ihre brandschutztechnische Wirkung hin zu untersuchen und ggf. Nachrüstungsmaßnahmen festzulegen.

Durch die vom Bauherrn eingebundenen Brandschutzsachverständigen wurden zwei ausgewählte Installationsschächte hinsichtlich deren brandschutztechnischer Funktionsfähigkeit (Rauchdichtheit) mittels Rauchversuchen untersucht.

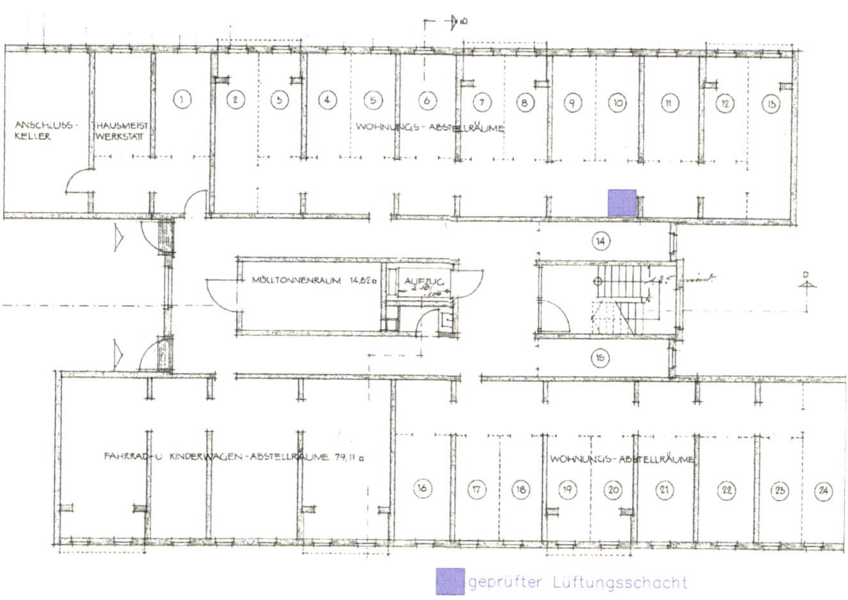

Abbildung 48: Lage des ausgewählten Lüftungsschachtes im Kellergeschoss

Es wurden dabei die zwei wesentlichen an die notwendigen Flure der Geschossebenen angrenzenden Schächte ausgewählt, deren Versagen im Brandfall einen direkten Einfluss auf die Gefährdung der Rettungswege in dem Gebäude hätte. Die Lage der ausgewählten untersuchten Schächte ist den Abbildungen 44 und 48 zu entnehmen.

Die Ergebnisse der durchgeführten Rauchversuche sind wie folgt zu beschreiben:

- Der untersuchte Lüftungskanal ist gegenüber dem angrenzenden Installationsschacht hinreichend dicht (*keine reale Gefahr*).
- Der untersuchte Installationsschacht ist sowohl gegenüber dem angrenzenden notwendigen Flur als auch gegenüber der angrenzenden Wohnung ausreichend dicht (*keine reale Gefahr*).
- Die fehlende Abschottung der Wohnungsbäder gegenüber dem untersuchten Lüftungskanal lässt eine ungehinderte Rauchausbreitung im Brandfall zu (*reale Gefahr*).
- Der untersuchte Lüftungskanal hat im Kellergeschoss keine ausreichende Feuerwiderstandsdauer (*reale Gefahr*).

In Anhängigkeit von den möglichen Auswirkungen der konkreten Mängel an den Schächten bei einem Brandfall in dem betrachteten Gebäude wurden durch die beteiligten Sachverständigen die jeweiligen Gefahrenpotenziale näher ermittelt. Im Anschluss daran wurden die notwendigen, aber zugleich auch ausreichenden brandschutztechnischen Nachrüstungsmaßnahmen festgelegt. Das Fazit der vorgestellten Untersuchung war, dass die – obwohl mit Mängeln behafteten – Schachtkonstruktionen im Gebäude ohne Nachrüstung verbleiben konnten. Für die Ausführungen und insbesondere die Bekleidungen der vier Hauptinstallationsschächte gegenüber den notwendigen Fluren, die augenscheinlich von aktuellen Vorschriften des Bauordnungsrechtes abweichen, ergab die vorgenommene Untersuchung, dass in dieser Hinsicht keine konkrete Gefährdung vorliegt und diese Schächte daher im Bestand ohne Nachrüstungsmaßnahmen verbleiben können.

Die Lüftungskanäle für die Bäder, die für Reinigungs- bzw. Wartungszwecke bis in das Kellergeschoss geführt wurden, sind brandschutztechnisch wirksam mittels Schachtverkleidungen (z.B. als Trockenbaukonstruktionen der Klassifikation F 30-A aus Sachverständigensicht ausreichend) abzuschotten. Auf den sachgerechten Einbau entsprechend zugelassener Revisionsklappen (feuerhemmend) für Wartungszwecke wurde hingewiesen. In allen Wohnungen mussten an den Lüftungsöffnungen in den Bädern geeignete Absperreinrichtungen angebracht werden, die im Brandfall eine Übertragung von Rauch aus einer Wohnung in andere Wohnungen über den Lüftungskanal verhindern.

Damit wird die Rauchausbreitung im Gefahrenfall wesentlich unterbunden. Da trotz dieser Nachrüstung eine vollständige brandschutztechnische Abschottung für Kaltrauch nicht gewährleistet werden kann, wurde von den beteiligten Sachverständigen zusätzlich die Empfehlung ausgesprochen, in jeder Wohnung im Flurbereich die Installation eines Rauchwarnmelders gemäß DIN 14676[185] vorzunehmen.

Die Überprüfung ergab somit für den Bauherrn eine wesentliche Kostenersparnis, weil sich nur auf die tatsächlich realen Gefährdungen konzentriert werden konnte und keine Totalerneuerung wegen lediglich bestehender Abweichungen gegenüber heute gültigen Vorschriften erforderlich war.

4.12 Ingenieurgemäße Nachweise für bestehende Bauteile

Bereits seit längerer Zeit besteht zudem die Möglichkeit, die Dienlichkeit kompensierender Maßnahmen mit Hilfe von Methoden des Brandschutzingenieurwesens nachzuweisen. So können mittels wissenschaftlich anerkannter Verfahren, wie z.B. Wärmebilanzverfahren, Nachweise erfolgen, dass für vorgegebene bzw. erforderliche Zeiträume die vorhandenen Rettungswege (raucharm oder mit zugelassenen Belastungen) ausreichend benutzbar oder wirksame Löscharbeiten möglich sind bzw. die Standsicherheit ausgewählter Bauteile gewährleistet ist.

Die in den sicherheitstechnisch erforderlichen Zeiträumen einzuhaltenden Sicherheitskriterien, die entweder der Begründung einer Abweichung oder dem Nachweis einer Kompensation dienen können, sind aufgrund anerkannter Kriterien des Brandschutzes bzw. anhand bestehender Vorschriften objekt- und schutzzielbezogen festzulegen. Sie können u.a. die Einhaltung einer im Brandschutzkonzept vorgegebenen raucharmen Schicht, die Tragfähigkeit unter den ermittelten Temperaturbelastungen für einzelne Bauteile bzw. die gesamte Tragkonstruktion oder die erforderlichen Evakuierungszeiten betreffen.[186]

Als Methoden des Brandschutzingenieurwesens kommen derzeit insbesondere folgende in Frage:

- Brandsimulationen (Handformeln, Wärmebilanzberechnungen, physikalische Modelle) als sog. „design fire“ (anstelle von normgerechten Prüfungen)
- Brand- und Rauchversuche (reale Versuche zur Überprüfung des Zusammenwirkens aller Komponenten)
- Beurteilung des Brandverhaltens von Bauteilen und Tragwerken (z.B. zur Behandlung nicht klassifizierter Beuteile)
- Personenstromanalysen (z.B. Berechnung der Evakuierungsdauern bei größeren Personenzahlen oder im Bestand reduzierter Ausgangsbreiten).

Diese werden jeweils zum Nachweis der ausreichenden Brandsicherheit von bestehenden Bauteilen bzw. des ganzheitlich aufgestellten Brandschutzkonzeptes genutzt.

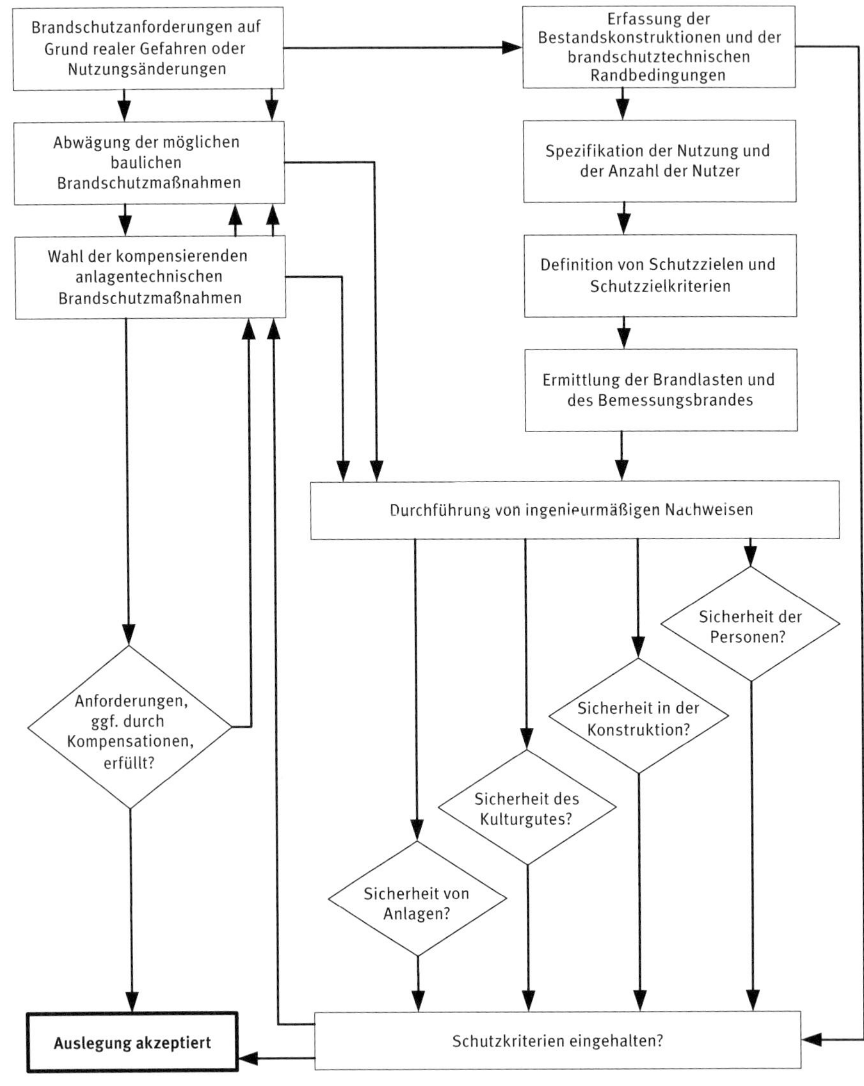

Abbildung 49: Mögliche Einsatzbereiche von Ingenieurmethoden bei der Sanierung bzw. denkmalpflegerischen Behandlung[187]

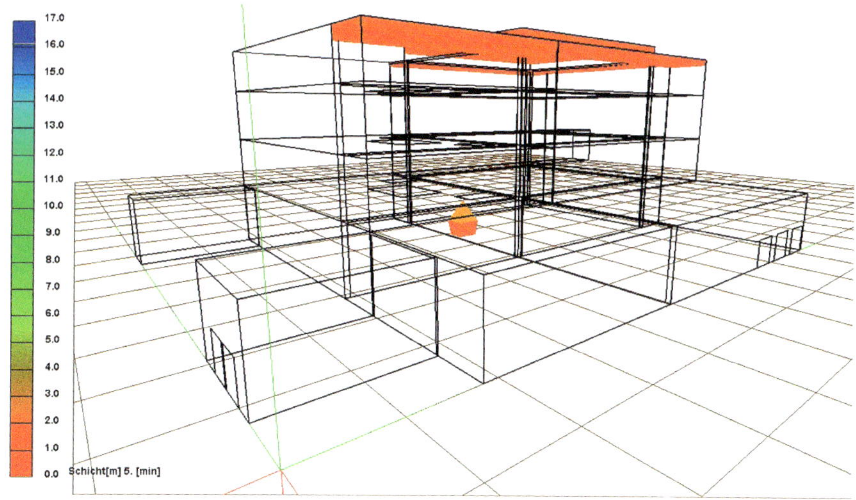

Abbildung 50: Auszug aus einer Rauchsimulation

In Abbildung 50 ist ein Auszug aus einem ingenieurgemäßen Nachweis für ein unter Denkmalschutz stehendes Gebäude zu sehen. Mit diesem Nachweis wurde u.a. der Einfluss der Rauchgastemperaturen auf die bestehenden hölzernen und gusseisernen Konstruktionen überprüft.

Um die bauaufsichtliche Akzeptanz der Anwendung von ingenieurgemäßen Nachweisen für den Nachweis der Brandsicherheit verbessern zu können, wurden mittlerweile seitens des Deutschen Institutes für Normung e.V. (DIN) die Grundsätze für die Aufstellung von Nachweisen mit Methoden des Brandschutzingenieurwesens normativ in der DIN 18009-01 definiert.[188] Explizit gelten diese Regelungen auch für bestehende Gebäude bzw. Bauteile. Das Ziel ist es dabei, sich vom Erfüllen fest vorgegebener Bauteilanforderungen zu lösen und anstelle dieses ingenieurgemäße, schutzzielorientierte Nachweise treten zu lassen. Ein besonderes Problem besteht dabei darin, die jeweiligen Schutzziele individuell zu bestimmen und die Akzeptanzkriterien für den jeweiligen Einzelfall festzulegen. Es soll dabei weniger darum gehen, wiederum starre Anforderungen zu definieren, sondern stattdessen die richtige und angemessene Vorgehensweise zu beschreiben und zu regeln, mit der folgerichtig eine vertretbare Brandsicherheit ermittelt und nachgewiesen werden kann.

Ausgehend von der Identifizierung der Schutzinteressen (bauordnungsrechtliche und individuelle) sowie den möglichen Brandgefahren sollen bereits während der konzeptionellen Brandschutzplanung anhand der zu bewertenden funktionalen Subsysteme die Wechselwirkungen zwischen den brandschutztechnischen Komponenten ermittelt werden. Dabei sind die Auswahl relevanter Szenarien und die Bestimmung für den jeweiligen Einzelfall zu betreiben und geeignete Ingenieurmethoden für den Nachweis des Brandschutzkonzeptes festzulegen. Somit ergibt sich ein ganzheitliches brandschutztechnisches Sicherheitskonzept, dessen Nachweis mit Hilfe der Anwendung von Methoden des Brandschutzingenieurwesens anstelle des Nachweises einzelner Bauteile als Abgleich zur Bauordnung oder zu gültigen Sonderbauvorschriften erfolgte.

Natürlich sind in eine solche Denkweise auch die Auswirkungen auf ein zwingend notwendiges Brandschutzmanagement und auf die laufende Bauunterhaltung einzubeziehen, damit die Wirksamkeit der brandschutztechnischen Komponenten während der gesamten Nutzungsdauer eines Gebäudes gegeben ist.

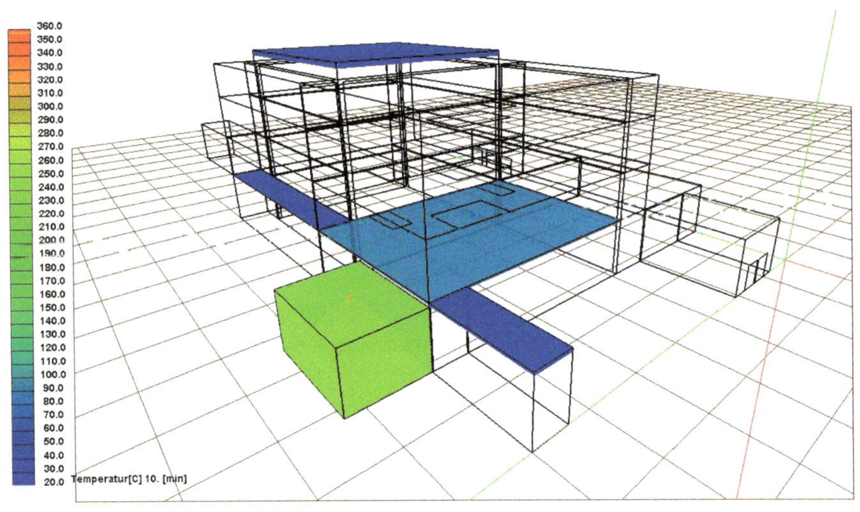

Bild 51: Mittels Rauchsimulation erhaltene Bestandssituation ohne Bauteilertüchtigung

5 Checkliste für die brandschutztechnische Bestandsaufnahme von Bestandsgebäuden

Dieser Erfassungsbogen ermöglicht die Erstellung einer detaillierten, nach brandschutztechnisch relevanten Bauteilen bestehender Gebäude geordneten Übersicht. In ihm werden der brandschutztechnische Zustand der Bauelemente sowie die Einschätzung des Ausmaßes erforderlicher Abweichungen und Nachrüstungen erfasst. Er dient der brandschutztechnischen Bestandsaufnahme an Ort und Stelle sowie als Grundlage für die brandschutztechnische Vor- und Entwurfsplanung.

Erläuterungen zur Handhabung der Tabelle:

Spalte A: Bauaufsichtliche Forderungen, Sonderbaurichtlinien	+ = eingehalten A = Abweichung ? = nicht feststellbar x = nicht vorhanden
Spalte B: Brandschutz der Bauteile und -elemente	+ = gewährleistet P = potenzielle Gefahr R = reale Gefahr ? = nicht feststellbar x = nicht vorhanden D = Berücksichtigung Denkmalschutz
Spalte C: Handlungsbedarf	+ = keine Nachrüstung erforderlich 0 = Nachrüstung empfehlenswert (z. B. assekuranziell) N = Nachrüstung notwendig AA = Abweichungsantrag erforderlich

ANMERKUNG

Das Feststellen einer Abweichung hat zur Folge, dass diese Gefahrensituation in eine potenzielle bzw. reale zu unterscheiden ist. Danach kann dann der Handlungsbedarf für die weitere Planung ermittelt werden.

HINWEIS

Ein Formular zum Ausfüllen steht Ihnen in der Mediathek des Beuth Verlages zum Download zur Verfügung (Zugangscode siehe gelbes Blatt).

5. Decken

		A	B	C
a)	Bestehend aus			
	....			
b)	Beurteilungskriterien:			
	Brandschutzklassifikation gemäß Landesbauordnung bzw. Sonderbauvorschrift Decke über Kellergeschoss			
	Brandschutzklassifikation gemäß Landesbauordnung bzw. Sonderbauvorschrift Decke über Erdgeschoss			
	Brandschutzklassifikation gemäß Landesbauordnung bzw. Sonderbauvorschrift Decke(n) über 1. Obergeschoss bis ... Obergeschoss			
	Zulässigkeit vorhandener Öffnungen (z. B. gemäß Baugenehmigung)			
	Zulässigkeit von Öffnungen gemäß Landesbauordnung			
c)	Untersuchungen erforderlich?			

6. Dächer

		A	B	C
a)	Konstruktionsart			
	....			
b)	Beurteilungskriterien:			
	Harte Bedachung			
	Weiche Bedachung			
	Zulässigkeit vorhandener Dachdeckungen (z. B. gemäß Baugenehmigung)			
	Zulässigkeit von lichtdurchlässigen Bedachungen, Lichtkuppeln und Oberlichtern gemäß Landesbauordnung			
	Feuerwiderstand der Dächer von Anbauten, die an Außenwände mit Öffnungen oder ohne Feuerwiderstandsfähigkeit anschließen			
c)	Untersuchungen erforderlich?			

7. Treppen

		A	B	C
a)	Konstruktionsart			
	....			
b)	Beurteilungskriterien:			
	Jedes nicht zu ebener Erde liegende Geschoss ist über eine notwendige Treppe erreichbar			
	Notwendige Treppen sind in einem Zuge zu allen angeschlossenen Geschossen zu führen			
	Feuerwiderstand der tragenden Teile notwendiger Treppen gemäß Landesbauordnung bzw. Sonderbauvorschrift			
	Verwendung brennbarer Materialien			
	Verwendung nichtbrennbarer Materialien			
	Breite reicht für den größten zu erwartenden Verkehr aus			
	Handläufe für erforderliche Verkehrssicherheit geeignet Höhe der Umwehrung (des Treppengeländers) mindestens 0,9 m bei Absturzhöhe < 12 m			
	Nutzbare Breite, Ausbildung des Laufes, der Tritt- und Setzstufen gemäß Landesbauordnung bzw. Sonderbaurichtlinie gewährleistet			
	Geländer und Unwehrungen mind. 1 m, bei Absturzhöhe > 12 m Umwehrungshöhe 1,10 m			
c)	Untersuchungen erforderlich?			

8. Treppenräume und Ausgänge

		A	B	C
a)	Örtliche Beurteilung			
	....			
b)	Beurteilungskriterien:			
	Feuerwiderstand der Treppenraumwände gemäß Landesbauordnung bzw. Sonderbaurichtlinie			

		A	B	C
	Verwendung brennbarer Materialien			
	Ausbaumaterialien im Treppenraum			
	Max. Rettungsweglänge 35 m in notwendigen Treppenraum oder ins Freie			
	Lage der notwendigen Treppenräume gemäß Landesbauordnung bzw. Sonderbaurichtlinie			
	Zulässigkeit von Räumen zwischen dem Treppenraum und dem Ausgang ins Freie			
	Öffnungen in Räumen zwischen dem Treppenraum und dem Ausgang ins Freie			
	Feuerwiderstand des oberen Abschlusses des Treppenraums			
	Bekleidungen in Treppenräumen nichtbrennbar sowie Bodenbeläge mindestens schwerentflammbar			
	Beleuchtungsmöglichkeit			
	Belüftungsmöglichkeit notwendiger Treppenräume auf jedem Geschoss durch ins Freie führende Fenster mit einem freien Querschnitt gemäß Landesbauordnung			
c)	Untersuchungen erforderlich?			

9. Fenster und Türen

		A	B	C
a)	Bestehend aus			
	....			
b)	Beurteilungskriterien:			
	Ausbildung von Öffnungen in notwendigen Treppenräumen gemäß Landesbauordnung, Öffnungen – zu Kellergeschossen – zu nicht ausgebauten Dachräumen			

		A	B	C
	– Werkstätten, Lager- und ähnlichen Räumen sowie zu sonstigen Räumen und Nutzungseinheiten mit einer Fläche von mehr als 200 m^2 – zu notwendigen Fluren – zu sonstigen Räumen und Nutzungseinheiten			
	– Türen zu Räumen gemäß Sonderbauvorschrift			
	Fenster des 2. Rettungsweges: $>$ 0,90 × 1,20 m i. L.			
	Zulässigkeit abweichender Maße für den 2. Rettungsweg			
	Brüstungshöhe maximal 1,20 m			

10. Rettungswege

		A	B	C
a)	Örtliche Beurteilung			
	....			
b)	Beurteilungskriterien:			
	Rettungswege gemäß Landesbauordnung bzw. Sonderbaurichtlinie			
	In jedem Geschoss mindestens zwei voneinander unabhängige Rettungswege ins Freie vorhanden; beide Rettungswege jedoch innerhalb des Geschosses über einen und denselben notwendigen Flur möglich			
	Mindestens der erste Rettungsweg über eine notwendige Treppe, der zweite Rettungsweg über eine weitere notwendige Treppe oder eine mit Rettungsgeräten der Feuerwehr erreichbare Stelle der Nutzungseinheit, ggf. Hubrettungsfahrzeuge bei der zuständigen Feuerwehr verfügbar, Zulässigkeiten gemäß Sonderbauvorschrift (Personenrettung)			
	Angriffswege für die Feuerwehr			

15. Brandmeldeanlagen/Maßnahmen zur Branddetektion

		A	B	C
a)	Ausstattung vorhanden			
	....			
b)	Beurteilungskriterien:			
	Rauchwarnmelder			
	Brandmeldeanlagen u. a. bei vorgenommenen Erweiterungen oder Veränderungen bereits als besondere Anforderung			
	Brandmeldeanlage als Hausalarmanlage			
	Brandmeldeanlage gemäß Sonderbauvorschriften			
c)	Untersuchungen erforderlich?			

16. Löschanlagen

		A	B	C
a)	Ausstattung vorhanden			
	....			
b)	Beurteilungskriterien:			
	Ausstattung mit Feuerlöschern und Rettungsgeräten gemäß berufsgenossenschaftlichen Vorgaben			
	Ausstattung mit Löschanlagen gemäß Sonderbauvorschrift			
	sonstige vorhandene Löschanlagen (individuelle Schutzziele)			
c)	Untersuchungen erforderlich?			

17. Sicherheitsstromversorgung

		A	B	C
a)	Ausstattung vorhanden			
	....			
b)	Beurteilungskriterien:			
	zentrale Sicherheitsstromversorgungen			
	dezentrale Sicherheitsstromversorgungen			
	Sicherheitstechnische relevante Anlagen und Einrichtungen wie Alarmierungs- und Brandmeldeanlagen, Sicherheitsbeleuchtungen, Rauchabzugsanlagen oder vorhandene Löschanlagen über eine vorgeschriebene Dauer auch bei Ausfall der allg. Stromversorgung funktionsfähig			
c)	Untersuchungen erforderlich?			

18. Sicherheitskennzeichnung

		A	B	C
a)	bestehend aus			
	....			
b)	Beurteilungskriterien:			
	Sicherheitsbeleuchtung in den notwendigen Fluren, notwendigen Treppenräumen und fensterlosen Aufenthaltsräumen			
	Sicherheitszeichen allgemein			
	Sicherheitskennzeichen i. V. m. Sicherheitsbeleuchtung			
	Sicherheitskennzeichen an Ausgängen zu notwendigen Treppenräumen oder ins Freie			
c)	Untersuchungen erforderlich?			

19. Abnahmen während der bisherigen Nutzung

		A	B	C
a)	Durchzuführen durch			
	....			
b)	Beurteilungskriterien:			
	Sicherheitstechnisch relevante Anlagen und Einrichtungen zur Inbetriebnahme, wie: – Feuerungsanlagen – Lüftungsanlagen – Elektrotechnische Anlagen – Rauchabzugsanlagen – Sicherheitskennzeichnung – Sicherheitsstromversorgung – Alarmierungsanlagen – Brandmeldeanlagen – Feuerlöschanlagen – Rauchwarnmelder – Öffnungsabschlüsse			
	Erforderliche Abnahme mit dem Prüfingenieur für vorbeugenden Brandschutz			
	Erforderliche Abnahme mit der zuständigen Brandschutzdienststelle			
	Prüfungen im Einzelfall			

20. Wartungen

		A	B	C
a)	Betroffene Elemente			
	....			
b)	Beurteilungskriterien:			
	Regelmäßig wiederkehrende Wartungen der sicherheitstechnisch relevanten Anlagen und Einrichtungen			
	Vorhandene Wartungsverträge entsprechen den aktuell anerkannten Regeln der Technik			

21. Sonstiges

		A	B	C
a)	Besonderheiten des Gebäudes			
	....			
b)	Beurteilungskriterien:			
	Brandschutzordnung			
	Feuerwehrpläne			
	Räumungskonzept			
	Evakuierungskonzept			
	Evakuierungsmanagement (z. B. i. V. m. DIN 18040-1)			
	Sicherheitskonzept			
	Rettungswegepläne			
	Regelmäßige Einweisung und Schulung des Personals			
	Prüfungen vor der ersten Inbetriebnahme sowie in den nach der Landesbauordnung bzw. Sonderbauvorschriften geforderten Intervallen			

6 Kommentierte Anhänge

Anhang 1 – Baupolizeiliche Bestimmungen Preußens

Inhalt

Baupolizeiliche Bestimmungen über Feuerschutz
(feuerbeständige und feuerhemmende Bauweisen).
Erlass vom 12. März 1925

Erläuterungen

Mit diesem Erlass erfolgte erstmals, nachdem sich vorrübergehend mit jeweiligen Rundschreiben an die Regierungspräsidien der Provinzen beholfen wurde (s. Kap. 2.1), eine brandschutztechnische Einstufung üblicher Bauweisen, für die im Entwurf einer Bauordnung für das Land Preußen vom 25. April 1919 entsprechende Anforderungen gestellt wurden. Somit ist der Erlass als Vorläufer sowohl von DIN 4102 und damit auch als solcher der heutigen eingeführten Technischen Baubestimmungen zu verstehen. Wie auch in der heutigen Musterbauordnung wurden in der „Einheitsbauordnung" des Jahres 1919 den bauordnungsrechtlichen Anforderungen keine technischen zugeordnet, weshalb dieser ergänzende Erlass notwendig wurde.

Deswegen ist es zur Beurteilung bis zur Veröffentlichung von DIN 1934 errichteter Bauteile möglich, den abgedruckten Erlass des Jahres 1925 heranzuziehen.

64

Die durch eine solche Weiträumigkeit der Bebauung hervorgerufene größere Länge der Straßen und daraus sich ergebenden größeren Straßenanlagekosten können durch die Verringerung der Zahl der Querstraßen und vor allen Dingen durch Herabsetzung der Anforderungen an die Breite der Straßen und an das für den Straßenbau zu verwendende Material aufgehoben werden.

Ich ersuche daher, nicht nur die im Erlaß vom 25. April d. J. erwähnten, sondern alle städtischen Bauordnungen wegen einer tunlichst weitgehenden Einschränkung des Hochbaugebiets einer gründlichen Prüfung zu unterziehen und dafür zu sorgen, daß überall dort, wo die auf Grund der bisherigen Baurechtsvorschriften entstandenen Bodenpreise eine mit den auf Grund dieses Erlasses beabsichtigten neuen Baunormen nicht vereinbare Höhe erreicht haben, die Herabsetzung der Bebauungsmöglichkeit durch Änderung der bisherigen Baurechtsvorschriften so beschleunigt wird, daß ihre Wirkung möglichst schon bei der Veranlagung zur Vermögensabgabe und Erbschaftssteuer in die Erscheinung tritt und dabei nicht Werte eingestellt werden, die tatsächlich nicht gerechtfertigt sind. Über den Stand der Bauordnungsfrage in den Städten, die eigene Zonenbauordnungen bereits haben, sehe ich einem Bericht gleichfalls bis zum 1. Mai 1920 entgegen.

gez. Stegerwald.

An die Herren Regierungspräsidenten und den Herrn Polizeipräsidenten in Berlin.

Erlaß des Ministers für Volkswohlfahrt vom 12. März 1925.

II 9. 161.

Baupolizeiliche Bestimmungen über Feuerschutz (feuerbeständige und feuerhemmende Bauweisen).

Zur Vermeidung von Zweifeln bei der Anwendung der Bauordnungsbestimmungen hat es sich als notwendig herausgestellt, die bisherigen Begriffe „massiv", „feuerfest" und „feuersicher" durch Bezeichnungen zu ersetzen, die klarer erkennen lassen, welche Forderungen an die betreffenden Bauteile zu stellen sind. In einer Besprechung mit den beteiligten Verbänden der Feuerwehr und den Feuerversicherungsanstalten sind hierfür die Begriffsbezeichnungen „feuerbeständig" und „feuerhemmend" gewählt worden.

Diese Begriffe sind nunmehr allgemein statt der bisherigen Begriffsbezeichnungen „feuerfest" und „feuersicher" in den Bauordnungen, bei Prüfung der Bauanträge, in polizeilichen Verfügungen usw. anzuwenden. Die Begriffsbestimmung „massiv" ist in den Bauordnungen als zu unbestimmt nicht mehr zu gebrauchen. Wegen der Änderungen der Bauordnungen wird das Erforderliche besonders verfügt.

Die Anforderungen an die feuerbeständige oder feuerhemmende Bauweise sind in der Anlage näher angegeben. Diese Anforderungen sind im Amtsblatt zu veröffentlichen.

Ich ersuche, die Baupolizeibehörden noch ausdrücklich auf die neuen Bestimmungen hinzuweisen.

Ein weiterer Abdruck dieses Erlasses ist beigefügt.

In Vertretung

Scheidt.

Zu II 9. 161.

Anforderungen, die an eine feuerbeständige und eine feuerhemmende Bauweise zu stellen sind.

I. Feuerbeständige Bauweise.

Als feuerbeständig gelten: Wände, Decken, Unterzüge, Träger, Stützen und Treppen, wenn sie unverbrennlich sind, unter dem Einfluß des Brandes und des Löschwassers ihre Tragfähigkeit oder ihr Gefüge nicht wesentlich ändern und den Durchgang des Feuers geraume Zeit verhindern.

Im besonderen gelten als feuerbeständig:

a) Wände aus vollfugig gemauerten Ziegelsteinen, Kalksandsteinen, Schwemmsteinen, kohlefreien Schlackesteinen oder Steinen aus anderen im Feuer gleichwertigen Baustoffen von mindestens ½ Stein Stärke, ferner Betonwände aus mindestens 10 cm starkem, unbewehrtem Kiesbeton oder aus mindestens 6 cm starkem, bewehrtem Kiesbeton.

b) Decken aus Ziegelsteinen oder anderen unter a aufgeführten Steinen oder Baustoffen bei Innehaltung der dort geforderten Mindestabmessungen.

c) Unterzüge und Träger aus Eisenbeton. Eiserne Träger und Unterzüge gelten nur dann als feuerbeständig, wenn sie feuerbeständig ummantelt werden (siehe i).

d) Stützen und Pfeiler, wenn sie aus Ziegelsteinen, Beton oder Eisenbeton oder aus natürlichem, in Feuer

66

hinreichend erprobten Gestein hergestellt werden. — Stützen aus Granit oder Marmor gelten nicht als feuerbeständig. Stützen aus Eisen müssen allseitig feuerbeständig ummantelt sein (vgl. i).

e) Dachkonstruktionen in Eisenbeton. Dachkonstruktionen aus Eisen gelten nur dann als feuerbeständig, wenn die eisernen Binderkonstruktionen feuerbeständig ummantelt werden (vgl. i) oder wenn der Dachraum feuerbeständig abgeschlossen wird und unbenutzbar bleibt.

f) Treppen, wenn sie aus Ziegelsteinen, Eisenbeton, erprobtem Kunststein oder erprobtem Werkstein hergestellt sind. — Freitragende Treppenstufen aus Marmor oder Granit gelten nicht als feuerbeständig.

g) Türen, wenn sie bei amtlicher Probe einer Feuersglut von etwa 1000° mindestens eine halbe Stunde Widerstand leisten, selbsttätig zufallen und in Rahmen aus feuerbeständigen Stoffen mit mindestens 1½ cm Falz schlagen und rauchsicher schließen.

h) Verglasungen können in Vertikalwänden als feuerbeständig angesehen werden, wenn sie den Einwirkungen des Feuers und Löschwassers soviel Widerstand bieten, daß innerhalb einer einhalbstündigen Brenndauer bei der amtlichen Probe (etwa 1000°) ein Ausbrechen der Scheiben oder Verlorengehen des Zusammenhangs nicht eintritt.

i) Feuerbeständige Ummantelung. Die feuerbeständige Ummantelung der an sich nicht feuerbeständigen walzeisernen Träger und Unterzüge oder Stützen erreicht man durch allseitiges feuerbeständiges Ausmauern oder Ausbetonieren der Eisenprofile, wobei die Flanschflächen wenigstens 3 cm Deckung von Beton mit eingelegtem Drahtgewebe oder von gebranntem Ton oder anderem als gleichwertig erprobten Baustoff erhalten müssen. Die freiliegenden Flanschflächen walzeiserner Träger in preußischen Kappen und in eisernen Fachwerkswänden brauchen im allgemeinen keinen besonderen Feuerschutz.

II. Feuerhemmende Bauweise.

Als feuerhemmend gelten Bauteile, wenn sie, ohne sofort selbst in Brand zu geraten, wenigstens eine Viertelstunde dem Feuer erfolgreich Widerstand leisten und den Durchgang des Feuers verhindern.

Insbesondere gelten als feuerhemmend:

a) Wände, Decken, Stützen und Dachkonstruktionen aus Holz, wenn sie mit 1½ cm starkem, sachgemäß ausgeführtem Kalkmörtelputz auf Rohrung bekleidet sind; auch Bekleidungen mit Rabitzputz oder anderen erprobten Baustoffen sind zulässig.

b) Treppen aus Sandstein, Eisen oder Hartholz, sonstige Holztreppen und nicht feuerbeständige Steintreppen, wenn sie unterhalb 1½ cm stark gerohrt und geputzt oder gleichwertig bekleidet sind.

c) Türen aus Hartholz oder aus 2½ cm starken, gespundeten Brettern mit allseitig aufgeschraubter oder aufgenieteter Bekleidung von mindestens ½ mm starkem Eisenblech und mit unverbrennlicher Wandung und Schwelle, sofern die Türen selbsttätig in wenigstens 1½ cm tiefe Falze schlagen.

Zusätze und Ergänzungen nach Maßgabe der örtlichen Bedürfnisse, nicht aber Änderungen durch die nachgeordneten Baupolizei- und Baupolizeiaufsichtsbehörden sind zulässig.

Berlin, den 12. März 1925.

Der preußische Minister für Volkswohlfahrt.

In Vertretung

Scheidt.

5*

Anhang 2 – DIN 4102: Widerstandsfähigkeit von Baustoffen und Bauteilen gegen Feuer und Wärme, August 1934

Inhalt

Blatt 1: Begriffe

Blatt 2: Einreihung in die Begriffe

Blatt 3: Brandversuche

Erläuterungen

Nach einer Vorarbeit im Jahr 1928 (Entwurf?), die nicht mehr überliefert ist, erschien im August 1934 die sehr wahrscheinlich erste Fassung der DIN 4102, die sich der Widerstandsfähigkeit von Baustoffen und Bauteilen gegen Feuer und Wärme widmete. Es wurden somit erstmals die brandschutztechnischen Eigenschaften von Baustoffen und Bauteilen, gültig für das ganze Deutsche Reich, genormt. Dabei wurden zunächst im Blatt 1 in Baustoffe (brennbar, schwer brennbar und nicht brennbar) und Bauteile (feuerhemmend, feuerbeständig und hochfeuerhemmend) unterschieden und entsprechende Eigenschaften definiert.

Im Blatt 2 nahm man die Zuordnung von Baustoffen und Bauteilen zu den im Blatt 1 genormten Begriffen vor und definierte Randbedingungen für den Einbau bzw. die Bekleidung oder Beschichtung von ausgewählten Bauteilen.

Mit Blatt 3 erfolgten die Regelungen zu den Temperaturen im Brandraum, den vorzunehmenden Messungen und Belastungen sowie erstmals zu den anzuwendenden Prüfverfahren.

Der vollständige Abdruck der mittlerweile zurückgezogenen Norm soll dem Verständnis der brandschutztechnischen Grundlagen zu dieser Zeit errichteter Gebäude und der den damaligen Einstufungen zu Grunde liegenden brandschutztechnischen Prüfbedingungen dienen. Es wird damit ermöglicht, die damaligen Prüfbedingungen, die den bauzeitlichen Klassifizierungen der Baustoff- und Bauteileigenschaften zu Grunde lagen, nachzuvollziehen und einer brandschutztechnischen Gefahrenanalyse begründet zu Grunde zu legen.

Zugleich wird ein sicheres Zitieren der historischen Quelle innerhalb eines gebäudeorientierten Brandschutzkonzeptes oder einer brandschutztechnischen Gefahrenanalyse ermöglicht.

DK 691 Deutsche Normen August 1934

HNA

Widerstandsfähigkeit von Baustoffen und Bauteilen gegen Feuer und Wärme

Begriffe

DIN 4102 Blatt 1

Die Anforderungen an die Widerstandsfähigkeit von Baustoffen und Bauteilen gegen Feuer und Wärme werden durch folgende Begriffe gekennzeichnet:

Baustoffe[1])

I. brennbar
II. schwer brennbar
III. nicht brennbar

Bauteile

IV. feuerhemmend
V. feuerbeständig
VI. hochfeuerbeständig

Begriffsbestimmungen

Baustoffe

I. Brennbar

Als brennbar gelten Baustoffe, die, auf ihre Entzündungstemperatur gebracht, bei atmosphärischer Luft von selbst weiterbrennen.

II. Schwer brennbar

Als schwer brennbar gelten Baustoffe, die unter Einwirkung von Feuer und Wärme zwar zur Entzündung gebracht werden können, so daß sie verkohlen, aber bei atmosphärischer Luft nicht von selbst weiterbrennen; dabei ist vorausgesetzt, daß die der Erhitzung ausgesetzten Teile des Baustoffes nach Fortnahme der Wärmequelle nur kurze Zeit nachglühen und etwa entstandene Flammen von selbst erlöschen, so daß die Verbrennung im Baustoff nicht fortschreitet.

III. Nicht brennbar

Als nicht brennbar gelten Baustoffe, die bei atmosphärischer Luft infolge ihrer natürlichen Eigenschaften nicht zur Entzündung gebracht werden können.

Bauteile

IV. Feuerhemmend

Als feuerhemmend gelten Bauteile, die beim Brandversuch nach DIN 4102, Blatt 3 — Widerstandsfähigkeit von Baustoffen und Bauteilen gegen Feuer und Wärme, Brandversuche — während einer Prüfzeit von 1/2 Stunde nicht selbst in Brand geraten, ihren Zusammenhang nicht verlieren und den Durchgang des Feuers verhindern, derart, daß tragende Bauteile dabei ihre Tragfähigkeit nicht verlieren.

Einseitig dem Feuer ausgesetzte Bauteile dürfen auf der dem Feuer abgekehrten Seite während des Brandversuches nicht wärmer als 130° werden.

V. Feuerbeständig

Als feuerbeständig gelten Bauteile aus nicht brennbaren Baustoffen, die bei einem Brandversuch nach DIN 4102, Blatt 3 — Widerstandsfähigkeit von Baustoffen und Bauteilen gegen Feuer und Wärme, Brandversuche — während einer Prüfzeit von 1 1/2 Stunden unter der Einwirkung des Feuers und des Löschwassers ihr Gefüge nicht wesentlich ändern, ihre Standfestigkeit und Tragfähigkeit nicht verlieren und den Durchgang des Feuers verhindern.

Einseitig dem Feuer ausgesetzte Bauteile dürfen auf der dem Feuer abgekehrten Seite während des Brandversuches nicht wärmer als 130° werden.

Allseitig feuerbeständig ummantelte Bauteile dürfen sich während des Brandversuches auf höchstens 250° erwärmen.

VI. Hochfeuerbeständig

Als hochfeuerbeständig gelten Bauteile, die den Anforderungen an feuerbeständige Bauteile (Absatz V) während einer Prüfzeit von **3** Stunden genügen.

[1]) Einschl. Gewebe, Papier und dergleichen.

Ausschuß für einheitliche technische Baupolizeibestimmungen (ETB)

DK 691 August 1934

HNA Widerstandsfähigkeit von Baustoffen und Bauteilen gegen Feuer und Wärme

Einreihung in die Begriffe

DIN 4102 Blatt 2

Für Baustoffe und Bauteile, die im folgenden nicht besonders genannt sind, ist der Grad des Widerstandes gegen Feuer und Wärme durch Brandversuche nach DIN 4102, Blatt 3 — Widerstandsfähigkeit von Baustoffen und Bauteilen gegen Feuer und Wärme, Brandversuche — nachzuweisen. Der Nachweis erübrigt sich, wenn die Einreihung ohne weiteres durch die Begriffsbestimmungen gegeben ist.

I. Als **brennbar** gelten
z. B. Holz, Magnesium, Papier, Pflanzenfaserstoffe, Stroh, Torf, Zellhorn u. dgl.

II. Als **schwer brennbar** gelten ohne besonderen Nachweis
reine Wolle

III. Als **nicht brennbar** gelten ohne besonderen Nachweis
Sand, Lehm, Kies, Schlacke,
natürliche und künstliche Steine, Mörtel und Beton, Glas, Asbest,
chemisch reine Seide,
Metalle in nicht fein verteilter Form, wie Blei, Gußeisen, Kupfer, Stahl, Zink, Zinn.

IV. Als **feuerhemmend** gelten ohne besonderen Nachweis

a) Bekleidungen aus 1½ cm dickem, sachgemäß ausgeführtem Putz und 2½ cm dicken Estrichen aus Zement oder Gips.

b) Wände
1. aus vollfugig gemauerten Steinen, auch mit Hohlräumen (Mauerziegel, Kalksandsteine, Schwemmsteine, kohlefreie Schlackensteine) von mindestens 6 cm Dicke,
2. aus mindestens 5 cm dickem Kiessand- oder Schlackenbeton oder aus gleich dicken Gipsdielen,
3. aus Holz, beiderseits feuerhemmend bekleidet.

c) Decken
1. Decken aus gleichen Baustoffen und in denselben Mindestabmessungen wie bei b) 1 und 2,
2. Holzbalkendecken in normaler Ausführung mit unterer feuerhemmender Bekleidung und Zwischendecke mit nicht brennbarer Ausfüllung.

d) Dachkonstruktionen
1. aus mindestens 5 cm dickem Beton oder Eisenbeton,
2. aus Stahl oder Holz mit feuerhemmender Bekleidung.

Stahlkonstruktionen können bei besonderen baulichen Anordnungen auch ohne feuerhemmende Bekleidung zugelassen werden, wenn sie aus Profilen bestehen, bei denen das Verhältnis von Umfang zu Querschnitt kleiner als 1,5 cm/cm² ist.

Ausreichenden Schutz gegen Flugfeuer und strahlende Wärme bieten Dachdeckungen aus:
Betonplatten, Asbestzementplatten, Deckstoffen aus natürlichen und künstlichen Steinen sowie Metalldächer und Pappdächer (harte Bedachungen).

e) Stützen
aus Stahl oder Holz mit feuerhemmender Bekleidung.
Stahlkonstruktionen können bei besonderen baulichen Anordnungen auch ohne feuerhemmende Bekleidung zugelassen werden, wenn sie aus Profilen bestehen, bei denen das Verhältnis von Umfang zu Querschnitt kleiner als 1,5 cm/cm² ist.

f) Treppen
1. Treppen aus Sandstein, Stahl oder Hartholz (z. B. Eiche),
2. sonstige Holztreppen und nicht feuerbeständige Steintreppen, wenn beide unterseitig feuerhemmend bekleidet sind.

Ausschuß für einheitliche technische Baupolizeibestimmungen (ETB)

— 2 —

g) T ü r e n

1. aus 4 cm dickem Hartholz (z. B. Eiche),
2. aus 2½ cm dicken, gespundeten Brettern mit aufgeschraubter oder aufgenieteter, allseitig dicht umhüllender Bekleidung von mindestens ½ mm dickem Stahlblech,

wenn sie selbsttätig zufallen, in Rahmen und Schwelle aus nicht brennbaren Stoffen mit mindestens 1½ cm — bei der Schwelle 1 cm — Falz schlagen und rauchdicht schließen.

V. Als **feuerbeständig** gelten ohne besonderen Nachweis

a) W ä n d e

1. aus vollfugig in Kalkzementmörtel gemauerten Steinen ohne Hohlräume (Ziegelsteine, Kalksandsteine, Schwemmsteine, kohlefreie Schlackensteine) von mindestens 12 cm Dicke,
2. aus mindestens 10 cm dickem unbewehrtem oder bewehrtem Beton.

b) D e c k e n

aus den unter a) aufgeführten Steinen oder Baustoffen bei Innehaltung einer Mindestdicke von 12 cm bei Steindecken und von 10 cm bei Betondecken.

c) U n t e r z ü g e u n d T r ä g e r

1. aus Eisenbeton,
2. aus Stahl nur mit feuerbeständiger Ummantelung.

Die feuerbeständige Ummantelung wird durch allseitiges Ausmauern oder Ausbetonieren der Profile erreicht. Die Flanschflächen müssen dabei wenigstens 3 cm dicke Deckung von Beton mit eingelegtem Drahtgewebe oder von gebranntem Ton oder anderen gleichwertigen Stoffen erhalten. Bei freiliegenden Flanschaußenflächen der Stahlprofile in feuerbeständigen Decken und in Stahlfachwerkswänden kann besonderer Feuerschutz im allgemeinen fehlen.

d) S t ü t z e n u n d P f e i l e r

wenn sie aus den unter a) aufgeführten Steinen oder Baustoffen bei Innehaltung einer Mindestdicke von 20 cm hergestellt werden. Stützen aus Granit, Kalkstein, Sandstein und ähnlichen Natursteinen gelten nicht als feuerbeständig. Stützen aus Stahl und Säulen aus Gußeisen müssen allseitig feuerbeständig ummantelt sein (siehe c).

e) D a c h k o n s t r u k t i o n e n

1. aus mindestens 10 cm dickem Beton oder Eisenbeton;
2. aus Stahl nur mit feuerbeständiger Ummantelung (siehe c).

f) T r e p p e n

1. die nach b) hergestellt sind,
2. aus Betonwerksteinen.

Freitragende Treppenstufen aus Natursteinen gelten nicht als feuerbeständig.

T ü r e n

bedürfen grundsätzlich eines besonderen Nachweises nach DIN 4102 Blatt 3 — Widerstandsfähigkeit von Baustoffen und Bauteilen gegen Feuer und Wärme, Brandversuche —.

V e r g l a s u n g e n

Gestatten die örtlichen Verhältnisse die Verwendung von Verglasungen in feuerbeständigen Bauteilen, so müssen diese Verglasungen in den vorgesehenen Abmessungen der Prüfung nach DIN 4102 Blatt 3 — Widerstandsfähigkeit von Baustoffen und Bauteilen gegen Feuer und Wärme, Brandversuche — entsprechen.

VI. Als **hochfeuerbeständig** gelten ohne besonderen Nachweis

Beispiele liegen zur Zeit noch nicht vor.

DK 691 Deutsche Normen August 1934

Widerstandsfähigkeit von Baustoffen und Bauteilen gegen Feuer und Wärme

Brandversuche

DIN 4102 Blatt 3

Vorbemerkung

Für Baustoffe und Bauteile, die nicht ohne besonderen Nachweis als schwer brennbar, feuerhemmend, feuerbeständig oder hochfeuerbeständig nach DIN 4102 Blatt 2 — Widerstandsfähigkeit von Baustoffen und Bauteilen gegen Feuer und Wärme, Einreihung in die Begriffe — gelten, kann der Nachweis der geforderten Eigenschaften durch die nachstehenden Brandversuche erbracht werden. Die anzuwendenden Prüfverfahren unterscheiden sich im wesentlichen nur durch die Zeitdauer und die verschiedene Temperatur bei den Brandversuchen.

A. Allgemeines

1. Temperaturen im Brandraum

Der Temperaturanstieg im Brandversuchsraum soll nach der Einheitstemperaturkurve verlaufen. Im Brandraum müssen danach ungefähr die aus folgendem Bild ersichtlichen Temperaturen eingehalten werden:

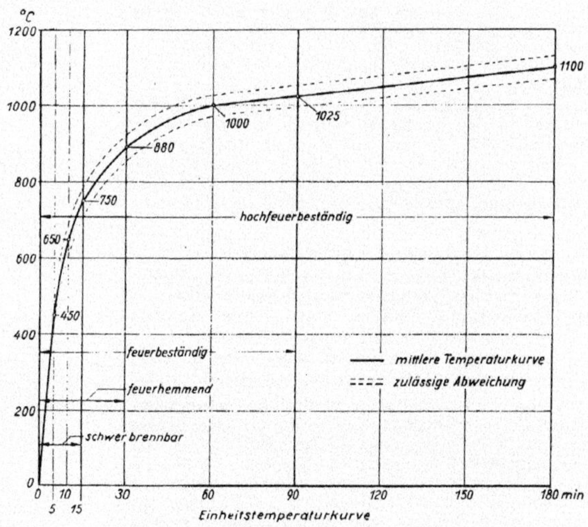

Dabei sind anfangs 5 %, später 3 % Temperaturabweichungen von der mittleren Temperaturkurve zulässig.

2. Temperaturmessungen

Im Brandraum ist die Temperatur an mindestens drei Stellen möglichst nahe am Versuchskörper zu messen und hieraus das Mittel zu bestimmen. An der dem Feuer abgekehrten Seite des Versuchskörpers sind mindestens drei Meßstellen annähernd gleichmäßig über die Oberfläche zu verteilen. Gemessen wird am zweckmäßigsten mit Thermoelementen (Platin-Platinrhodium oder Nickel-Nickelchrom).

Um das Einwirken der Außenluft zu vermeiden, sind nach Möglichkeit abgeschlossene Beobachtungsräume anzuordnen, mindestens aber Maßnahmen zu treffen, die diesen Einfluß einschränken und besonders den Windeinfall verhindern.

Ausschuß für einheitliche technische Baupolizeibestimmungen (ETB)

d) Balken und Unterzüge

1. aus Eisenbeton, wenn sie mindestens 40 cm, bei Fensterstürzen bis zu 1,5 m Stützweite 30 cm, hoch und 20 cm breit sind, niedrigere Balken nur, wenn sie nach c) 2, erster Absatz, geputzt sind oder wenn sie über mehrere Stützen durchlaufen und nach c) 2, zweiter Absatz, bewehrt sind.
2. aus Stahl nur mit einer gegen Herabfallen gesicherten feuerbeständigen Ummantelung.

   Die feuerbeständige Ummantelung wird durch allseitiges Ausmauern oder Ausbetonieren der Profile erreicht. Die Flanschflächen müssen deshalb mindestens 3 cm dick durch Putz aus Kalkzementmörtel nach DIN 1053 oder Kalkgipsmörtel mit eingelegtem Drahtgewebe gedeckt sein oder eine gleich dicke Deckung aus gebranntem Ton oder anderen gleichwertigen Stoffen erhalten.

e) Pfeiler und Stützen

1. Pfeiler aus Mauerwerk oder Beton

   wenn sie aus den unter a) 1 und 3 aufgeführten Baustoffen hergestellt werden und mindestens 38 cm dick sind. Stützen aus Granit, Kalkstein, Sandstein und ähnlichen Natursteinen gelten nicht als feuerbeständig.
2. Eisenbetonstützen

   wenn sie mindestens 20 cm dick und nach c) 2, erster Absatz, geputzt sind. Im Putz muß ein Drahtgewebe von 10 bis 15 mm Maschenweite liegen, das die Stütze vollständig umschließt und dessen Quer- und Längsstöße mit Bindedraht sicher verknüpft sind. Die Längsstöße sind gegeneinander zu versetzen.

   Auf den Putz kann verzichtet werden, wenn die Stütze mindestens 30 cm dick ist und nachgewiesen wird, daß die Würfelfestigkeit des Betons $W_{b\,28}$ mindestens 225 kg/cm² ist.
3. Stützen aus Stahl

   mit oder ohne Ausfüllung des Kerns, wenn sie allseitig mit Beton, Leichtbeton, Ziegeln, Kalksandsteinen, zementgebundenen Steinen oder Gips ummantelt sind. Diese Ummantelung muß durch eingelegte Drahtbügel gegen Herabfallen gesichert werden und einschließlich des Putzes mindestens 6 cm, vor den Enden abstehender Flansche mindestens 3 cm, dick sein (siehe Bild 1).

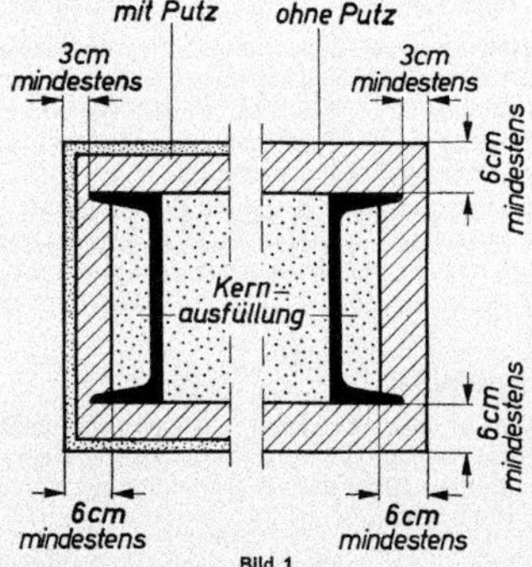

Bild 1

   Besteht diese Ummantelung aus Steinen oder Platten, so müssen diese auch an den Ecken im Verband versetzt sein.

   In der Ummantelung dürfen keine Öffnungen vorhanden sein. Hohlräume der Ummantelung müssen in jedem Stockwerk, mindestens aber in Abständen von 4 m feuerbeständig abgeschlossen werden.
4. Säulen aus Gußeisen

   müssen allseitig mindestens 6 cm dick feuerbeständig nach e) 3 ummantelt sein.

f) Dachkonstruktionen

1. aus Eisenbeton oder als Steineisendecken, wenn sie c) entsprechen,
2. aus Stahl nur mit feuerbeständiger Ummantelung (siehe d) 2 und e) 3).

g) Treppen

1. die nach c) hergestellt sind.
2. aus mindestens 10 cm dicken, fabrikmäßig hergestellten Eisenbetonbauteilen (Betonwerksteinen) mit Unterputz.

   Treppenstufen aus Natursteinen gelten nicht als feuerbeständig.

VI. Als **hochfeuerbeständig** gelten ohne besonderen Nachweis

1. Eisenbetonstützen,

   die mindestens 40 cm dick und nach V, e) 2 geputzt sind, wenn nachgewiesen ist, daß $W_{b\,28}$ mindestens 225 kg/cm² ist.
2. Stützen aus Stahl,

   bei denen die Stahlteile wie in den Bildern 2 und 3 dargestellt, geschützt sind.

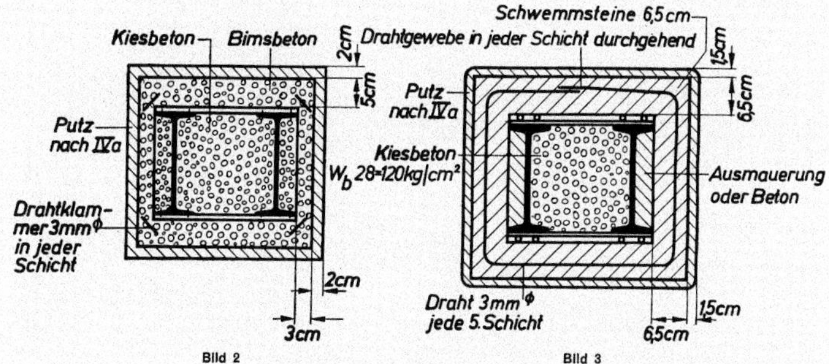

Bild 2 Bild 3

VII. Sonderreglung

Als ausreichend widerstandsfähig gegen Flugfeuer und strahlende Wärme gelten ohne besonderen Nachweis:

Dacheindeckungen aus natürlichen und künstlichen Steinen, aus Betonplatten, Asbestzementplatten, besandeten Teerdachpappen[1]) nach DIN 52121 (auch auf Holzschalung), Stahl- und sonstige Metalldächer.

1) Bei Bitumendachpappen Nachweis nach DIN 4102 Blatt 3

DK 624 : 351.77 — 2. Ausg. Nov. 1940

Widerstandsfähigkeit von Baustoffen und Bauteilen gegen Feuer und Wärme

Brandversuche

DIN 4102 Blatt 3

Gegenüber Ausgabe August 1934 zu beachten:
Ausführlichere Bestimmungen und Sonderprüfungen von Bauteilen.

A. Prüfung von Feuerschutzmitteln für Gewebe, Papier und Holz zum Nachweis der Eigenschaft „schwerentflammbar"

I. Allgemeines

Die Schwerentflammbarkeit wird in der Regel durch Feuerschutzmittel erzielt. Vor der Prüfung ist die Zusammensetzung der Mittel nachzuprüfen. Dabei ist festzustellen, ob und welche Gifte[1]) in den Mitteln enthalten sind. Beim Aufbringen und beim Brandversuch dürfen sich keine belästigenden Gase entwickeln. Die Mittel dürfen Stahl nicht angreifen. Die erste Prüfung darf frühestens 14 Tage nach beendeter Behandlung der Versuchsstücke stattfinden. Zur Feststellung der Dauerwirkung der Schutzmittel ist die Prüfung nach 1, 3, 5 und 10 Jahren zu wiederholen.

II. Prüfverfahren

1. Prüfung von Feuerschutzmitteln für Gewebe, Papier u. dgl.

a) Prüfkörper

Die Feuerschutzmittel, die zum Schutz von Geweben, Papier u. dgl. gegen Feuer angewendet werden, werden möglichst an folgenden Stoffen geprüft. Kattun, Nessel, Rupfen, Theaterleinen, Voile, Tüll, an Dekorationsstoffen auf der Grundlage von Kunstseide und von Zellwolle, an Papier, Pappe und Strohhülsen.

Die Gewebeproben sollen 1,0 m lang und 0,6 bis 0,8 m je nach der Stückbreite des Stoffes breit sein.

Für die Versuche sind aus jedem zu prüfenden Stoff zwei Proben mit einer Längsfalte von 5 bis 10 cm zu verwenden. Die Längsfalte soll dem Feuer eine größere Angriffsmöglichkeit bieten. Zur Feststellung der Dauerwirkung des Schutzmittels ist die Prüfung mit je einer Probe zu wiederholen.

b) Behandlung der Prüfkörper

Die Stoffe werden von der Prüfanstalt aus dem Handel gekauft und von ihr nach der vom Antragsteller schriftlich eingereichten Arbeitsvorschrift behandelt. Die getrockneten Proben werden vor und nach der Behandlung gewogen und die aufgenommene Menge des Schutzmittels festgestellt. Für die Dauerprüfung müssen sie in einem Raum von Zimmertemperatur (etwa 18 bis 20°) aufbewahrt und mindestens alle 3 Monate aufgerollt und geschüttelt werden. Die Proben dürfen dem Lagerraum erst unmittelbar vor der Prüfung entnommen werden. Sollen sie auch auf Wetterbeständigkeit geprüft werden, so müssen sie im Freien aufbewahrt und der Witterung ausgesetzt werden.

c) Ausführung der Prüfung

Die Prüfung findet in einem geschlossenen Raum statt. Die Proben werden frei aufgehängt. Unmittelbar unter dem Probestück wird eine abgewogene Menge Holzwolle von etwa 10 % Feuchtigkeitsgehalt (bei 60° getrocknet) ausgebreitet und angezündet. Verwendet werden bei

Papier, Strohhülsen, Voile und Tüll	100 g Holzwolle
Theaterleinen, Dekorationsstoffen auf der Grundlage von Kunstseide oder von Zellwolle, Nessel, Kattun . .	200 g Holzwolle
Rupfen, Pappe	300 g Holzwolle

Die halbe Menge Holzwolle wird angezündet und der Rest nach und nach zugegeben. Während des Versuchs wird die Feuerquelle 1 bis 2 mal für kurze Zeit entfernt, um festzustellen, ob an dem Stoff selbst Flammen auftreten, wann sie erlöschen, ob sie weiter um sich greifen oder ob der Stoff nachglüht. Nach Beendigung des Versuchs darf der Stoff weder brennen noch nachglimmen.

2. Prüfung von Feuerschutzmitteln für Holz

a) Prüfkörper

Der Prüfkörper und seine Abmessungen sind im Bild 1 dargestellt. Anzufertigen und zu prüfen sind für jede Altersklasse immer 3 Prüfkörper. Die Prüfkörper werden aus fichtenen, rauhen Latten 20×48 mm hergestellt, die von der Prüfanstalt zu beschaffen und auf einen Feuchtigkeitsgehalt von 10 bis 12 Gewichts-%, bezogen auf das Darrgewicht, zu trocknen sind. Das Raumgewicht der Hölzer soll in diesem Zustand zwischen 0,45 und 0,55 g/cm³ liegen. Die Abweichungen von allen im Bild 1 angegebenen Holzabmessungen dürfen höchstens ± 2 mm sein. Zunächst sind lediglich die Seitenwände der Prüfkörper zusammenzunageln.

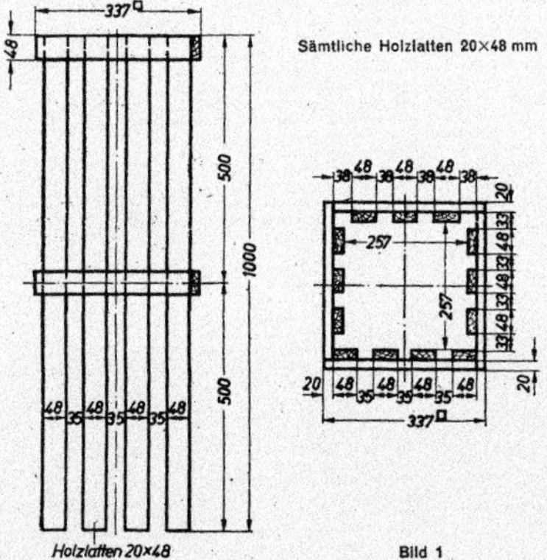

Bild 1

[1]) Gifte im Sinne der Polizeiverordnung über den Handel mit Giften vom 11. 1. 1938 (Preußische Gesetz-Sammlung Nr. 1 vom 20. 1. 1938); Gifte der Giftklasse 1 dürfen nicht enthalten sein.

Ausschuß für einheitliche technische Baupolizeibestimmungen (ETB)

Fortsetzung Seite 2

b) Behandlung der Prüfkörper
Die 4 Seitenwände des Prüfkörpers sind einzeln nach der vom Antragsteller schriftlich eingereichten Arbeitsvorschrift durch die Prüfanstalt allseitig mit dem Feuerschutzmittel zu behandeln. Hierbei wird festgestellt:
α) der Verbrauch an Schutzmittel,
β) die Aufnahme an nassem Schutzmittel,
γ) die Aufnahme an lufttrockenem Schutzmittel,
δ) Art und Aussehen des aufgetragenen Schutzmittels.
Für die Feststellung der Aufnahme an nassem Schutzmittel werden die Seitenteile unmittelbar vor und nach jeder Behandlung gewogen, sobald von dem aufgetragenen Schutzmittel nichts mehr abtropft.
Die Trockenaufnahme bei gebrauchsfertig gelieferten Mitteln ist aus dem Gewichtsunterschied der behandelten Teile des Prüfkörpers nach zweiwöchiger Lagerung bei 65 % relativer Luftfeuchtigkeit und dem Ausgangsgewicht der Einzelteile festzustellen. Für die Aufnahme ist der Mittelwert der 3 Einzelprüfkörper maßgebend.
Die Aufnahme an lufttrockenem Schutzmittel wird bei Mitteln, die als trockene Salze angeliefert werden, aus der Feststellung nach β) und dem Lösungsverhältnis rechnerisch ermittelt und in g/m² angegeben.

c) Ausführung der Prüfung
Die 4 Seitenteile werden zum Prüfkörper nach Bild 1 zusammengeschraubt. Der Prüfkörper wird auf eine Waage aufgestellt, die in geeigneter Weise (Asbestbekleidung) gegen Flammen zu schützen ist.
Um das Umstürzen des Prüfkörpers bei starkem Abbrand zu verhindern, wird der Prüfkörper durch geeignet geformte, an der Seitenwand der Waage befestigte Stahlbügel so gehalten, daß er die Bodenfläche der Waage gerade berührt. Die Temperatur am oberen Ende des Prüfkörpers wird in der Mitte der Seitenwände durch vier Thermoelemente gemessen, deren Lötstellen 50 mm von der Innenwand des Prüfkörpers entfernt sind. Der Prüfkörper wird durch einen Gasringbrenner (Abmessungen siehe Bild 2) 15 Minuten lang bei einer Gaszufuhr von 85 ± 5 l Normen-Stadtgas (oberer Heizwert 4000 bis 4300 kcal/Nm³) je Minute beheizt. Die Prüfung ist in einem luftzugfreien geschlossenen Raum bei einer Temperatur von etwa 20° vorzunehmen.

d) Messungen und Feststellungen
Zunächst ist festzustellen, ob das Schutzmittel während der Lagerung des Prüfkörpers ausgeblüht oder vom Holz abgefallen ist.
Vor Beginn des Brandversuchs wird der Prüfkörper einschließlich der Schrauben auf der Waage gewogen. Jede Minute werden der Gewichtsverlust und die Temperatur abgelesen. Nach 15 Minuten wird der Brenner abgestellt und das Nachbrennen bzw. Nachglimmen nach Stärke und Dauer festgestellt. Nach Aufhören des Brennens oder Glimmens, spätestens 20 Minuten nach Abstellen des Brenners, wird der Endgewichtsverlust ermittelt. Maßgebend ist das Mittel aus je 3 Versuchen.
Der Endgewichtsverlust darf bei allen Prüfungen im Mittel nicht mehr als 25 %, das arithmetische Mittel aus dem Gewichtsverlust nach 4, 8 und 12 Minuten nicht mehr als 12 % vom Anfangsgewicht des behandelten Prüfkörpers betragen. Liegt einer der Werte für den Endgewichtsverlust höher als 50 %, so ist die Wirksamkeit des Mittels unzureichend. Das Nachbrennen nach Abstellen des Brenners soll nicht länger als 5 Minuten und das Nachglimmen nicht länger als 15 Minuten anhalten.
Zur Feststellung der Dauerwirksamkeit werden die Prüfkörper in einem Dachboden gelagert.

e) Prüfung der korrosionsfördernden Wirkung der Schutzmittel
Zur Prüfung der korrosionsfördernden Wirkung werden blank geschmirgelte und entfettete Stahlbleche von 30 mm × 60 mm und 1 mm Dicke zur Hälfte in die gebrauchsfertigen Lösungen der Schutzmittel eingetaucht und 8 Tage darin belassen. Um die Verdampfung des Wassers aus den Lösungen herabzusetzen und den Luftzutritt zu den Blechen zu ermöglichen, werden die Gefäße durch übergestülpte Bechergläser mit Ausguß abgedeckt. Nach 8tägiger Lagerung ist festzustellen, ob das Metall angegriffen ist.
Außerdem werden auf jeden der für die Wiederholungsprüfung vorgesehenen Prüfkörper nach der Behandlung 2 blanke und entfettete Stahlblechstreifen (30 mm × 60 mm × 1 mm) aufgenagelt sowie ein Nagel (22 × 50) und eine Holzschraube (3,5 × 40) zur Hälfte eingelassen. Bei den Wiederholungsprüfungen wird der Angriff des Metalls festgestellt, wobei einer Rostbildung der an der Luft befindlichen Stahlteile keine Bedeutung zuzuschreiben ist.

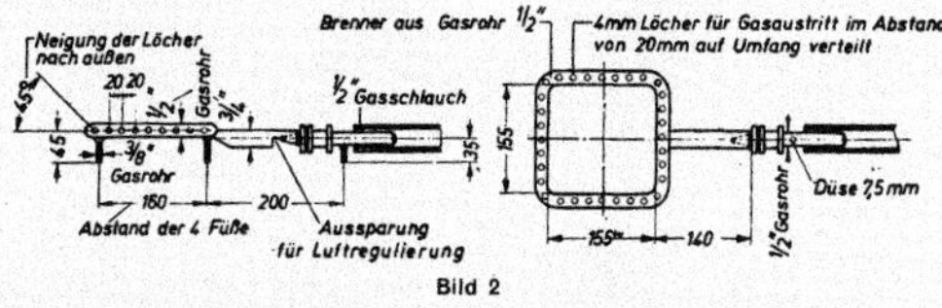

Bild 2

B. Prüfung zum Nachweis der Eigenschaften „feuerhemmend", „feuerbeständig" und „hochfeuerbeständig"

I. Allgemeines

Für Bauteile, die nicht ohne besonderen Nachweis als feuerhemmend, feuerbeständig oder hochfeuerbeständig nach DIN 4102 Blatt 2 — Widerstandsfähigkeit von Baustoffen und Bauteilen gegen Feuer und Wärme, Einreihung in die Begriffe — gelten, kann der Nachweis der geforderten Eigenschaften durch die nachstehenden Brandversuche erbracht werden.

1. Art der Feuerung

Gebrannt wird mit Holz, Gas oder Öl.

2. Temperaturen im Brandraum

Die Temperatur im Brandraum soll nach der Einheitstemperaturkurve ansteigen (siehe Bild 3).
Dabei sind anfangs 8 %, später 5 % Temperaturabweichung von der mittleren Temperaturkurve zulässig.

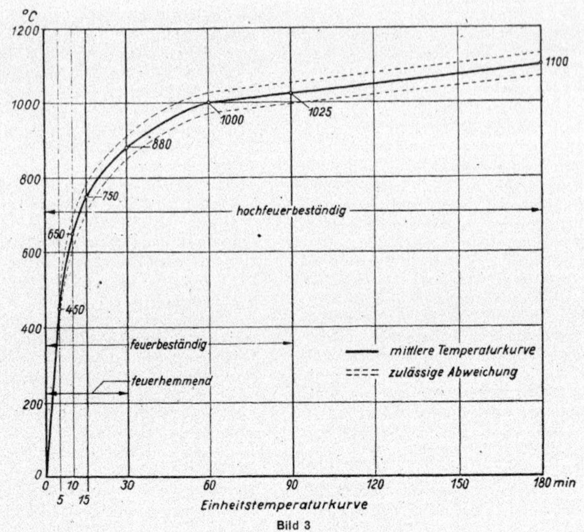

Bild 3

3. Temperaturmessungen

Im Brandraum ist die Temperatur an mindestens drei Stellen im Abstand von 10 cm vom Probekörper zu messen und hieraus das Mittel zu bestimmen. An der dem Feuer abgekehrten Seite des Versuchskörpers sind mindestens 3 Meßstellen annähernd gleichmäßig über die Oberfläche zu verteilen. Gemessen wird mit Thermoelementen.

Um das Einwirken der Außenluft zu vermeiden, ist in abgeschlossenen Räumen zu prüfen. Bei Beginn des Versuchs soll die Temperatur in der Umgebung des Probekörpers nicht unter + 5° und nicht über + 25° sein.

4. Größe der Versuchskörper

Die Versuchskörper müssen der beabsichtigten Ausführung entsprechen und in möglichst großen Abmessungen geprüft werden, z. B.

a) tragende Wände und Zwischenwände in einer Fläche von etwa 2 m × 2 m,

b) Decken und Dächer in einer Fläche von mindestens 2 m^2,

c) Unterzüge und Balken in einer Länge von mindestens 3 m,

d) Stützen und Pfeiler in einer Höhe von mindestens 3 m,

e) Leichtbauplatten u. dgl. in einer Fläche von mindestens 1 m × 2 m,

f) Treppen, Mindestlänge des Laufes 3 m,

g) Türen und Klappen in beabsichtigter Größe,

h) Schornsteine in etwa 4,5 m Höhe,

i) Verglasungen in der für den Einbau beabsichtigten Größe.

5. Belastungen während des Brandversuchs

Alle tragenden Bauteile sind unter der rechnerisch zulässigen Last zu prüfen.

II. Prüfverfahren

1. Prüfung zum Nachweis der Eigenschaft „feuerhemmend"

Bauteile und Bekleidungen werden in der Art der praktischen Anwendung (Bekleidungen waagerecht und lotrecht mit einem Holzstiel hinter der Mitte, Scheidewände beiderseitig geputzt) in den Brandraum eingebaut. Bei Türen wird vor dem Brandversuch durch Abbrennen von Nebelmasse bei geschlossenem Rauchabzug geprüft, ob die Tür rauchdicht schließt. Geputzte Bauteile und Bauteile aus Mauerwerk oder Beton müssen beim Brandversuch mindestens 3 Monate alt sein. Die Prüfkörper sind 1/2 Stunde lang den Temperaturen nach Bild 3 auszusetzen.

Während des Brandversuchs ist der Temperaturverlauf in und an den Prüfkörpern besonders an Stahlbauteilen und Bewehrung von Eisenbetonteilen, bei belasteten Bauteilen auch die Formänderung (z. B. Durchbiegung) zu messen. Ferner sind das Auftreten und der Verlauf von Rissen u. dgl. festzustellen.

2. Prüfung zum Nachweis der Eigenschaft „feuerbeständig"

Die Prüfkörper sind 1 1/2 Stunden lang den Temperaturen nach Bild 3 und unmittelbar anschließend 3 Minuten lang einem Wasserstrahl von mindestens 2 kg/cm^2 Druck aus etwa 3 m Entfernung auszusetzen. Der Durchmesser des Mundstücks beträgt 12 mm.

3. Prüfung zum Nachweis der Eigenschaft „hochfeuerbeständig"

Zu prüfen ist in gleicher Weise wie beim Nachweis der feuerbeständigen Eigenschaften, jedoch mit einer Prüfdauer von 3 Stunden.

3

C. Sonderprüfung von Bauteilen (Schornsteinen, Dacheindeckungen aus Dachpappe, Verglasungen)

I. Allgemeines

Da Schornsteine und Dachpappen nicht nach dem Prüfverfahren für Bauteile unter B I geprüft werden können und auch für die Prüfung von Verglasungen andere Bedingungen gegeben sind, sind diese Bauteile nach den folgenden Verfahren zu prüfen.

II. Prüfverfahren

1. Schornsteine

a) Prüfkörper

Für die Prüfung sind 2 freistehende Einzelschornsteine zu errichten.

Der Schornstein soll etwa 4,5 m hoch sein (siehe Bilder 4 und 5); bei Schornsteinen aus Formstücken müssen mindestens 3 Stöße vorhanden sein.

Für die Einführung der Heizgase ist etwa 1 m über dem Fußboden eine Öffnung in dem Schornstein vorzusehen (siehe Bilder 4 und 5).

Die Prüfung ist nach Ausführung des Brand- und Kehrversuchs mit Probekörpern zu wiederholen, die aus dem Schornstein entnommen sind. Die Tragfähigkeit darf dabei um 1/4 geringer sein als vor dem Brandversuch.

β) Innendruckprüfung

Der Schornstein wird oben und an den Rauchöffnungen in geeigneter Weise abgedichtet. In den Schornstein werden in 1 Sekunde auf 1 m^3 Schornsteininhalt 70 *l* Luft eingeblasen. Der dabei erreichte Druck in mm WS wird festgestellt. Der Überdruck muß mindestens 4 mm WS betragen. Der Versuch ist je einmal vor dem Brandversuch und nach dem Kehrversuch auszuführen.

Zur Kenntlichmachung etwaiger Undichtheiten werden im Schornstein 100 g Nebelmasse oder Schwelmischung (Versuchsanordnung siehe Bild 5) verwendet.

γ) Brandversuch

Art der Heizung

Geheizt wird in der Regel durch einen vorgesetzten Ofen mit Steinkohlenfeuerung; Zusatz von Gas oder

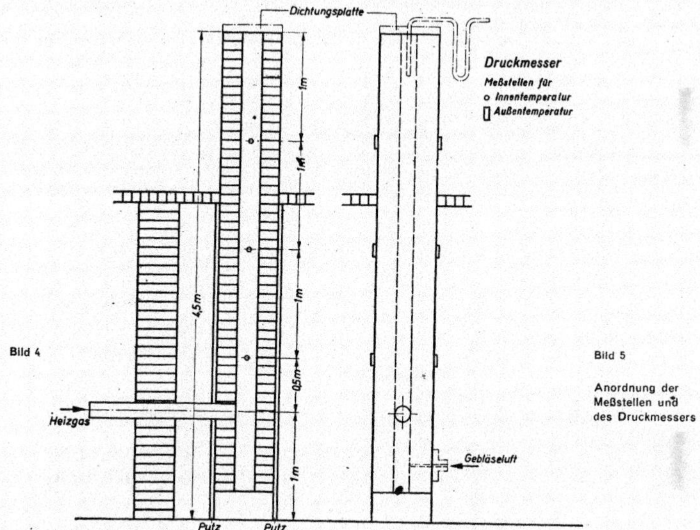

Bild 4

Bild 5

Anordnung der Meßstellen und des Druckmessers

Schornsteine sind mit Kalkzementmörtel 1 + 2 + 8 (DIN 1053) hochzuführen und, falls ein Putz (1 Rtl. Kalk + 4 Rtl. Sand) an der Außenwand vorgesehen ist, bis unter Dach zu verputzen. Über Dach bleiben die Außenflächen unverputzt.

b) Behandlung der Prüfkörper

Gemauerte Schornsteine sollen frühestens 3 Monate nach der Fertigstellung, solche aus Formstücken mit Kitt als Fugenverstrich frühestens nach der vom Antragsteller angegebenen Erhärtungszeit geprüft werden.

c) Ausführung der Prüfung

α) Wegen der Prüfung auf Druckfestigkeit und Mauerwerkstragfähigkeit vgl. DIN 4110.

Öl zur leichteren Einhaltung der Temperatur ist zulässig. Soll ausschließlich mit Gas oder Öl geheizt werden, so müssen die Bildung von Stichflammen und ihr Aufprallen auf die Schornsteininnenwand vermieden werden.

Heizdauer

Geheizt wird an zwei aufeinanderfolgenden Tagen je 6 Stunden.

Temperaturverlauf

Die Temperatur im Schornstein, an der untersten Stelle gemessen, soll am ersten Tage möglichst nach der Heizkurve (Bild 6) und am zweiten Tage

Anhang 4 – DDR-Standard Bautechnischer Brandschutz: TGL 10685, Blätter 1 bis 3

Inhalt

TGL 10685, Blatt 1: Dezember 1963	Begriffe
TGL 10685, Blatt 2: Mai 1964	Feuerwiderstand von Bauwerken und Baukonstruktionen
TGL 10685, Blatt 3: Dezember 1963	Brandschutzkonstruktionen in Bauwerken

Erläuterungen

Für die Beurteilung von bestehenden Bauteilen der 1960er und 70er Jahre ist es von Bedeutung, neben den jeweils zur Errichtungszeit gültig gewesenen Regelungen der DIN 4102 auch die ersten Bestimmungen der TGL 10685 sowohl zum Feuerwiderstand von Bauwerken und Baukonstruktionen als auch für Brandschutzkonstruktionen in Bauwerken einzusehen. Damit ist es möglich, für dort beschriebene Bauteile anhand der zur Errichtungszeit gültigen Vorgaben eine sichere Bestandsbeurteilung vorzunehmen, z. B. im Sinne des § 81 BauO Bln. Das zumal vor dem Hintergrund, dass die Einheitstemperaturzeitkurve in beiden deutschen Staaten als Grundlage für die Prüfungen des Feuerwiderstandes nahezu identisch vereinbart war.

Dem Abdruck wird eine kurze einführende Kommentierung vorangestellt.

Im Teil 1 erfolgt die Definition der im ersten Standard der TGL 10685 verwendeten Termini.

Der Teil 2 umfasst zunächst die Einteilung von Baustoffen und Baukonstruktionen in Brennbarkeitsgruppen, im Hauptteil die Feuerwiderstände von ausgewählten Baukonstruktionen von allen tragenden Bauteilen wie Wänden, Stützen, Pfeilern, Unterzügen und Decken, über Bekleidungen wie Putz bis hin zu Türen, Fenstern, Treppen und Estrichen. Die Einstufung erfolgte tabellarisch, geordnet nach dem Feuerwiderstand in Stunden und in Abhängigkeit vom jeweiligen konstruktiven Aufbau bzw. der Dicke. Abschließend wurde im Teil 2 die Einteilung von Bauwerken in sechs Feuerwiderstandsklassen vorgenommen und den tragenden und aussteifenden, raumabschließenden und nichttragenden Bauteilen sowie Brandwänden der Bauwerke erforderliche Feuerwiderstände zugeordnet; vergleichbar mit den heutigen bauordnungsrechtlichen Anforderungen an Gebäude einer jeweiligen Gebäudeklasse.

Der Teil 3 bezieht sich auf detaillierte Anforderungen an bestimmte wesentliche Brandschutzkonstruktionen. Das betrifft Brandwände, Branddecken, Brandtrennwände, Brandschleusen und Sicherheitsschleusen, für die z. T. mit unterstützender zeichnerischer Darstellung die in brandschutztechnischer Hinsicht zusätzlichen Anforderungen beschrieben wurden.

Die Blätter 1 bis 3 können als Nachschlagewerke der zur jeweiligen Errichtungszeit gültigen Vorschriften zum Abgleich mit den heutigen bauordnungsrechtlichen Anforderungen und zum Nachweis der ggf. erfüllten oder nicht erfüllten Anforderungen zur Errichtungszeit genutzt werden.

DK 699.81.001.11 **DDR-Standard** Dezember 1963

Deutsche Demokratische Republik	Bautechnischer Brandschutz Begriffe	☆ TGL 10 685 Blatt 1 Gruppe 027/700

Противопожарные нормы строительного проектирования Понятия	Provisions of Constructural Fire Protection Terms

Verbindlich ab 1. 10. 1964

Feuerwiderstand (fw) = Geforderte Widerstandsfähigkeit von Bauteilen gegen Feuer und Wärme für eine bestimmte Zeit in Stunden.
Während dieser Zeit müssen die Bauteile unter der rechnerischen zulässigen Last ihre Standfestigkeit beibehalten und als raumabschließende Bauteile eine Brandübertragung verhindern.

Feuerwiderstandsklasse (FWKL) = Einordnung der Bauwerke nach der Dauer des Feuerwiderstandes ihrer Bauteile.

Brandgefahrenklasse (BGKL) = Einordnung der Bauwerke nach der Menge und nach den chemischen und physikalischen Eigenschaften der in ihnen hergestellten, verarbeiteten oder gelagerten Stoffe.

Brennbarkeitsgruppe = Einordnung der Baustoffe nach dem Grad ihrer Brennbarkeit in nichtbrennbare, schwerbrennbare und brennbare.

Brandabschnitt = Bauwerk oder Teil eines Bauwerkes, das gegen das Übergreifen eines Brandes auf angrenzende Bauwerke oder Bauwerksteile durch Brandwände und/oder Branddecken begrenzt ist.

Brandbelastung = Produkt aus der Masse der brennbaren Stoffe je m^2 in kg und dem Heizwert der Stoffe in kcal/kg
z. B. 100 kg Holz je 1 m^2 mit einem Heizwert von 4000 kcal/kg = 400 000 kcal/m^2 Brandbelastung.

Brandschutzkonstruktion = Bautechnische Konstruktion aus nichtbrennbaren Baustoffen, die entsprechend der Brandbelastung des Bauwerkes oder Raumes so ausgebildet ist, daß sie das Übergreifen eines Feuers für eine bestimmte Zeit (Branddauer) verhindert.

Brandwand = Brandschutzkonstruktion, die das Übergreifen eines Feuers auf einen nicht vom Feuer erfaßten Brandabschnitt in horizontaler Richtung für eine vorgeschriebene Zeit verhindert.

Branddecke = Brandschutzkonstruktion, die das Übergreifen eines Feuers auf einen nicht vom Feuer erfaßten Brandabschnitt in vertikaler Richtung für eine vorgeschriebene Zeit verhindert.

Brandtrennwand = Brandschutzkonstruktion, die das Übergreifen eines Feuers auf einen nicht vom Feuer erfaßten Teil eines Brandabschnittes in horizontaler Richtung für eine vorgeschriebene Zeit verhindert.

Brandschotte = Brandschutzkonstruktion zur Unterteilung nicht begehbarer, aus brennbaren Baustoffen bestehender Dachböden in einzelne Abschnitte, die das Übergreifen eines Feuers auf einen nicht vom Feuer erfaßten Dachbodenteil in horizontaler Richtung verzögert.

Brandschleuse = Durch Brandschutzkonstruktionen begrenzter Raum in Brandwänden oder Brandtrennwänden, der das Übergreifen von Feuer und das Eindringen von Rauch in einen vom Feuer nicht erfaßten Bauwerksteil in horizontaler Richtung verhindert und durch Brandschutztüren den Zutritt zu diesem Bauwerksteil ermöglicht.

Fortsetzung Seite 2 und 3

Zuständiger Fachbereich: 110, Baupolitik, Baurecht.
Bestätigt: 9. 12. 1963, Amt für Standardisierung, Berlin

Seite 2 TGL 10685 Blatt 1

Brandschutztür	= Selbsttätig schließende Tür, z. B. in einer Brandwand, Brandtrennwand sowie als Abschluß von Brand- und Sicherheitsschleusen die infolge ihrer Konstruktion und der verwendeten Baustoffe das Übergreifen eines Feuers auf einen nicht vom Feuer erfaßten Bauwerksteil für eine vorgeschriebene Zeit verhindert.
Brandverschluß	= Verschluß einer Öffnung, ausgenommen Türöffnungen, in einer Brandschutzkonstruktion, der das Übergreifen eines Feuers auf einen nicht vom Feuer erfaßten Bauwerksteil für eine vorgeschriebene Zeit verhindert.
Rauchabzug	= Vorrichtung in Decken und Wänden zur Ableitung der bei Bränden auftretenden Rauchgase.
Evakuierungsweg	= Rückzugsweg innerhalb von Bauwerken, der das ungehinderte Verlassen der Bauwerke ermöglicht.
Evakuierungsausgang	= Notwendiger, direkt ins Freie oder auf einen Evakuierungsweg führender Ausgang.
Feuerleiter	= Fest mit dem Bauwerk verbundene Steigleiter, die zur Evakuierung von Menschen und als Angriffsweg für die Feuerwehr dient.
Notwendige Treppe	= Treppe zur Sicherung des Evakuierungsweges aus Räumen,
	= Treppe, Leitertreppe oder Steigleiter zur Sicherung des Evakuierungsweges von Lauf- und Arbeitsbühnen.
Sicherheitstreppe	= Notwendige Treppe, die nur über Balkone, offene Laubengänge oder Sicherheitsschleusen erreichbar ist,
Sicherheitsschleuse	= Im Evakuierungsweg liegender, durch Brandschutzkonstruktionen begrenzter Raum mit Brandschutztüren, der das Übergreifen von Feuer verzögert und das Eindringen von Rauch in einen vom Feuer nicht erfaßten Teil des Evakuierungsweges in horizontaler Richtung für eine vorgeschriebene Zeit verhindert.
Notausstieg	= Zur Evakuierung zusätzlich angeordneter Ausstieg (Fenster oder Luke), der das Verlassen von Bauwerken im Gefahrenfalle, z. B. über Leitertreppen, Steigleitern oder Dächer, ermöglicht.
Feuerlöscheinrichtung	= Stationäre Anlage oder Einrichtung in Bauwerken oder im Freien, die der Brandbekämpfung dient.
Löschwasserversorgung	= Bereitstellung des zur Brandbekämpfung erforderlichen Wassers.
Löschwasserentnahmestelle	= Stelle, an der mit Pumpen oder anderen Geräten Löschwasser entnommen werden kann.
Löschwasserleitung	= Rohrleitung für Feuerlöschzwecke.
Feuerlöschpumpe	= Arbeitsmaschine zur Entnahme von Wasser aus offenen Gewässern oder Hydranten und zur Weiterleitung des Wassers unter regelbarer Druckerhöhung.
Trag-Kraft-Spritze	= Tragbarer Maschinensatz, bei dem eine Arbeitsmaschine (Feuerlöschpumpe) durch eine Kraftmaschine angetrieben wird.

TGL 10685 Blatt 1 Seite 3

Hinweise:

Entstanden unter Berücksichtigung der auf der 10. Plenartagung der Ständigen Kommission Bauwesen im RGW im November 1962 unter Punkt 2.34 des Protokolls bestätigten „Brandschutzvorschriften für die bautechnische Projektierung, Grundlagen".

Gegenüber dem Beschluß des RGW wurden zusätzlich aufgenommen:

Brandgefahrenklasse (BGKL)
Brandabschnitt
Brandbelastung
Brandschotte
Rauchabzug
Feuerleiter
Sicherheitstreppe
Sicherheitsschleuse
Notausstieg
Feuerlöscheinrichtung.

Bautechnischer Brandschutz, Feuerwiderstand von Bauwerken und Baukonstruktionen, siehe TGL 10685 Bl. 2
–, Brandschutzkonstruktionen in Bauwerken, siehe TGL 10685 Bl. 3
–, Evakuierung der Bauwerke von Menschen, siehe TGL 10685 Bl. 4
–, Löschwasserversorgung, siehe TGL 10685 Bl. 5
–, Brandgefahrenklassen, Brandabschnittsgrößen, Bauwerksabstände für Industrie- und Lagerbauten, siehe TGL 10685 Bl. 6
–, Holzbaracken, siehe TGL 10685 Bl. 7.

Es ist vorgesehen, diesen Komplex durch folgende Blätter zu ergänzen:

Bautechnischer Brandschutz, Landwirtschaftliche Bauten TGL 10685 Bl. 8
–, Wohn- und Gesellschaftliche Bauten TGL 10685 Bl. 9
–, Rauchabzüge TGL 10685 Bl. 10
–, Anforderung an Feuerungs- und Lüftungsanlagen TGL 10685 Bl. 11
–, Brandschutztüren TGL 10685 Bl. 12
–, Prüfbestimmungen für Baustoffe und Bauteile TGL 10685 Bl. 13

DK 699.81

DDR-Standard

Mai 1964

Bautechnischer Brandschutz
Feuerwiderstand von Bauwerken und Baukonstruktionen

☆ TGL 10 685
Blatt 2

Gruppe 027/700

Противопожарные нормы строительного проектирования
Огнестойкость зданий и сооружений и строительных конструкций

Provisions of Constructural Fire Protection
Fire Resistance of Buildings and Constructions

Verbindlich ab 1. 10. 1964

Dieser Standard gilt für die Projektierung von Bauwerken und Anlagen aller Art in Verbindung mit den in den Projektierungsvorschriften einzelner Bauwerksarten enthaltenen zusätzlichen brandschutztechnischen Forderungen. **Er gilt nicht** für die Projektierung unterirdischer Anlagen, wie Schächte und Stollen sowie spezieller Bauwerke und Anlagen, wie Hangars, Tankanlagen und nicht für Bauwerke mit einer Nutzungsdauer unter fünf Jahren, ausgenommen Holzbaracken.
Bei Rekonstruktionen bestehender Bauwerke und Anlagen dürfen im Einvernehmen mit den örtlich zuständigen zentralen Brandschutzorganen abweichende Regelungen getroffen werden.

Inhaltsverzeichnis

Maße in mm

1. Brennbarkeitsgruppen der Baustoffe und Baukonstruktionen

Baustoffe und Baukonstruktionen werden entsprechend dem Grad ihrer Brennbarkeit in drei Gruppen nach Tabelle 1 unterteilt:

Tabelle 1 Brennbarkeitsgruppen

Brennbarkeitsgruppe	Brennbarkeit der Baustoffe bei Einwirkung von Feuer oder hohen Temperaturen	Brennbarkeit der Baukonstruktionen bei Einwirkung von Feuer oder hohen Temperaturen
Nichtbrennbar (nbr)	Entflammen, glimmen und verkohlen nicht	aus nichtbrennbaren Baustoffen hergestellt
Schwerbrennbar (sbr)	Setzen dem Entflammen, Glimmen oder Verkohlen Widerstand entgegen, brennen nur bei Vorhandensein der Feuerquelle weiter und hören nach deren Beseitigung auf zu brennen oder zu glimmen	aus schwerbrennbaren Baustoffen oder aus brennbaren Baustoffen hergestellt, die durch Putz oder Verblendung aus nichtbrennbaren Baustoffen geschützt sind
Brennbar (br)	Entflammen, glimmen und brennen auch nach Beseitigung der Feuerquelle weiter	aus brennbaren Baustoffen hergestellt, die nicht vor Feuer oder hoher Temperatur geschützt sind

Für Baustoffe, die in Abschnitt 1.1. bis 1.3. nicht genannt sind, ist der Nachweis der Brennbarkeitsgruppe durch Brandversuche zu erbringen.

1.1. Nichtbrennbare Baustoffe
Alle natürlichen oder künstlichen anorganischen Stoffe, z. B. Sand, Lehm, Kies, Hochofenschlacke, Schlacken- und Hüttenbims, natürliche und künstliche Steine, Mörtel und Betone, ausgenommen Betone mit brennbaren Komponenten, wie Asphaltbeton.
Glas, Asbest, Schlackenwolle, Glaswolle, Steinwolle sowie die im Bau verwendeten Metalle.

Zuständiger Fachbereich: 110, Baupolitik, Baurecht

Fortsetzung Seite 2 bis 10

Bestätigt: 25. 5. 1964, Amt für Standardisierung, Berlin

Seite 2 TGL 10685 Blatt 2

1.2. Schwerbrennbare Baustoffe
Stoffe, die aus nichtbrennbaren und brennbaren Komponenten bestehen, z. B. Asphaltbeton, Gips- und Betonelemente mit organischen Füllstoffen, Lehm-Stroh-Gemische mit einer Rohdichte von höchstens 0,9 t/m³, mineralisch gebundene Holzwolle-Leichtbauplatten, Holz, das einer Imprägnierung mit Feuerschutzmitteln unterzogen wurde, mit Lehmmörtel getränkter Filz, ungeschützte, mindestens 19 mm dicke Spanplatten mit einer Rohdichte von mindestens 0,57 t/m³.

1.3. Brennbare Baustoffe
Alle organischen Stoffe, die keiner Imprägnierung mit Feuerschutzmitteln unterzogen wurden.

2. Feuerwiderstand (fw) der Baukonstruktionen

2.1. Für Konstruktionen und Ausführungen von Bauteilen, die im Abschnitt 2. nicht genannt sind, ist deren Feuerwiderstand durch Brandversuche nachzuweisen.
Für Bauteile mit höchstens fw 0,5 dürfen brennbare oder schwerbrennbare Baustoffe verwendet werden.
Bauteile mit mehr als fw 0,5 müssen aus nichtbrennbaren Baustoffen bestehen.

2.1.1. Brennbare Bekleidungen, die an Baukonstruktionen vorgesetzt oder untergehängt sind, verändern deren Feuerwiderstand nicht.
Werden brennbare Baukonstruktionen durch Platten aus nichtbrennbaren Stoffen geschützt, so sind die Fugen zwischen den Platten mit Mörtel oder mit anderer geeigneter nichtbrennbarer Fugenausfüllung zu schließen.
Nichtbrennbare Baukonstruktionen oder Bekleidungen, die an Baukonstruktionen vorgesetzt oder untergehängt sind und diese voll abdecken, erhöhen den Feuerwiderstand.

2.2. Einordnung der Baukonstruktionen nach ihrem Feuerwiderstand (fw) in Stunden.

Tabelle 2

fw 0,25

Baukonstruktion		Brandschutztechnische Forderungen	
Benennung	Baustoff	Ausführung	Mindestdicke ohne Putz mm
Spannbeton-Konstruktionen[1])		mit 10 mm Betondeckung der vorgespannten Bewehrung	–
Decken	Stahl, Holz	–	–
Unterzüge	Stahl, Holz	–	–
Pfeiler, Stützen	Stahl	Einzelquerschnitte mindestens 100 cm²	–
Türen	Stahl	Stahlhohltür aus versteiftem, mindestens 1,5 mm dickem Stahlblech	35
Türen	Holz	Türblatt fugendicht und ohne Glasfüllung	20

Tabelle 3

fw 0,5

Baukonstruktion		Brandschutztechnische Forderungen	
Benennung	Baustoff	Ausführung	Mindestdicke ohne Putz mm
Bekleidungen	Putz	Putz 15 mm dick aus MG I nach TGL 0–1053 Rohr- oder Holzstabgewebe als Putzträger müssen bei Wandputz waagerecht liegen	–
	Gips- oder Anhydritplatten[2])	–	25
Spannbeton-Konstruktionen[1])		Putz nach Tabelle 3 auf den dem Feuer ausgesetzten Flächen oder 20 mm Betondeckung der vorgespannten Bewehrung	–
Wände[3])	Mauervollziegel	vollfugig gemauert	70
	Langlochziegel	vollfugig gemauert	70
	Beton	mindestens B 80	70
	Leichtbeton	mindestens B 50	50
	Gipsplatten	–	50
	Stahl	mit beiderseitigem Putz nach Tabelle 3	–
	Holz	mit beiderseitigem Putz nach Tabelle 3	–
	nichtbrennbare Wandplatten	fugendicht versetzt	40

Fortsetzung der Tabelle Seite 3

[1]) Bei vorgespannter Bewehrung aus hochfestem kaltgezogenen Draht verringert sich der Feuerwiderstand um die Hälfte
[2]) Porengips und Porenanhydrit unzulässig
[3]) Öffnungen bleiben unberücksichtigt

TGL 10685 Blatt 2 Seite 3

Baukonstruktion		Brandschutztechnische Forderungen	
Benennung	Baustoff	Ausführung	Mindestdicke ohne Putz mm
Geschoß- und Dachdecken	Mauervollziegel	wie Wände nach Tabelle 3	
	Beton		
	Leichtbeton		
	Deckenziegel	Stahlsteindecke	90
	Stahlbeton	Plattendecke mindestens B 120	60
		Fertigteile	80
		Rippendecke ohne Füllkörper mit 20 mm Betondeckung der Bewehrung	190
		Fertigteildecken ohne Druckplatte	190
		Stahlbetonrippendecke	190
		Kassettenplattendecke Spiegeldicke mindestens 30 mm Rippendicke mindestens 40 mm	–
Dachtragwerk	Stahl	–	–
	Stahlbeton	–	–
Pfeiler, Stützen	Stahl	Bekleidung[4]) nach Tabelle 3 oder ungeschützt mit mindestens 400 cm² Einzelquerschnitt	–
	Holz	Bekleidung nach Tabelle 3	
	Mauervollziegel	vollfugig gemauert	–
	Beton	–	
Balken, Unterzüge	Stahlbeton	200 mm hoch mit Putz 15 mm dick aus MG II nach TGL 0–1053	–
	Stahl	Profile voll ausgemauert oder ausbetoniert	–
Treppen	Mauervollziegel	–	115
	Beton	–	50
	Stahlbeton		
	Eichenholz	–	40
	Stahl	unterseitige Bekleidung nach Tabelle 3	
	Holz, außer Eiche		
	Naturstein		
Estriche	Beton	–	25
	Gips		
	Anhydrit		
	Steinholz		
	Lehm		50
Türen	Eichenholz	mit Nut und Feder	40
	Spanplatten, Rohdichte mindestens 0,57 t/m³	mit Nut und Feder und 50 mm breitem verleimten Eichenholzrahmen des Türflügels; Türen selbsttätig zufallend, Rahmen und Schwelle nichtbrennbar, Falztiefe des Rahmens 30 mm, der Schwelle 10 mm	40
Verglasung	Drahtglas	bis 0,5 m² Fläche in Beton- oder Stahlbetonrahmen mit Stahlstiften, -klammern oder -keilklemmen befestigt	6

[4]) Dicke der Ummantelung an der dünnsten Stelle gemessen.

667.3/6

Seite 4 TGL 10685 Blatt 2

Tabelle 4 **fw 0,75**

Baukonstruktion		Brandschutztechnische Forderungen		
Benennung	Baustoff	Ausführung		Mindestdicke ohne Putz mm
Spannbeton-Konstruktionen[1])		25 mm Betondeckung der vorgespannten Bewehrung und 15 mm dicker Putz aus MG II nach TGL 0–1053		70
Wände[3])	Mauervollziegel	vollfugig gemauert mit beiderseitigem Putz nach Tabelle 3		70
	Beton	ohne Hohlräume, mindestens B 80		80
	Leichtbeton	ohne Hohlräume, mindestens B 50		60
Türen	Stahl	Feuerschutztüren aus Stahl nach TGL 8020[7])		–
Geschoß- und Dachdecken	Mauervollziegel	wie Wände nach Tabelle 4		
	Beton			
	Leichtbeton[6])			
	Stahlbeton	Plattendecke oder durchlaufender Balken	20 mm Betondeckung der Bewehrung	70
		Fertigteile, frei aufliegende Balken, Unterzüge	25 mm Betondeckung der Bewehrung	–
		Rippendecke ohne Füllkörper mit 25 mm Betondeckung der Bewehrung		190
		Rippendecke		220

Tabelle 5 **fw 1,0**

Baukonstruktion		Brandschutztechnische Forderungen		
Benennung	Baustoff	Ausführung		Mindestdicke ohne Putz mm
Bekleidungen	Putz	Putz 15 mm dick aus MG II auf Vorwurf aus MG III[*]) nach TGL 0–1053, mit nichtbrennbarem Putzträger, wie Drahtgewebe, Rippenstreckmetall		–
	Platten wie Tabelle 3	–		30
	Platten aus Leichtbeton	–		40
Spannbeton-Konstruktionen[1])		25 mm Betondeckung der vorgespannten Bewehrung und 15 mm dicker Putz aus MG II nach TGL 0–1053		70
Wände[3])	Mauervollziegel	vollfugig gemauert mit beiderseitigem Putz nach Tabelle 3		70
	Stahlbeton	ohne Hohlräume, mindestens B 120		70
	Beton	ohne Hohlräume, mindestens B 80		80
	Leichtbeton[6])	ohne Hohlräume, mindestens B 50		60
Geschoß- und Dachdecken	Mauervollziegel	wie Wände nach Tabelle 5		
	Beton			
	Leichtbeton			
	Stahlbeton	Plattendecke oder durchlaufender Balken	20 mm Betondeckung der Bewehrung	70

Fortsetzung der Tabelle Seite 5

[1]) Siehe Seite 2
[3]) Siehe Seite 2
[*]) Bei mechanischem Putzen darf nur Erhöhung der Plastizität des Putzes aus MG III Kalkhydrat bis zu 20 Masseprozent zugesetzt werden.
[6]) In Brandschutzkonstruktionen muß die Rohdichte von Leichtbeton mindestens 1,2 t/m³ betragen.
[7]) Feuerschutztüren mit fw 0,5 sind bis zur Herstellung von Brandschutztüren mit fw 0,75 und ihrer Berücksichtigung in der zur Überarbeitung vorgesehenen TGL 8020 zugelassen.

TGL 10685 Blatt 2 Seite 5

Baukonstruktion		Brandschutztechnische Forderungen	
Benennung	Baustoff	Ausführung	Mindestdicke ohne Putz mm
Geschoß-und Dachdecken	Stahlbeton	Fertigteile, frei aufliegende Balken, Unterzüge — 30 mm Betondeckung der Bewehrung	–
		Rippendecke	220
		Rippendecke über mehrere Stützen durchlaufend	
		Rippendecke ohne Füllkörper mit 80 mm dicken Platten	190
		Fertigteildecken mit 50 mm dickem Aufbeton und Putz nach Tabelle 5	
Dachtragwerke	Stahlbeton	mindestens B 120	–
	Stahl	Bekleidung nach Tabelle 5	
Pfeiler, Stützen	Mauervollziegel	vollfugig gemauert	200 x 200
	Stahlbeton	–	
	Stahl	Bekleidung aus 30 mm dicken Gipsplatten²) oder 40 mm dicken Leichtbetonplatten, Rohdichte 1,2 bis 1,6 t/m³	–
Treppen	Mauervollziegel	vollfugig gemauert	115
	Beton	wie Wände nach Tabelle 5	
	Stahlbeton		
Estriche	Beton	–	30

Tabelle 6

fw 1,5

Baukonstruktion		Brandschutztechnische Forderungen	
Benennung	Baustoff	Ausführung	Mindestdicke ohne Putz mm
Spannbeton-Konstruktionen¹)		25 mm Betondeckung der vorgespannten Bewehrung und untergehängte Drahtputzdecke oder mindestens 30 mm dicker Putz aus MG II nach TGL 0–1053	90
		50 mm Betondeckung der vorgespannten Bewehrung mit zusätzlicher schlaffer Bewehrung, die 10 mm Betondeckung haben muß	–
Wände³)	Mauervollziegel	vollfugig gemauert mit MG II nach TGL 0–1053	115
	Hochlochziegel		
	Hohlblocksteine	vollfugig gemauert mit MG II nach TGL 0–1053	175
	Leichtbeton⁶)	ohne Hohlräume, mindestens B 80	100
	Beton	ohne Hohlräume, mindestens B 120	120
	Stahlbeton	ohne Hohlräume, mindestens B 120	100
	Stahlbetonhohldielen	mit beiderseitigem 15 mm dicken Putz aus MG II nach TGL 0–1053	60

Fortsetzung der Tabelle Seite 6

¹) Siehe Seite 2
²) Siehe Seite 2
³) Siehe Seite 2
⁶) Siehe Seite 4

667.3/7

Seite 8 TGL 10685 Blatt 2

Tabelle 7 **fw 2,0**

Baukonstruktion		Brandschutztechnische Forderungen	
Benennung	Baustoff	Ausführung	Mindestdicke ohne Putz mm
Spannbeton-Konstruktion [1])		mit 70 mm Betondeckung der vorgespannten Bewehrung mit zusätzlicher schlaffer Bewehrung, die mindestens 10 mm Betondeckung haben muß	–
Wände [3])	Mauervollziegel	vollfugig gemauert aus MG II nach TGL 0–1053	175
	Beton	ohne Hohlräume, mindestens B 160	150
	Stahlbeton	ohne Hohlräume, mindestens B 225	120
	Leichtbeton [6])	ohne Hohlräume, mindestens B 120	120
Stützen, Pfeiler	Mauervollziegel	vollfugig gemauert mit Mörtel MG II nach TGL 0–1053	320 x 320
	Stahlbeton	ohne Hohlräume, mindestens B 225	300 x 300
	Stahl	mit Kernausfüllung, allseitig mit Beton, Leichtbeton [6]), Ziegeln, zementgebundenen Steinen oder Gipsplatten, mindestens 65 mm dick [4]) bekleidet. Die Bekleidung muß durch Bügel oder Drahtgewebe gegen Herabfallen gesichert sein.	–

Tabelle 8 **fw 2,5**

Baukonstruktion		Brandschutztechnische Forderungen	
Benennung	Baustoff	Ausführung	Mindestdicke ohne Putz mm
Wände [3])	Mauervollziegel	vollfugig gemauert mit MG II nach TGL 0–1053	190
	Stahlbeton	Beton B 225 ohne Hohlräume	150
	Leichtbeton [6])	mindestens B 120	150
Stützen, Pfeiler	Mauervollziegel Hochlochziegel	vollfugig gemauert mit MG II nach TGL 0–1053	350 x 350
	Stahlbeton	B 225 mit 20 mm dickem Putz aus MG II auf Vorwurf aus MG III *) nach TGL 0–1053	350 x 350
	Stahl	Profile ausbetoniert oder ausgemauert und allseitig mit Ziegeln mindestens 75 mm dick bekleidet und mit 20 mm dickem Putz aus MG II auf Vorwurf aus MG III *) nach TGL 0–1053 auf Drahtgewebe	–

[1]) Siehe Seite 2
[3]) Siehe Seite 3
[4]) Siehe Seite 3
*) Siehe Seite 4
[6]) Siehe Seite 4

TGL 10685 Blatt 2 Seite 9

Tabelle 9 **fw 3,0**

Baukonstruktion		Brandschutztechnische Forderungen	
Benennung	Baustoff	Ausführung	Mindestdicke ohne Dicke mm
Wände[3])	Mauervollziegel	vollfugig gemauert mit beiderseitigem Putz nach Tabelle 5	190
	Hochlochziegel		
	Beton	ohne Hohlräume, mindestens B 160	175
	Leichtbeton[6])		
	Stahlbeton	ohne Hohlräume, mindestens B 225	190
Pfeiler, Stützen	Mauervollziegel	vollfugig gemauert mit MG II nach TGL 0–1053	360 x 360
	Stahlbeton	B 225 mit 20 mm dickem Putz aus MG II auf Vorwurf aus MG III*) nach TGL 0–1053	400 x 400
	Stahl	Profile ausbetoniert oder ausgemauert und allseitig bekleidet[4]) mit Ziegeln mindestens 80 mm dick und mit 20 mm dickem Putz aus MG II auf Vorwurf aus MG III*) nach TGL 0–1053 oder mit 70 mm dicken Gipsplatten[2]) bekleidet und mit 15 mm dickem Putz aus MG II auf Vorwurf aus MG III*) nach TGL 0–1053	–

Tabelle 10 **fw 4,0**

Baukonstruktion		Brandschutztechnische Forderungen	
Benennung	Baustoff	Ausführung	Mindestdicke ohne Putz mm
Brandwände[3])	Mauervollziegel	vollfugig gemauert mit MG II nach TGL 0–1053	240
	Leichtbeton[6])	ohne Hohlräume, mindestens B 160	200
	Stahlbeton	ohne Hohlräume, mindestens B 225	240

3. Feuerwiderstandsklasse (FWKL) der Bauwerke

3.1. Die Feuerwiderstandsklasse eines Bauwerkes nach Tabelle 11 wird durch die Zugehörigkeit der Bauteile zu den Brennbarkeitsgruppen und durch die Mindestgrenze des Feuerwiderstandes bestimmt.
Bei der Festlegung der Feuerwiderstandsklasse eines Bauwerkes dürfen die Brennbarkeitsgruppe und der Feuerwiderstand eines Bauteiles, z. B. Wand, Stütze, Decke, nicht niedriger sein als sie für die jeweilige Feuerwiderstandsklasse vorgeschrieben sind.
Die Erhöhung des Feuerwiderstandes von einzelnen Bauteilen führt nicht zu einer Erhöhung der Feuerwiderstandsklasse des Bauwerkes als Ganzes.

[2]) Siehe Seite 2
[3]) Siehe Seite 3
[4]) Siehe Seite 3
[6]) Siehe Seite 4
*) Siehe Seite 4

667.3/9

Seite 10 TGL 10685 Blatt 2

Tabelle 11 Einordnung der Bauwerke in Feuerwiderstandsklassen (FWKL)

		Baukonstruktion						
		Tragende und selbsttragende Wände, Treppenhauswände, Stützen*)	Ausfüllung von Fachwerkwänden und an Tragskeletten angehängte Wände*)	Keller- und Geschoßdecken Rahmenriegel	Dächer: Tragende Konstruktionen	Dächer: Abschließende Bauteile einschließlich Deckung*)	Nichttragende Wände*)	Brandwände
FWKL I	Brennbarkeitsgruppe	nbr						
	fw	3,0	1,0****)	1,5	1,0	1,0	1,0	4,0
FWKL II	Brennbarkeitsgruppe	nbr						
	fw	2,5	0,5****)	1,0	0,5	0,25	0,25	4,0
FWKL III	Brennbarkeitsgruppe	nbr			sbr	br	sbr	nbr
	fw	2,0	0,25****)	0,75**)	–	–	0,25	4,0
FWKL IV	Brennbarkeitsgruppe	sbr			br		sbr	nbr
	fw	0,5	0,25****)	0,25	–	–	0,25	4,0
FWKL V	Brennbarkeitsgruppe	br						nbr
	fw	–	–	–	–	–	–	4,0
FWKL VI	Brennbarkeitsgruppe	nbr				sbr		nbr
	fw	0,5***)	0,5***)	0,5***)	0,25***)	0,25	0,25	4,0

Für Bauwerke der Feuerwiderstandsklassen II und III sind vorgehängte Wandplatten mit schwerbrennbaren Wärmedämmstoffen, wie mineralisch gebundene Holzwolle-Leichtbauplatten und andere hinsichtlich der Brennbarkeit gleichwertige Baustoffe, zugelassen, wenn sie von allen Seiten durch nichtbrennbare Stoffe geschützt sind.
Dachpappe gilt als nichtbrennbare Deckung, wenn sie auf nichtbrennbarer Unterlage aufgeklebt ist.
Schwerbrennbare Dämmstoffe in Bitumendämmdächern gelten als nichtbrennbar.
Brennbare Deckung ist auf Bauwerken nicht zulässig, die weniger als 30 m von Gleisen der Reichsbahn, auf denen Lokomotiven mit Kohlefeuerung eingesetzt werden, entfernt sind.

3.2. Aufzugsschächte und Maschinenräume für Aufzüge müssen durch nichtbrennbare Trennwände und Decken mit mindestens fw 1,0 abgeschlossen sein.

**) Für alle Decken, über Keller und Sockelgeschoß fw 1,0
***) Ungeschützte Stahlkonstruktionen sind zulässig
****) Einschließlich der Befestigungen an Skeletten
*) Türen, Tore, Fenster und Oberlichte dürfen brennbar sein, falls keine besonderen Forderungen gestellt werden.

Hinweise:
Ersatz für TGL 10685 Bl. 2 Ausg. 12. 63. Änderungen gegenüber Ausg. 12. 63: Schreibfehler in Tabelle 5, 6, 9 und 11 berichtigt.
Entstanden unter Berücksichtigung der auf der 10. Plenartagung der Ständigen Kommission Bauwesen im RGW im November 1962 unter Punkt 2.34 des Protokolls bestätigten „Brandschutzvorschriften für die bautechnische Projektierung, Grundlagen".
Gegenüber dem Beschluß des RGW wurden zusätzlich aufgenommen:
Abschnitt 1.1. Nachweis der Brennbarkeitsgruppen
Abschnitt 2.1. Einordnung der Bauteile und Baukonstruktionen nach ihrem Feuerwiderstand (fw) in Stunden Ergänzung der Tabelle 9
in Abschnitt 3.1. Festlegungen über Dachdeckungen
Bautechnischer Brandschutz,
Begriffe siehe TGL 10685 Bl. 1
Aufzugsanlagen, siehe TGL 10702
Ausnahmegenehmigungen bedürfen der Zustimmung der örtlich zuständigen zentralen Brandschutzorgane.

DK 699.81 **DDR-Standard** Dezember 1963

Deutsche Demokratische Republik	**Bautechnischer Brandschutz** **Brandschutzkonstruktionen in Bauwerken**	☆ TGL 10 685 Blatt 3 Gruppe 027/700

Противопожарные нормы строительного проектирования Противопожарные конструкции в зданиях и сооружениях	**Provisions of Constructural Fire Protection** **Fire Protection Constructions in Buildings**

Verbindlich ab 1. 10. 1964

Dieser Standard gilt für die Projektierung von Bauwerken und Anlagen aller Art in Verbindung mit den in den Projektierungsvorschriften einzelner Bauwerksarten enthaltenen zusätzlichen brandschutztechnischen Forderungen.

Er gilt nicht für die Projektierung unterirdischer Anlagen, wie Schächte und Stollen sowie spezieller Bauwerke und Anlagen, wie Hangars, Tankanlagen und nicht für Bauwerke mit einer Nutzungsdauer unter fünf Jahren, ausgenommen Holzbaracken.

Bei Rekonstruktionen bestehender Bauwerke und Anlagen aller Art dürfen im Einvernehmen mit den örtlich zuständigen zentralen Brandschutzorganen abweichende Regelungen getroffen werden.

Maße in mm

1. Forderungen an Brandschutzkonstruktionen

1.1. Brandschutzkonstruktionen müssen aus nichtbrennbaren Baustoffen hergestellt sein.

1.2. In Brandschutzkonstruktionen müssen Öffnungen mit Verschlüssen versehen sein.
Der Feuerwiderstand der Verschlüsse muß nach TGL 10685 Bl. 2
in Brandwänden mindestens fw 1,5
in Branddecken mindestens fw 1,0
in anderen Brandschutzkonstruktionen, wie Brandtrennwänden, mindestens fw 0,75*)
betragen.
Die Anzahl und Größe der Öffnungen in Brandschutzkonstruktionen müssen auf den Umfang begrenzt sein, der für die Bauwerksnutzung erforderlich ist.

1.3. Müssen Leitungen, wie Rohre oder Kabel, durch Brandschutzkonstruktionen hindurchgeführt werden so müssen die Zwischenräume zwischen Leitungen und Brandschutzkonstruktionen mit Mörtel aus MG II nach TGL 0–1053 voll ausgefüllt werden.

2. Zusätzliche Forderungen an Brandwände

2.1. Brandwände müssen fw 4,0 aufweisen.

2.2. Durchgehende Brandwände müssen auf Fundamenten ruhen und sich über die ganze Höhe des Bauwerkes erstrecken.

2.3. In Stahlbetonskelettbauten, deren Bewehrungsstöße mit Beton ummantelt oder anderweitig geschützt sind, ist es zulässig, Brandwände unmittelbar auf Skelette aufzulagern. Dabei muß der Feuerwiderstand des Skeletts und seiner Ausfachung dem Feuerwiderstand der Brandwände entsprechen.

2.4. Brandwände sind mindestens 600 mm über eine brennbare und mindestens 300 mm über eine nichtbrennbare Dachdeckung hinauszuführen.
Bei nichtbrennbaren Dächern (Dachtragwerk und Dachdeckung) oder, wenn unter der Dachdeckung eine mindestens beiderseits 500 mm auskragende Platte mit mindestens fw 1,5, siehe Bild 1, angeordnet wird, brauchen die Brandwände nicht über die Dachdeckung hinausgezogen zu werden.

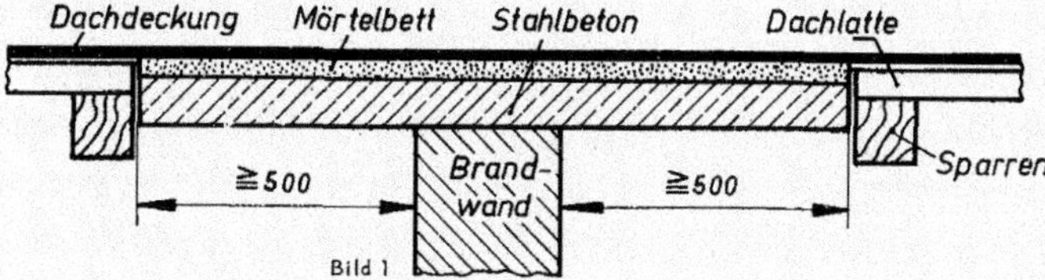

Bild 1

*) Bis zur Herstellung von Brandschutztüren mit fw 0,75 dürfen an ihrer Stelle Brandschutztüren mit fw 0,5 verwendet werden.

Zuständiger Fachbereich: 110, Baupolitik, Baurecht

Fortsetzung Seite 2 bis 3

Bestätigt: 9. 12. 1963, Amt für Standardisierung, Berlin

Seite 2 TGL 10685 Blatt 3

Brandwände, die weniger als 5000 mm von den seitlichen Umfassungen eines Oberlichtes entfernt sind, müssen mindestens 600 mm über die Oberkante des Oberlichtes und 300 mm seitlich neben der Umfassung überstehen.

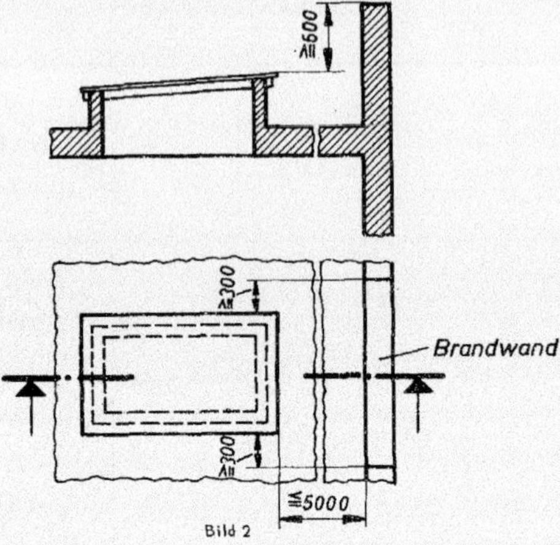

Bild 2

2.5. Bei Bauwerken der Feuerwiderstandsklasse IV und V nach TGL 10685 Bl. 2 müssen Brandwände an den Gesimsen und Dachüberständen sowie an den Außenwandflächen um mindestens 300 mm vorstehen. An Stelle von Vorsprüngen an der Außenwand dürfen zu beiden Seiten der Brandwände nichtbrennbare Wandstreifen von mindestens 1800 mm Breite angeordnet werden.

2.6. Bei Brandwänden am Stoß zweier Bauwerksteile im Winkel bis 120° muß der horizontale Abstand zwischen den beiden der Brandwand am nächsten liegenden Öffnungen der beiden Bauwerksteile mindestens 5000 mm betragen. Dieser Abstand darf unterschritten werden, wenn diese Öffnungen in nichtbrennbaren Wänden liegen und mit Brandschutztüren oder Brandverschlüssen mit fw 0,75*) versehen sind.

2.7. Brandwände sind auf Standfestigkeit für den Fall einer einseitigen Zerstörung der Geschoßdecken und anderer Bauwerkskonstruktionen durch Brände zu berechnen. Dabei ist die ungünstigste Verteilung der Lasten und Schnittkräfte (Exzentrizität) zu berücksichtigen.

2.8. Bauteile aus Holz oder Metall dürfen nicht über Brandwände geführt oder außen vorbeigeführt werden. Metallträger, -stützen und Holzbalken oder Holzteile dürfen nur so weit in Brandwände eingreifen, daß der Feuerwiderstand für Brandwände nicht unterschritten wird und die Standsicherheit gewährleistet ist.

2.9. Die Durchführung von Kanälen oder Rohrleitungen für explosible Dampf- und Gasluftgemische und brennbare Flüssigkeiten durch Brandwände ist nicht zulässig.
Kanäle oder Rohrleitungen aus nichtbrennbaren Baustoffen für andere Medien dürfen durch Brandwände hindurchgeführt werden, wenn sie an den Durchführungsstellen automatische Verschlüsse aufweisen, die im Falle eines Brandes dicht schließen.
Für Leitungen der Be- und Entwässerung sowie der Dampf- und Warmwasserheizung sind Verschlüsse nicht erforderlich.

2.10. In Brandwänden dürfen z. B. Schornsteine oder Rauchabzüge angeordnet werden, wenn die Bedingungen des Abschnittes 2.8. erfüllt sind.

2.11. In Brandwänden sind Fenster unzulässig.

2.12. In jedem Dachboden oder in jedem Teil des Dachbodens, der durch Brandwände abgeschlossen ist, muß mindestens ein Dachausstieg mit einem lichten Querschnitt von 600 mm x 800 mm vorhanden sein. Bei Dächern mit mehr als 25% Dachneigung dürfen Dachaussteigefenster nach TGL 8627 als Dachausstiege dienen.

3. Zusätzliche Forderungen an Branddecken

Branddecken müssen fw 1,5 aufweisen.
Branddecken müssen vorhanden sein:

- zur horizontalen Begrenzung eines Brandabschnittes,
- als Verbindungsdecken bei versetzt angeordneten Brandwänden.

Bauteile, auf die Branddecken aufgelagert sind, müssen mindestens fw 2,0 haben.
Öffnungen in Branddecken sind mit selbsttätig schließenden Verschlüssen nach Abschnitt 1.2. zu versehen.
Für die Durchführung von Kanälen und Rohrleitungen gilt Abschnitt 2.9.

*) Siehe Seite 1.

4. Zusätzliche Forderungen an Brandtrennwände

Brandtrennwände müssen mindestens fw 0,75 *) aufweisen, sofern nicht in den Projektierungsvorschriften einzelner Bauwerksarten oder in der nachstehenden Tabelle erhöhte Forderungen gestellt sind.

Anordnung	Feuerwiderstand nach TGL 10685 Bl. 2
in Dachgeschossen von Wohnbauten	fw 1,5
in Dachgeschossen außer von Wohnbauten	fw 1,0
als Grenzwand von nicht bauantragspflichtigen Gebäuden sowie bei Doppel- und Reihenwohnhäusern bis zu 2 Geschossen	

Dachräume müssen nach höchstens 60 m Bauwerkslänge durch Brandtrennwände unterteilt sein.
Durch Brandtrennwände begrenzte Teile von Dachböden müssen mindestens einen Dachausstieg nach Abschnitt 2.12. erhalten.
Nichtbegehbare Dachböden mit mehr als 100 m² Grundfläche müssen durch Kontrolluken mit einem lichten Querschnitt von mindestens 600 mm x 800 mm von den Giebelseiten oder vom Flur oder Treppenhaus zugänglich sein.
Sie müssen

bei nichtbrennbaren Decken nach mindestens 30 m,
bei brennbaren Decken nach mindestens 25 m

durch Brandschotten unterteilt sein.
Brandschotten müssen aus nichtbrennbaren Baustoffen bestehen.

5. Brandschleusen

Brandschleusen müssen mindestens fw 1,0 aufweisen. Die Schleusenöffnungen sind durch Brandschutztüren mit mindestens fw 0,75 *) zu sichern.
Die Brandschutztüren müssen in entgegengesetzter Richtung, beide nach innen oder beide nach außen, aufschlagen.
In geöffnetem Zustand dürfen sich in die Brandschleuse schlagende Türen nicht berühren. In Brandschleusen mit mehr als 20 m³ Luftraum sind Rauchabzüge vorzusehen.
Die Durchführung von Kanälen und Rohrleitungen durch Brandschleusen ist nicht zulässig.

6. Sicherheitsschleusen

Sicherheitsschleusen müssen mindestens fw 1,0 aufweisen. Die Schleusenöffnungen müssen mit Türen mit fw 0,75 *) versehen sein, die in Richtung zum Evakuierungsausgang aufschlagen.

7. Warmdächer

Für Warmdächer ist die Anwendung brennbarer Wärmedämmstoffe auf nichtbrennbarer Tragschichtkonstruktion dann zugelassen, wenn die Wärmedämmschicht durch nichtbrennbare Schutzstreifen von 50 cm Breite auf Abschnitte in Flächen von nicht mehr als 1000 m² unterteilt ist.
Die Verwendung eines Wärmedämmstoffes aus schwerbrennbarem Stoff ist ohne solche Schutzstreifen zugelassen.

---

*) Siehe Seite 1.

Hinweise:

Entstanden unter Berücksichtigung der auf der 10. Plenartagung der Ständigen Kommission Bauwesen im RGW im November 1962 unter Punkt 2.34 des Protokolls bestätigten „Brandschutzvorschriften für die bautechnische Projektierung, Grundlagen".
Gegenüber dem Beschluß des RGW wurden zusätzlich aufgenommen:
Abschnitt 2.8. Eingreifen von Konstruktionen in Brandwände
Abschnitt 3. Branddecken
Abschnitt 4. Brandtrennwände
Abschnitt 5. Brandschleusen
Abschnitt 6. Sicherheitsschleusen

Bautechnischer Brandschutz, Begriffe, siehe TGL 10685 Bl. 1

Ausnahmegenehmigungen bedürfen der Zustimmung der örtlich zuständigen zentralen Brandschutzorgane.

Anhang 5 – TGL 33405/01, Betonbau – Nachweis der Trag- und Nutzungsfähigkeit, Konstruktionen aus Beton und Stahlbeton

Inhalt

TGL 33405/01: Oktober 1980 – Betonbau – Nachweis der Trag- und Nutzungsfähigkeit, Konstruktionen aus Beton und Stahlbeton

Erläuterungen

Der folgende TGL-Standard ist für die Beurteilung bestehender Konstruktionen aus Stahlbeton zu nutzen. Dieser galt für die Nachweisführung von Grenzzuständen und die bauliche Ausbildung von Bauwerken, Bauwerksteilen und Bauteilen aus Beton, Leichtbeton, Stahl- und Stahlleichtbeton, Glasstahlbeton sowie von Stahlsteindecken.

Insbesondere die Regelungen des Abschnittes 7 der TGL geben Auskunft über die mögliche brandschutztechnische Bewertung vorhandener Stahlbetonkonstruktionen. Weil auch in der DDR den Brandprüfungen die Einheitstemperaturzeitkurve wie in der Bundesrepublik zu Grunde lag, ist ein Analogievergleich aus der Sicht des Autors unter Angabe der konkreten Quelle prinzipiell möglich, wenngleich die Ergebnisse nicht in exakter Art und Weise, sondern hinsichtlich ihrer Plausibilität zu vergleichen sind.

Damit eine ganzheitliche Betrachtung der jeweiligen Bestandskonstruktion gelingen kann, wird der Standard ganzheitlich abgedruckt. Somit kann das betreffende Bau- oder Bauwerksteil auch hinsichtlich des bauzeitlichen Nachweises der ausreichenden Tragfähigkeit als Ausgangspunkt für eine brandschutztechnische Bewertung ausreichend beurteilt werden.

DK 624.012.4 **DDR-Standard** Oktober 1980

Deutsche Demokratische Republik	Betonbau **Nachweis der Trag- und Nutzungsfähigkeit** Konstruktionen aus Beton und Stahlbeton	TGL 33405/01 Gruppe 20000

Бетонное и железобетонное строительство **Расчёт по предельным состояниям несущей способности и эксплуатации** Бетонные и железобетонные конструкции	Concrete Construction **Ultimate and Serviceability Limit State Design** Concrete and Reinforced Concrete Structures

Deskriptoren: Betonbau; Tragfähigkeit; Nutzungsfähigkeit; Beton; Stahlbeton

Für neu auszuarbeitende Projektlösungen und Angebotsprojekte, ausgenommen für Straßen- und Eisenbahnbrücken sowie Betondeckschichten für Straßen
verbindlich ab 1. 7. 1981

Für bestehende Angebotsprojekte und wiederverwendungsfähige Projektlösungen verbindlich ab deren planmäßiger Überarbeitung, spätestens jedoch ab 1.1.1986

Verbindlich ab 1. 1. 1986

Abweichungen von diesem Standard sind zulässig, wenn sie durch Theorie oder Versuche ausreichend begründet sind und der Nachweis dafür erbracht wurde.

Dieser Standard gilt für die Nachweisführung nach Grenzzuständen und die bauliche Durchbildung von Bauwerken, Bauwerksteilen und Bauteilen aus Beton, Leichtbeton, Stahlbeton, Stahlleichtbeton, Glasstahlbeton sowie von Stahlsteindecken.

In diesem Standard sind die Festlegungen des

ST RGW 1406-78*[1)]

enthalten entsprechend der Konvention über die Anwendung der Standards des Rates für gegenseitige Wirtschaftshilfe.

Weitere Informationen hierzu siehe Abschnitt "Hinweise".

Vorbemerkung

Für die Umrechnung der bisher gebräuchlichen Einheiten gilt folgende Beziehung:

$$10\ kp/cm^2 = 1\ N/mm^2 \text{ (gerundeter Wert)}$$

*1) für die vertragsrechtlichen Beziehungen zur ökonomischen und wissenschaftlich-technischen internationalen Zusammenarbeit verbindlich ab 1. 7. 1981

Fortsetzung Seite 2 bis 45

Verantwortlich: VEB Betonleichtbaukombinat, Dresden
Bestätigt: 27.10.1980 Amt für Standardisierung, Meßwesen und Warenprüfung, Berlin

Seite 2 TGL 33405/01

Inhaltsverzeichnis Seite

1. BEGRIFFE UND FORMELZEICHEN

Tabelle 1 Begriffe

Bennenung

Erklärung

Beton-, Leichtbetonkonstruktionen
unbewehrte mit einer konstruktiven Bewehrung, siehe TGL 33402, versehene Konstruktionen aus Beton und gefügedichtem Leichtbeton

Stahlbeton-, Stahlleichtbetonkonstruktionen
mit einer Bewehrung zur Aufnahme der Schnittgrößen versehene Konstruktionen aus Beton und gefügedichtem Leichtbeton

Glasstahlbetonkonstruktionen
Stahlbetonrippenkonstruktionen mit auf Druck mitwirkenden Glaskörpern

Stahlsteindecken
einachsig gespannte, bewehrte Ziegeldecken, bei denen die Ziegel so ausgebildet und verlegt sind, daß sie zur Kraftübertragung mit herangezogen werden können

konstruktive Bewehrung
nicht aus Schnittgrößen rechnerisch ermittelte Bewehrung

Auflager
Ort der Unterstützung, z. B. einer Platte, eines Balkens, durch den die Resultierende der Auflagerreaktion verläuft

Tabelle 2 Formelzeichen

Formelzeichen	Benennung	Formelzeichen	Benennung
b	Querschnittbreite	$S'_{b,0}$	statisches Moment der Betondruckzone, bezogen auf die Nullinie
b_w	Stegbreite		
b_{ef}	mitwirkende Breite		
h	Querschnittshöhe	$S_{bt,0}$	statisches Moment der Betonzugzone, bezogen auf die Nullinie
h_s	Nutzhöhe	$S_{si,s}$	statisches Moment der Bewehrung in der Faser i, bezogen auf Achse s
h'_s	Abstand der Druckbewehrung vom gedrückten Rand		
x	größter Abstand der Nullinie vom Druckrand	$I'_{b,0}$	Trägheitsmoment der Betondruckzone, bezogen auf die Nullinie
x_R	rechnerische Höhe der Betondruckzone	I_b	Trägheitsmoment des Betonquerschnittes, bezogen auf den Schwerpunkt des Betonquerschnittes
z	innerer Hebelarm	I_s	Trägheitsmoment des Bewehrungsquerschnittes, bezogen auf den Schwerpunkt des Betonquerschnittes
d	Bewehrungsdurchmesser, allgemein		
u	Bewehrungsumfang	α_s	Verhältnis der Elastizitätsmoduln von Bewehrung und Beton
e	Ausmittigkeit ($e_0 + e_a$)	σ	Spannung
i	Trägheitsradius	λ	Schlankheit
l	Stützweite	μ	Bewehrungsverhältnis
l_0	Knicklänge		Schnittgrößen im Grenzzustand der Tragfähigkeit
l_i	ideelle Länge		
s	Abstand der Bewehrung untereinander, allgemein	M_u	Moment
		N_u	Normalkraft
c	Betondeckung	Q_u	Querkraft
w	Rißbreite, allgemein	T_u	Torsionsmoment
A_b	Betonfläche, allgemein		Tragfähigkeit des Querschnittes
A_s	Querschnittsfläche der schlaffen Bewehrung, allgemein	M(R)	Moment
A_q	Querschnittsfläche der Querkraftbewehrung	N(R)	Normalkraft
		Q(R)	Querkraft
		T(R)	Torsionsmoment

2. NACHWEIS DER TRAGFÄHIGKEIT

2.1. Grundsätze

2.1.1. Nachweise ausreichender Tragfähigkeit sind unter Berücksichtigung von TGL 33402 und von TGL 33403, sowie hinsichtlich der Bewehrungskonstruktion unter Beachtung des Abschnittes 4 zu führen. Die Schnittgrößen sind nach TGL 33404/01 zu ermitteln.

2.1.2. Die bei der Wirkung von äußeren Druckkräften einzuführende Ausmittigkeit (e) ist aus der planmäßigen Ausmittigkeit (e_0) und der zufälligen Ausmittigkeit (e_a) zu bilden.
Die in jedem Querschnitt einschließlich der Anschlüsse zu berücksichtigende zufällige Ausmittigkeit ist entsprechend den Ausführungs- und Konstruktionsbedingungen, jedoch mindestens mit dem größten der nachfolgenden Werte in der Ebene der für den Lastfall jeweils zu berücksichtigenden Ausmittigkeit ungünstig wirkend, einzuführen.

$e_a = {}^1/30$ der zugeordneten Querschnittsmaße

$e_a = 10$ mm

$e_a = {}^1/600$ der Systemlänge als Abstand der Stabendpunkte

e_a bleibt unberücksichtigt bei

- aussteifenden senkrechten Bauteilen, wenn der Einfluß der zufälligen Ausmittigkeit und Maßabweichung in der betrachteten Nachweisrichtung durch eine Schiefstellung δ_2 nach TGL 33404/01 erfaßt wird
- umschnürten Druckgliedern, wenn deren Tragkraft nach Gleichung (13) ermittelt wird.

2.1.3. Bei der Ermittlung der Nutzhöhe ist diese um 5 mm zu verringern; um fertigungsbedingte Abweichungen von den Sollmaßen zu berücksichtigen, sofern nicht ein geringeres Maß durch die Fertigung garantiert werden kann.

Seite 4 TGL 33405/01

2.2. Biegung, Biegung mit Längskraft, Längskraft

2.2.1. Betonkonstruktionen

2.2.1.1. Auf Biegung und Biegung mit Längsdruck beanspruchte Konstruktionen unter Ansatz der Betonzugfestigkeit

Für den Nachweis der Tragfähigkeit ist von einer voll plastifizierten Zugzone und elastischem Verhalten der Druckzone auszugehen. Für die Spannung am gedrückten Querschnittsrand gilt Gleichung (1).

$$|\sigma_b| = 2 \cdot R_{bt} \cdot \frac{x}{h - x} \leq R_b \quad (1)$$

Bei reiner Biegung ist der Tragfähigkeitsnachweis erbracht, wenn das nach Gleichung (2) errechnete Moment (M(R)) gleich oder größer M_u ist.

$$M(R) = R_{bt} \left(\frac{2 \cdot J'_{b,0}}{h - x} + S_{bt,0} \right) \quad (2)$$

Hierbei ist der Abstand der Nullinie (x) vom gedrückten Rand nach Gleichung (3) zu ermitteln, siehe Bild 1.

$$\frac{2 S'_{b,0}}{h - x} + A_{bt} = 0 \quad (3)$$

Die Tragfähigkeit ausmittig gedrückter Betonkonstruktionen ist für $|\sigma'_b| \leq R_b$ nachgewiesen, wenn die nach Gleichung (4) errechnete Normalkraft (N(R)) gleich oder größer N_u ist. Hierbei ist Bedingung, daß das Produkt aus N(R) mal Abstand von N_u zur Nullinie gleich M_0(R) nach Gleichung (5) ist. Dabei ist der Ausweichfaktor nach Abschnitt 2.5.2.2. zu berücksichtigen.

$$N(R) = R_{bt} \left(\frac{2 \cdot S'_{b,0}}{h - x} + A_{bt} \right) \quad (4)$$

$$M_0(R) = R_{bt} \left(\frac{2\, I'_{b,0}}{h - x} + S_{bt,0} \right) \quad (5)$$

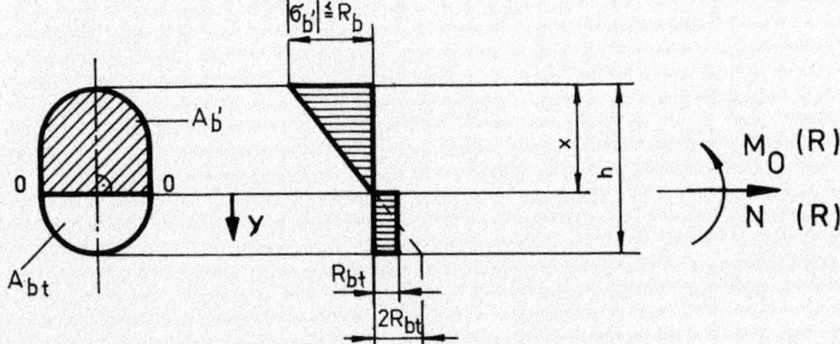

Bild 1

Die Tragfähigkeit ausmittig gedrückter Betonkonstruktionen ist für $|\sigma'_b| > R_b$ nach Gleichung (1) nachgewiesen, wenn die in Abhängigkeit von der Ausmittigkeit $\eta_{cr} \cdot e$ nach Gleichung (6) errechnete Normalkraft (N(R)) gleich oder größer N_u ist.

$$N(R) = N_m - (N_m - N^*) \frac{\eta_{cr} \cdot e}{e^*} \quad (6)$$

In Gleichung (6) bedeuten:

N_m $-R_b\, A_{b0}$ (Normalkraft bei mittiger Beanspruchung);

N^* Längsdruckkraft nach Gleichung (4) für $x = \frac{R_b}{2 R_{bt} + R_b} h$

e^* Ausmittigkeit von N^* bezogen auf die Schwerachse

e $\quad e_0 + e_a$ Ausmittigkeiten von N_u bezogen auf die Schwerachse

η_{cr} Ausweichfaktor nach Abschnitt 2. 5. 2. 2.

2. 2. 1. 2. Auf Biegung mit Längsdruck beanspruchte Konstruktionen unter Ausschluß der Betonzugfestigkeit

Die Tragfähigkeit ist nachgewiesen, wenn die nach Gleichung (7) errechnete Normalkraft (N(R)) gleich oder größer N_u ist. Dabei muß der Schwerpunkt der gedrückten Betonfläche A_b' siehe Bild 2, auf der Wirkungsgeraden von N_u liegen und $A_b' \geq 0,2\ A_{b0}$ sein.

$$N(R) = -R_b \cdot A_b' \qquad (7)$$

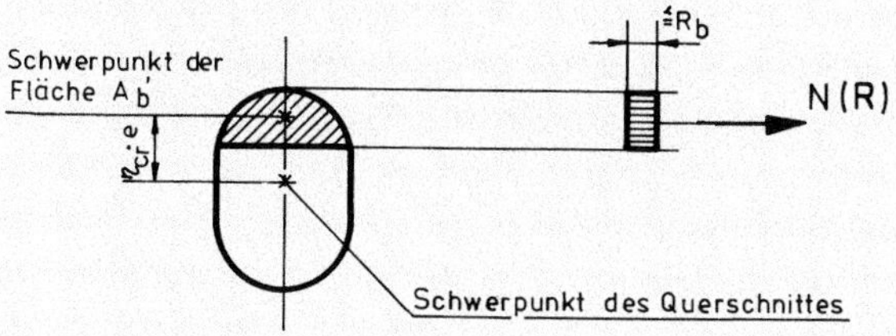

Schwerpunkt der Fläche A_b'

$\eta_{cr} \cdot e$

$\leq R_b$

N(R)

Schwerpunkt des Querschnittes

Bild 2

2. 2. 2. Stahlbetonkonstruktionen

2. 2. 2. 1. Auf Biegung beanspruchte Stahlbeton- und Stahlleichtbeton- Querschnitte müssen eine Mindestbewehrung erhalten, die beim Übergang vom Zustand I in den Zustand II das Sprödbruchversagen ausschließt. Diese Forderung gilt bei Einhaltung der auf den vorhandenen Querschnitt zu beziehenden Mindestbewehrung nach Tabelle 3 als erfüllt. Diese Bewehrung darf um 50 % unterschritten werden, wenn keine wesentlichen Zwangsbeanspruchungen vorhanden sind und die rechnerisch erforderliche Bewehrung um 15 % vergrößert wird. Dabei braucht aber keine größere Bewehrung als die Mindestbewehrung nach Tabelle 3 vorgesehen zu werden.

Bei profilierten Querschnitten, z. B. siehe Bild 6, darf die Mindestbewehrung auf die Breite des Querschnittes in Höhe der Bewehrungslage bezogen werden.

Tabelle 3 Mindestbewehrungsverhältnis

Stahlklasse	min μ_s in % für die Betonklasse								
	Bk 10	Bk 12, 5	Bk 15	Bk 20	Bk 25	Bk 30	Bk 35	Bk 40	Bk 45
0 und I	0, 11	0, 12	0, 14	0, 17	0, 20	0, 22	0, 24	0, 27	0, 29
III	0, 06	0, 07	0, 08	0, 10	0, 12	0, 13	0, 15	0, 16	0, 17
IV	0, 05	0, 06	0, 07	0, 08	0, 10	0, 11	0, 12	0, 13	0, 14
analytische Beziehung	$\min \mu_s = \frac{R_b^0}{R_s^0}\left(1-\sqrt{1-0{,}81\frac{R_{bt}^0}{R_b^0}}\right)$								

Die Mindestbewehrung druckbeanspruchter Querschnitte mit Ausmittigkeiten $e_0 \leq 0,5$ h beträgt unabhängig von der Betonklasse und Stahlmarke 0, 4 % des vorhandenen Betonquerschnittes und ist auf den Umfang gleichmäßig zu verteilen. Ist $e_0 > 2,5$ h gilt die Mindestbewehrung für reine Biegung. Ist $0,5\ h < e_0 \leq 2,5\ h$ darf die Mindestbewehrung durch geradliniges Interpolieren bestimmt werden.
Die Mindestbewehrung umschnürter Druckglieder beträgt 0, 8 % des Kernquerschnitts.

2. 2. 2. 2. Die Tragfähigkeit von Stahlbetonkonstruktionen ist nach den Gleichungen (8) und (9) zu ermitteln.

Bei reiner Biegung gilt mit N(R) = 0 die Gleichung (8) als Bedingung für die Lage der Spannungsnullinie. Der Tragfähigkeitsnachweis ist erbracht, wenn $M_s(R)$ gleich oder größer M_u ist.

Bei Biegung mit Längskraft ist der Tragfähigkeitsnachweis erbracht, wenn N(R) nach Gleichung (8) gleich oder größer N_u ist und die Bedingung der Gleichung (10a) oder (10b) erfüllt wird.

$$N(R) = -R_b\ A_b' + \sum \sigma_{si}\ A_{si} \qquad (8)$$

Seite 6 TGL 33405/01

$$M_s(R) = -R_b \cdot S'_{b,1} + \sum \sigma_{si} \, S_{si,1} \qquad (9)$$

$$\frac{M_s(R)}{N(R)} = -\eta_{cr} \cdot |e| + y_{s1} \quad \text{bei Druckkraft} \qquad (10a)$$

$$\frac{M_s(R)}{N(R)} = +e_0 + y_{s1} \quad \text{bei Zugkraft} \qquad (10b)$$

In Gleichung (8) bis (10) bedeuten:

$$-R'_s \leqq \sigma_{si} = \frac{440}{1,1 - k_0} \cdot \left(\frac{k_0 \cdot h_{si}}{k_{xR} \cdot h_{s1}} - 1\right) \leqq R_s \text{ bei } k_{xR} \leqq k_0 \qquad (11)$$

$$\sigma_{si} = -500 \left[1 + \left(\frac{k_{xR} - k_0}{\frac{h}{h_{s1}} - k_0} - 1 \right) \cdot \frac{\frac{h_{si}}{h_{s1}} - 1,136\,k_0 + 0,25}{1,25 - 1,136\,k_0} \right]$$

$$\geqq -R'_s \text{ bei } k_{xR} > k_0 \qquad (12)$$

σ_{si}	Spannung in der Bewehrung im Abstand h_{si} vom Druckrand in N/mm²
A'_b	Fläche der Betondruckzone
A_{si}	Bewehrungsfläche in der Faser i
$S'_{b,1}$	statisches Moment der Betondruckzone bezogen auf die durch h_{s1} vorgegebene Achse 1
$S_{si,1}$	statisches Moment der Bewehrung in der Faser i bezogen auf die durch h_{s1} vorgegebene Achse 1
$\eta_{cr} \cdot e$	Produkt von dem Ausweichfaktor η_{cr} nach Abschnitt 2.5.2.2. und der Ausmittigkeit (e) nach Abschnitt 2.1.2.
y_{s1}	Abstand der Achse 1 vom Querschnittsschwerpunkt
k_{xR}	$x_R : h_{s1}$

In Gleichung (11 und 12) ist $k_0 = \frac{x_R}{x}$ nach Tabelle 4 anzunehmen.

Tabelle 4 k_0 - Werte

Betonklasse	≦ Bk 40	Bk 60	analytische Beziehung
$k_0 = \frac{x_R}{x}$	0,80	0,60	$0,60 \leqq 1,2 - \frac{R^n}{100} \leqq 0,80$

Zwischenwerte sind linear zu interpolieren

Druckbewehrung bei Biegung ist grundsätzlich nur dann zu berücksichtigen, wenn

$x_R \geqq 2\,h'_s$ ist.

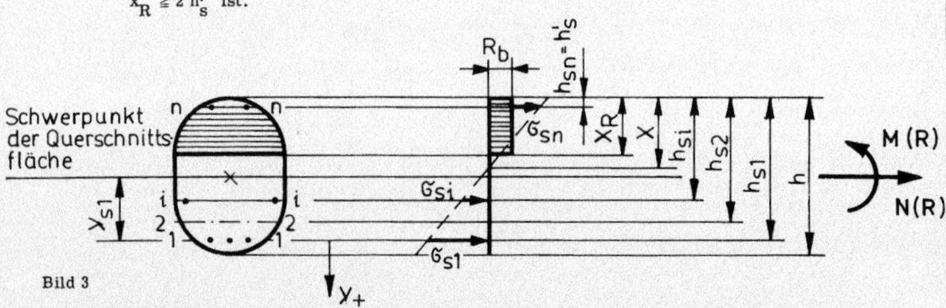

Bild 3

2.2.2.3. Bei dynamischer Beanspruchung ist zusätzlich zum Tragfähigkeitsnachweis für vorwiegend ruhender Beanspruchung nach Abschnitt 2.2.2.2. der Nachweis auf Ermüdungsfestigkeit zu führen. Hierbei dürfen die Spannungen σ_s und $|\sigma'_b|$ die Rechenfestigkeiten R_s und R_b nicht überschreiten. Die Spannungen sind nach der Elastizitätstheorie unter Ausschluß der Betonzugfestigkeit und unter Ansatz von Lastfaktoren gleich 1,0 zu ermitteln. Für nur auf Druck beanspruchte Stähle dürfen die Anpassungsfaktoren, die die Ermüdung berücksichtigen, zu $m_{s1} = 1$ angenommen werden. Sofern beim Tragfähigkeitsnachweis $x_R \leqq 0,2\,h_s$ ist, darf statt mit den, den einzelnen Betonklassen zugeordneten α_s - Werten, mit $\alpha_s = 15$ gerechnet werden.

2.2.2.4. Die Tragfähigkeit umschnürter Druckglieder, die nur bei planmäßig mittigem Druck angewendet werden dürfen, ist nach Gleichung (13) zu bestimmen, siehe Bild 4.

$$N(R) = \psi_1 \, (N_b + N_s + N_{sk}) \tag{13}$$

In Gleichung (13) bedeuten:

$N_b = - R_b \cdot A_{bk}$ (Tragkraftanteil des umschnürten Betonkerns mit $A_{bk} = \frac{\pi}{4} \, d_{bk}^2$)

$N_s = - R_s \cdot \sum A_{si}$ (Tragkraftanteil der Längsbewehrung)

$N_{sk} = - R_{sk} \cdot A_{sk}$ (Tragkraftanteil der Umschnürungsbewehrung mit $A_{sk} = \frac{2\pi \cdot d_{bk} \cdot A_{s1}}{s_k}$ wobei A_{s1} = Querschnittsfläche des Umschnürungsstabes ist)

ψ_1 = Beiwert nach Tabelle 5

Der Tragkraftanteil N_{sk} darf nicht größer als 1, 5 N_s sein.

Tabelle 5 Beiwert ψ_1

λ	$\leqq$ 20	40	60	80	100
ψ_1	0, 95	0, 88	0, 77	0, 64	0, 52

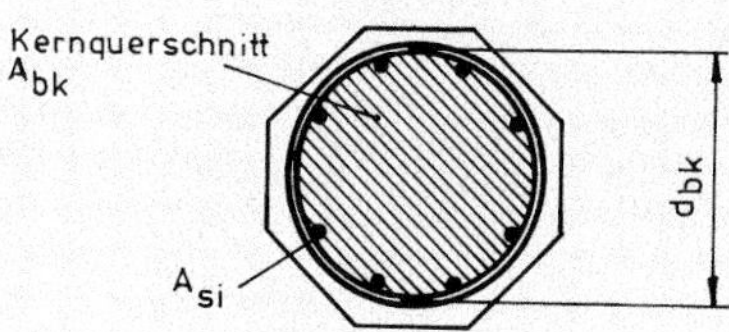

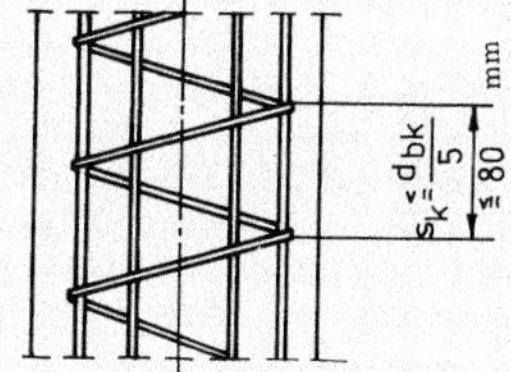

Bild 4

2.3. Querkraft, Torsion und Querkraft mit Torsion

2.3.1. Betonkonstruktionen

Die Tragfähigkeit ist nachgewiesen, wenn die Hauptspannungen die Rechenfestigkeiten nach TGL 33403 nicht überschreiten. In der Regel ist nur ein Nachweis in Höhe der Nullinie zu führen.

2.3.2. Stahlbetonkonstruktionen mit Querkraftbeanspruchung

2.3.2.1. Rechenwert der Querkraft

Der Rechenwert der Querkraft Q_{ur} ist nach Gleichung (14) anzunehmen

$$Q_{ur} = \varkappa_Q \, Q_u \pm \frac{|M_{us}| \tan \vartheta}{h_s} \tag{14}$$

In Gleichung (14) bedeuten:

- für direkt gestützte Bauteile mit direkter Lasteintragung bei gleichmäßig verteilten Lasten und bis zu den Auflagern durchgehender Feldbewehrung:

$$\varkappa_Q = \frac{1}{4\,h_s} \sqrt{h_s} \; \begin{matrix} \leqq 1 \\ \geqq 0,5 \end{matrix}$$

für Bauteile ohne oder mit konstruktiver Querkraftbewehrung nach Abschnitt 2.3.2.2. h_s in m

$\varkappa_Q = \frac{1}{8 \cdot h_s} \leqq 1$ für Bauteile mit rechnerischem Nachweis der Querkraftbewehrung nach Abschnitt 2.3.2.3.

Einzellasten im Abstand $s_F \leqq 2\,h_s$ vom theoretischen Auflager:

$$\varkappa_Q = \frac{s_F}{2 \cdot h_s}$$

in anderen Fällen: $\varkappa_Q = 1$

Seite 8 TGL 33405/01

- für den 2. Term der negative Wert, wenn mit zunehmender Nutzhöhe auch der Absolutwert des Momentes zunimmt
- ϑ als Winkel zwischen Zug- und Druckgurt

Für Q_u ist in der Regel kein größerer Wert als der am Auflagerrand und bei Fundamenten als der im Abstand 0, 5 · h_s vom Lasteintragungsrand anzunehmen.

2.3.2.2. Konstruktionen ohne oder mit konstruktiver Querkraftbewehrung

Ist im betrachteten Bereich zwischen 2 Querkraftnullstellen der Rechenwert der Querkraft (Q_{ur}) nicht größer als der nach Gleichung (15) ermittelte Wert Q_1, ist eine Querkraftbewehrung nicht oder nur konstruktiv erforderlich. Bei Querkräften (Q_{ur}) größer als Q_1 ist der Nachweis nach Abschnitt 2.3.2.3. zu führen.

$$Q_1 = \alpha_1 \cdot b_0 \cdot h_s \cdot R_{bt} \qquad (15)$$

In Gleichung (15) bedeuten:

α_1 Beiwert nach Tabelle 6 unter Berücksichtigung der konstruktiven Forderungen.

b_0 geringste Querschnittsbreite zwischen dem Schwerpunkt der Zugbewehrung und der Betondruckzone

Tabelle 6 Beiwert α_1 und konstruktive Forderungen

Nr.	Bauteil, Querkraftbewehrung	Feldbewehrung gerade zum Auflager durchgeführt	Feldbewehrung Verankerung des Restanteiles in	α_1
1	Balken, Plattenbalken und Rippendecken mit weniger als 3 Längsrippen je m ohne Querkraftbewehrung	$\geqq 1/3$	Druckzone	0, 3
2	Vollplatten, Hohlplatten und Rippendecken mit mindestens 3 Längsrippen je m ohne Querkraftbewehrung	$\geqq 1/3$	Druckzone	0, 6
3		$\geqq 1/2$	Zugzone möglich	0, 5
4	Stahlsteindecke ohne Querkraftbewehrung	$\geqq 1/2$	Druckzone	0, 6
5	Balken, Plattenbalken und Rippendecken mit konstruktiver Querkraftbewehrung je Bügelebene $\min.\ A_{v1} = 0,25 \cdot b_0 \cdot s_v \cdot \frac{R^0_{bt}}{R^0_{sv}}$ und Bügelabstand $s_v \leqq 1,5\ h_s$	$\geqq 1/3$	Druckzone	0, 9
		$\geqq 1/2$	Zugzone möglich	

2.3.2.3. Konstruktionen mit rechnerisch nachzuweisender Querkraftbewehrung

Der Betonquerschnitt ist so groß zu wählen, daß die Querkraft (Q_u) den Wert Q_2 nach Gleichung (16) nicht überschreitet

$$Q_2 = \alpha_2 \cdot b_0 \cdot h_s \cdot R_b \qquad (16)$$

Dabei gilt für $R_b \leqq 20\ \mathrm{N/mm^2}$. Der Wert für α_2 ist, abhängig von der konstruktiven Ausbildung der Bewehrung, Tabelle 7 zu entnehmen.

Der erforderliche Querschnitt der Querkraftbewehrung A_q ist nach Gleichung (17) zu berechnen, siehe auch Bild 5.

$$A_q = \frac{A_v}{\sin \alpha_v} + A_d \frac{R_{sd}}{R_{sv}} = \frac{1}{R_{sv}} \int_{x_0}^{x_1} \eta \frac{Q_{ur}}{z}\, dx \qquad (17)$$

Der Wert η darf im untersuchten Bereich als konstant mit dem maximalen Wert des Bereiches angenommen werden. Für glatte Stähle der Klasse IV ist R_{sv} und R_{sd} grundsätzlich nicht größer als 260 N/mm^2 anzunehmen.

In Gleichung (17) bedeuten:

A_v Querschnitt der Bügelbewehrung im Abschnitt x_0 bis x_1

A_d Querschnitt der Aufbiegungen im Abschnitt x_0 bis x_1

α_v Winkel zwischen der Bügelebene und der Stabachse $\geqq 45^o$

R_{sd} Rechenfestigkeit der Aufbiegungen

R_{sv} Rechenfestigkeit der Bügel

η Korrekturwert, der die Mitwirkung der Betondruckzone und die Schrägrißneigung berücksichtigt, siehe Tabelle 8

z Hebelarm der inneren Kräfte, angenähert $z = 0{,}9\ h_s$

In Balkenabschnitten mit der Länge $2\ h_s \leqq \frac{\ell}{4}$ dürfen unabhängig vom Querkraftverlauf die Bügelabstände gleich gewählt werden.

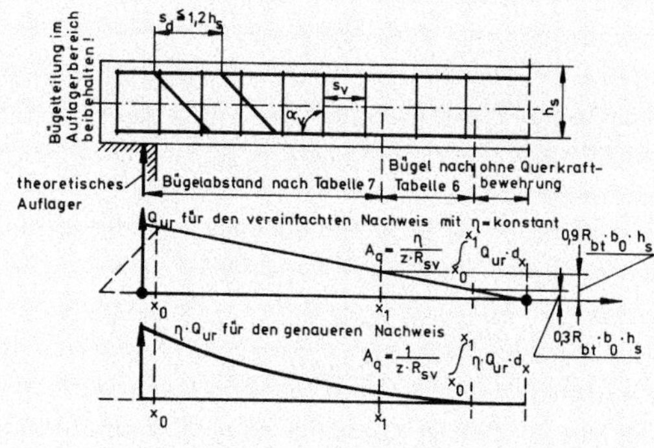

Bild 5

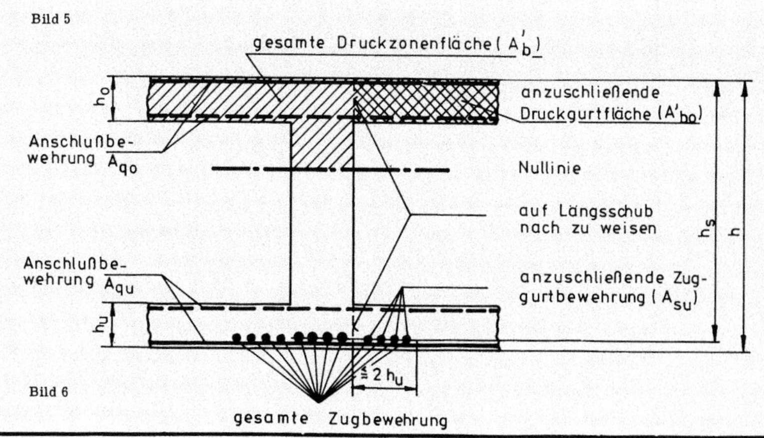

Bild 6

Seite 10 TGL 33405/01

Tabelle 7 Beiwert α_2 und konstruktive Forderungen

Nr.	Bauteil Querkraftbewehrung	Feldbewehrung gerade zum Auflager durchgeführt	Feldbewehrung Verankerung des Restanteils in	konstruktive Forderungen an die Querkraftbewehrung			α_2
1	Platten Aufbiegung allein; Aufbiegungen und Bügel; Bügel allein	$\geqq {}^1/_2$	Druckzone	Abstände	von Aufbiegungen	von Bügeln	
				in Spannrichtung	$\leqq 2$ h	wie Nr. 2 und 3	0,16
				quer zur Spannrichtung	$\leqq 3$ h	$\leqq 1,5$ h	
2	Balken Plattenbalken Rippendecken Platten[1)] Aufbiegungen und Bügel; Bügel allein	$\geqq {}^1/_2$	Biegezugzone möglich	Bügelanteil A_v: $\geqq \frac{1}{3}$ A_q, mindestens Bügel nach Tabelle 6, Nr. 5 Bügelabstände in mm längs: $s_v = \frac{h_s}{\xi} \leqq 1,5 \cdot h_s$ bzw. $\frac{750}{\xi}$			0,16
3			Druckzone	bei Zugnormalkraft $N_u > R_{bt}$ $b_0 \cdot h_s$ ist $s_v \leqq \frac{1}{3} \cdot h_s$ für Leichtbeton gelten die 0,75fachen Werte für s_v $\xi = \frac{Q_{ur}}{R_{bt} \cdot b_0 \cdot h_s}$ quer: $s_{vt} \leqq h_s$ Abstand der Aufbiegungen: $s_d \leqq 1,2 \cdot h_s$			0,30

Tabelle 8 Korrekturwert η

$\xi = \frac{Q_{ur}}{R_{bt} \cdot b_0 \cdot h_s}$	η - Werte für Konstruktionen: vorwiegend ruhend beansprucht bei N_u $\leqq 0,5 \cdot R_{bt} \cdot b_0 \cdot h_s$	vorwiegend ruhend beansprucht bei N_u $> R_{bt} \cdot b_0 \cdot h_s$	dynamisch beansprucht bei N_u $\leqq 0,5$ $R_{bt} \cdot h_s \cdot b_0$	dynamisch beansprucht bei N_u $> R_{bt} \cdot b_0 \cdot h_s$
0,30	0	1,00	0	1,00
0,50	0,29		0,46	
0,75	0,48		0,69	
1,00	0,61		0,81	
1,25	0,71		0,87	
1,50	0,80		0,92	
1,75	0,88		0,95	
2,00	0,96		0,98	
$\geqq 2,25$	1,00		1,00	
analytische Beziehung	$\eta = (0,267 \cdot \xi + 0,6)(1 - \frac{0,3}{\xi}) \begin{matrix} \geqq 0 \\ \leqq 1 \end{matrix}$	$\eta = 1$	$\eta = 1,15\,(1 - \frac{0,3}{\xi}) \begin{matrix} \geqq 0 \\ \leqq 1 \end{matrix}$	$\eta = 1$

Zwischenwerte dürfen durch lineare Interpolation ermittelt werden.

1) für Platten darf $\alpha_2 > 0,16$ nur dann eingeführt werden, wenn alle Konstruktiven Forderungen wie für Balken erfüllt werden.

2.3.2.4. Anschluß von Druck- und Zuggurten

Bei Plattenbalken oder profilierten Trägern ist der Anschluß von Druck- und Zugurten an den Steg auf Längsschub nachzuweisen.

Dieser Nachweis ist jeweils zwischen zwei Querkraftnullstellenzu führen. Ist die Querkraft (Q_u) nicht größer als Q_3 nach Gleichung (18), ist eine Anschlußbewehrung nicht erforderlich.

Bei Querkräften (Q_u) nicht größer als Q_4 nach Gleichung (19), ist nur eine konstruktive Anschlußbewehrung erforderlich, für die in der Regel die vorhandene Platten- oder Abreißbewehrung genügt.

$$Q_3 = 0,3\varrho \cdot R_{bt} \cdot h \cdot z \tag{18}$$

$$Q_4 = 0,9\varrho \cdot R_{bt} \cdot h \cdot z \tag{19}$$

Ist Q_u größer als Q_5 nach Gleichung (20), so muß die Dicke der Gurte vergrößert werden.

$$Q_5 = 0,3 \cdot \varrho \cdot R_b \cdot h \cdot z \tag{20}$$

Ist Q_u größer als Q_4 nach Gleichung (19), so ist jeweils in Bereichen zwischen maximalem Moment und Momentennullpunkt die Anschlußbewehrung A_{qo} und A_{qu} nach Gleichung (21) zu bestimmen. Sie darf in diesem Bereich gleichmäßig verteilt werden.

$$A_{qu} \text{ oder } A_{qo} = \frac{\Delta M_u}{z \cdot \varrho \cdot R_s^0} \tag{21}$$

In den Gleichungen (18) bis (21) bedeuten:

ϱ $\frac{A'_b}{A'_{b0}}$ bei Druckgurtanschlüssen oder $\frac{A_s}{A_{su}}$ bei Zuggurtanschlüssen, siehe Bild 6

h Druckgurtdicke (h_o) oder Zuggurtdicke (h_u)

z Hebelarm der inneren Kräfte (angenähert $z = 0,9 \cdot h_s$)

ΔM_u Momentendifferenz des betrachteten Abschnittes

2.3.2.5. Aufhängebewehrung

Werden Lasten mittelbar in Bauteile eingetragen, z. B. beim Anschluß von Nebenbalken an Hauptbalken, ist zusätzlich zur Querkraftbewehrung eine Aufhängebewehrung anzuordnen, deren Querschnitt eine Einleitung der Lasten in die Bauteile gewährleistet.

2.3.3. Stahlbetonkonstruktionen bei Torsion mit oder ohne Querkraft

Treten Torsion und Querkraft gleichzeitig auf, darf die erforderliche Bewehrung für jede Beanspruchungsart getrennt ermittelt werden. Die im Element angeordnete Bewehrung muß in ihrem Querschnitt der Summe der getrennt ermittelten Querschnitte entsprechen.

2.3.3.2. Konstruktionen ohne Torsion- und Querkraftbewehrung

Ist im betrachteten Feldbereich zwischen 2 Querkraft-Nullstellen das Torsionsmoment T_u nicht größer als T_1 nach Gleichung (22) ist weder Torsions- noch Querkraftbewehrung erforderlich.

$$T_1 = 0,6 \cdot R_{bt} \cdot A_{nu} \cdot t_{ef} \left(1 - \frac{Q_{ur}}{Q_1}\right) \tag{22}$$

In Gleichung (22) bedeuten:

A_{nu} $b_{nu} \cdot h_{nu}$, siehe Bild 7

t_{ef} wirksame Breite, siehe Bild 7

Q_1 Querkrafttragfähigkeit nach Gleichung (15) mit $\alpha_1 = 0,3$ als Konstante

Q_{ur} Rechenwert der Querkraft nach Gleichung (14)

2.3.3.2. Konstruktionen mit Torsionsbewehrung

Der Betonquerschnitt ist so groß zu wählen, daß das Torsionsmoment T_u den Wert T_2 nach Gleichung (23) nicht überschreitet.

$$T_2 = 0,5 \cdot R_b \cdot A_{nu} \cdot t_{ef} \left(1 - \frac{Q_u}{Q_2}\right) \tag{23}$$

Dabei gilt für $R_b \leq 24$ N/mm^2.

In Gleichung (23) bedeutet:

Q_2 = Querkrafttragfähigkeit nach Gleichung (16)

Der erforderliche Querschnitt der Torsionsbewehrung ist nach den Gleichungen (24) und (25) zu errechnen.

$$A_{sl} = \frac{T_u \cdot u_{nu}}{2 \cdot A_{nu} \cdot R_{sl}} \quad (24)$$

$$A_{sc} = \frac{T_u \cdot s_c}{2 \cdot A_{nu} \cdot R_{sc}} \quad (25)$$

Die Torsions-Längsbewehrung ist gleichmäßig auf den Kernumfang zu verteilen.

In den Gleichungen (24) und (25) bedeuten:

A_{sl} Querschnittsfläche der Torsions-Längsbewehrung

A_{sc} Querschnittsfläche eines Bügelschenkels, angeordnet im Abstand s_c

u_{nu} $2 (b_{nu} + h_{nu})$; Kernumfang, siehe Bild 7

A_{nu} $b_{nu} \cdot h_{nu}$, siehe Bild 7

R_{sl} Rechenfestigkeit der Torsions-Längsbewehrung

R_{sc} Rechenfestigkeit der Bügelbewehrung

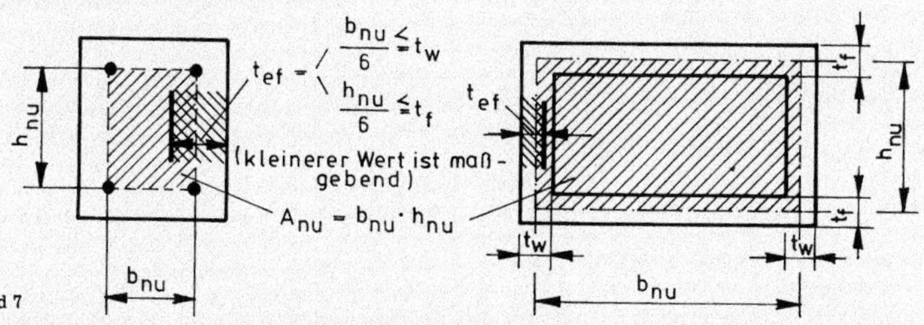

Bild 7

2.3.4. Nachweis bei dynamischer Beanspruchung

Bei dynamischer Beanspruchung ist zusätzlich zu den Nachweisen für vorwiegend ruhende Belastung ein Nachweis auf Ermüdungsfestigkeit zu führen. Dieser Nachweis ist nach den Festlegungen der Abschnitte 2.3.2. und 2.3.3. zu führen, wobei folgende Bedingungen einzuhalten sind:

- Die Schnittgrößen sind für Rechenlasten, die mit dem Lastfaktor n = 1 zu bilden sind, zu berechnen.
- Die Rechenfestigkeiten für Beton und Betonstahl sind mit den Anpassungsfaktoren für Materialermüdung nach TGL 33403 zu bestimmen, wobei

$$\varkappa = \frac{\min. \sigma}{\max. \sigma} \approx \frac{\min. Q}{\max. Q}$$

angenommen werden darf.

- Korrekturwert η nach Tabelle 8

2.4. Örtliche Beanspruchungen

2.4.1. Durchstanzen

Wird eine Platte durch eine Einzellast F_u über eine begrenzte Teilfläche beansprucht, darf diese Last ohne die Anordnung einer Durchstanzbewehrung der Wert nach Gleichung (26)

$$F_{d,1} = 0,5\,(1 + 30\,\mu_{sd})\,k_{d1} \cdot R_{bt} \cdot u_d \cdot h_{sm} \quad (26)$$

und bei Anordnung einer Durchstanzbewehrung den Wert nach Gleichung (27)

$$F_{d,2} = 0,1\,R_b \cdot u_d \cdot h_{sm} \quad (27)$$

nicht überschreiten.

In den Gleichungen (26) und (27) bedeuten:

$$\mu_{sd} = \frac{\mu_{sx} + \mu_{sy}}{2} \leqq 0{,}01$$

μ_{sx}, μ_{sy} bezogene Biegebewehrung in x- oder y-Richtung im Breich der allseitig um 4 h vergrößerten Aufstandsfläche

k_{d1} 1, 6 - h in m $\geqq$ 1, 0

u_d Umfang der allseitig um $s + \frac{h_s}{2}$ vergrößerten Lasteintragungsfläche

h_{sm} gemittelte Nutzhöhe

Liegt die Lasteintragungsfläche am freien Plattenrand, ist mit $0,6 \cdot u_d$ und im Eckbereich mit $0,3 \cdot u_d$ zu rechnen. Beträgt die kleinste Entfernung zwischen der Lasteintragungsfläche und dem freien Plattenrand mindestens $5 \cdot h$, siehe Bild 8, darf mit $1,0 \cdot u_d$ gerechnet werden. Für dazwischen liegende Abstände darf gradlinig interpoliert werden.

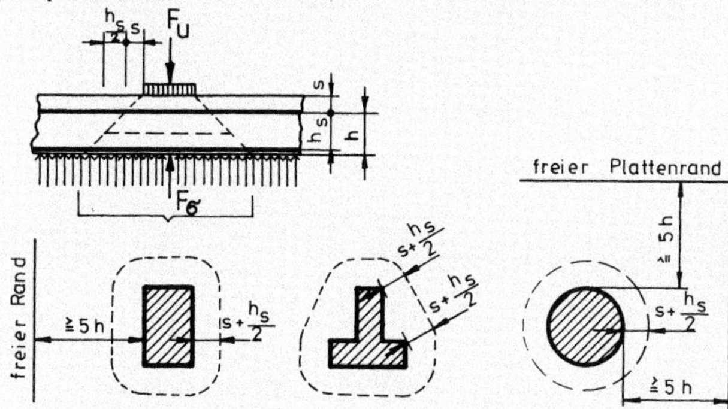

Bild 8

Wirkt eine ständige Last F_σ auf die Grundfläche des Durchstanzkörpers, siehe Bild 8, darf die Last F_u um diesen Betrag verringert werden. Die Grundfläche des Durchstanzkörpers ist gleich der allseitig um $s + h_s$ vergrößerten Lasteintragungsfläche. Überschreitet die Last $F_u - F_\sigma$ den Wert nach Gleichung (26), ist die erforderliche Bewehrung zur Durchstanzsicherung nach Gleichung (28) zu ermitteln:

$$A_{sd} = \frac{F_u - F_\sigma - 0,25\, F_{d,1}}{R_s} \qquad (28)$$

In Gleichung (28) bedeuten:

$F_{d,1}$ nach Gleichung (26)

F_u, F_σ nach Bild 8

R_s Rechenfestigkeit; für glatte Stähle der Klasse IV ist R_s grundsätzlich nicht größer als 260 N/mm^2 anzunehmen

Die erforderliche Durchstanzbewehrung kann durch Bügel, Aufbiegungen oder Bügel und Aufbiegungen gebildet werden. Die Bewehrungsabstände und der Verteilungsbereich sind Bild 9 zu entnehmen.

2.4.2. Druck bei Teilflächenbelastung

Die auf die Teilfläche A_f einwirkende Kraft (F_u) darf den Wert F_f nach Gleichung (29) nicht überschreiten, siehe Bild 10.

$$F_f = k_{d2} \cdot R_b \cdot A_f \qquad (29)$$

Die Erhöhung der Tragfähigkeit, die sich durch die räumliche Lastverteilung ergibt, ist durch den Faktor k_{d2} nach Tabelle 9 in Abhängigkeit vom Verhältnis der Lastverteilungsfläche A_{f1} zur Aufstandsfläche A_f zu berücksichtigen.

Seite 14 TGL 33405/01

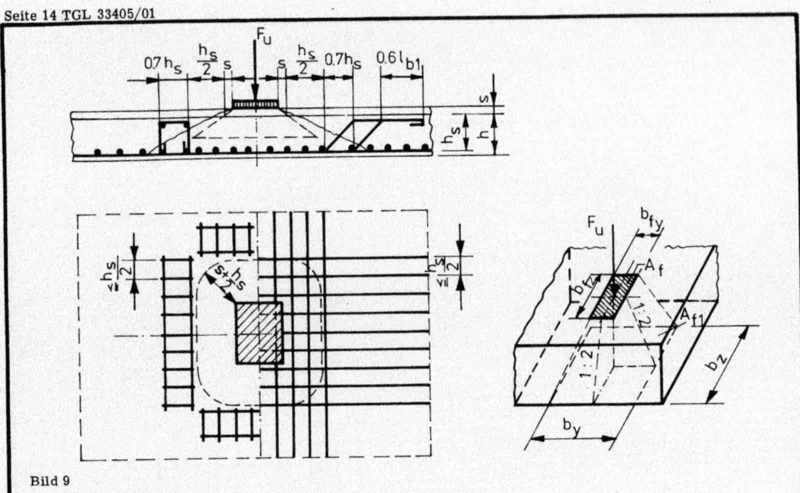

Bild 9

Tabelle 9 Faktor k_{d2}

A_{f1}/A_f	1	2	4	6	8	10	15	≧ 20
k_{d2}	1,0	1,4	2,0	2,3	2,5	2,7	2,9	3,0

Bei der Ermittlung der Lastverteilungsfläche A_{f1}

- müssen die Schwerpunkte der Flächen A_f und A_{f1} auf der Wirkungslinie der Kraft F_u liegen
- dürfen sich bei mehreren Einzellasten die Lastverteilungsflächen innerhalb der Verteilungshöhe nicht überschneiden.

Die auftretenden Querzugkräfte sind, sofern sie nicht durch äußere Kräfte überdrückt werden, durch Bewehrung aufzunehmen. Die Querzugkräfte sind nach TGL 33404/01 zu bestimmen.

2.5. Stabilität

2.5.1. Allgemeines

Versagensnachweise sind unter Berücksichtigung der Theorie II. Ordnung zu führen auf

- Ausweichen bei einzelnen und zu Systemen gekoppelten Druckgliedern sowie Wänden, die nur an den belasteten Rändern gehalten und gleichmäßig belastet sind
- Beulen bei druckbeanspruchten Flächentragwerken
- Kippen bei Biegegliedern

Für diese Nachweise dürfen Näherungsverfahren benutzt werden, sofern diese die Verformungen nach der Theorie II. Ordnung sowie das nichtlineare Verhalten des Betons berücksichtigen.

2.5.2. Ausweichen

2.5.2.1. Der Nachweis darf für das Druckglied an einem beiderseits gelenkig gelagerten Ersatzstab gleicher Querschnittsmaße mit der nach Gleichung (30) zu bestimmenden Knicklänge (l_0) geführt werden.

$$l_0 = \beta \cdot s \tag{30}$$

In Gleichung (30) bedeuten:

β = Knicklängenbeiwert

s = Systemlänge des Druckstabes

Der Knicklängenbeiwert β ist eine Funktion

- der Querschnitts- und Längenmaße des Systems dem der untersuchte Stab angehört
- des Einspanngrades der Stabebene
- der Eintragungspunkte der Belastung

Der Knicklängenbeiwert β darf nach der Elastizitätstheorie bestimmt werden. Bei der Ermittlung des Knicklängenbeiwertes ist die Ausnutzung von Systemreserven zulässig, z. B. nicht ideale Lagerungsbedingungen, Vorhandensein einer Vielzahl gleichartiger gekoppelter Druckglieder.

Die Schlankheit (λ) ist das Verhältnis der Knicklänge l_0 des untersuchten Druckstabes zu einem seiner Trägheitsradien i_z oder i_y. Bei der Ermittlung der Trägheitsradien bleiben die Querschnitte der Bewehrungsstähle unberücksichtigt. Die Grenzwerte der Schlankheiten nach Tabelle 10 dürfen nicht überschritten werden. Ein Nachweis auf Ausweichen braucht nicht geführt zu werden, wenn $\lambda \leq 10$ ist.

Tabelle 10 Grenzwerte für λ

Nr.	Konstruktionsart	Grenzwert
1	Beton, Pfeiler und Stützen	45
2	Beton, Wände	90
3	Stahlbeton, bügelbewehrt	150
4	Stahlbetonfertigteile, bügelbewehrt	200
5	Stahlbeton, umschnürt	100

2.5.2.2. Der Nachweis des Ausweichens darf durch Multiplikation der Ausmittigkeit e nach Abschnitt 2.1.2. mit dem von der Auslastung der Druckglieder abhängigen, nach Gleichung (31) zu ermittelnden, Ausweichfaktor erfolgen.

$$\eta_{cr} = \frac{1}{1 - \frac{N_u}{N_{cr}}} \qquad (31)$$

In Gleichung (31) bedeuten:

N_u vorhandene Druckkraft, negativ

$$N_{cr} = -\frac{6{,}4 \cdot E_b}{l_0^2}\left[\frac{J_b}{k_d}\left(\frac{0{,}11}{0{,}1 + \frac{|e|}{h}} + 0{,}1\right) + \alpha_s \cdot J_s\right]$$

$$k_d = 1 + \frac{M_{u,\,ma,\,d}}{M_{u,\,ma}} \geq 1$$

$M_{u,\,ma,\,d}$ und $M_{u,\,ma}$ Moment der langzeitig wirkenden und Moment der gesamten Belastung, bezogen auf den weniger gedrückten Querschnittsrand.

$e = e_0 + e_a$ nach Abschnitt 2.1.2.

h Querschnittsmaß in Richtung e

Für die Bestimmung von η_{cr} ist die größte Ausmittigkeit in den in Bild 11 und 12 angegebenen Bereichen maßgebend. Zur Bemessung einzelner Querschnitte ist der entsprechende Wert für η_{cr} nach den Bildern 11 und 12 anzunehmen.

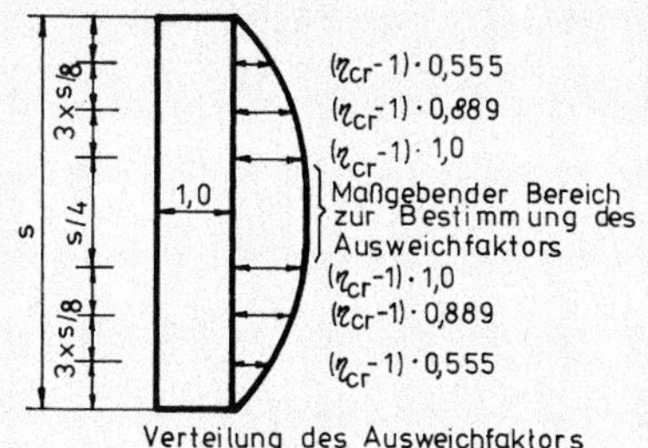

Verteilung des Ausweichfaktors bei zweiseitig gehaltenen Druckstäben

Bild 11

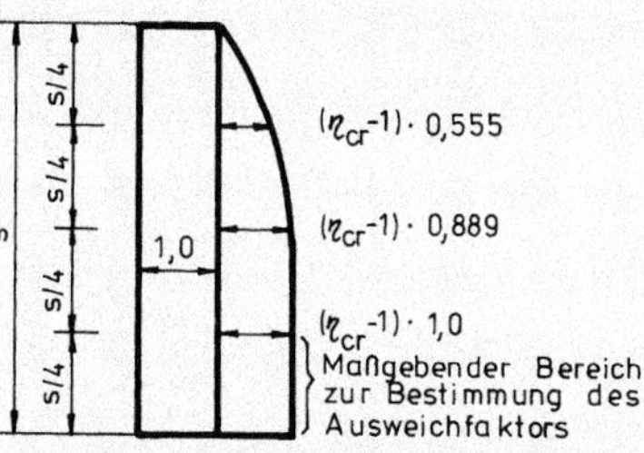

Verteilung des Ausweichfaktors bei unten eingespannten freistehenden Druckstäben

Bild 12

Seite 16 TGL 33405/01

Kann ein Druckglied in zwei Richtungen ausweichen, darf bei planmäßig mittig und einachsig ausmittig beanspruchten Bauteilen der Tragfähigkeitsnachweis unabhängig voneinander, in jeder Ebene für sich, mit dem jeweils zugehörigen Ausweichfaktor geführt werden. Bei planmäßig zweiachsiger Ausmittigkeit ist in jeder Ebene der zugehörige Ausweichfaktor zu berücksichtigen und der Tragfähigkeitsnachweis auf Doppelbiegung zu führen.
Bei planmäßig mittig beanspruchten Druckgliedern mit $\lambda \leqq 70$ darf die Tragkraft (N(R)) ohne Berücksichtigung der zufälligen Ausmittigkeit (e_a) nach Gleichung 13 (Abschnitt 2.2.2.4.) ermittelt werden. Dabei gilt
$N_b = - R_b \cdot A_{b0}$ und $N_{sk} = 0$.

2.5.3. Beulen

2.5.3.1. Der Nachweis ist für im reinen Membranzustand wirkende Flächentragwerke nach Gleichung (32) zu erbringen:

$$\sigma \leqq \sigma_{cr} \qquad (32)$$

In Gleichung (32) bedeuten:

σ nach der Elastizitätztheorie ermittelte Spannung aus dem mit den Lastfaktoren für die 1. Gruppe der Grenzzustände vergrößerten Einwirkungen

σ_{cr} kritische Spannung unter Verwendung der Gleichungen nach der Elastizitätstheorie, in denen Elastizitätsmodul durch die Größe E_{cr} nach Gleichung (33) ersetzt wird

$$E_{cr} = E_b \cdot \left(1 - \frac{\sigma_{cr}}{R_b^0}\right)^2 \qquad (33)$$

Bei im reinem Membranzustand wirkenden Flächentragwerken ist die zufällige Ausmittigkeit e_a nach Abschnitt 2.1.2. nicht anzusetzen.

2.5.3.2. Bei ausmittig auf Druck beanspruchten Flächentragwerken darf der Nachweis in Anlehnung an Abschnitt 2.5.2. an einem Ersatzstab geführt werden, dessen Schlankheit nach Gleichung (34) unter Verwendung der kritischen Spannung σ_{cr} und der Größe E_{cr} nach Abschnitt 2.5.3.1. bestimmt werden darf.

$$\lambda = \pi \cdot \sqrt{\frac{E_{cr}}{\sigma_{cr}}} \qquad (34)$$

2.5.4. Kippen

Sind biegebeanspruchte schmale Träger mit $l_i/b > 40$ nicht durch andere Konstruktionsteile ausgesteift, müssen diese auf Kippen nach Gleichung (32) untersucht werden. Dabei darf bei der Bestimmung von σ_{cr} immer der Gleitmodul als das 0,4fache des Elastizitätsmoduls angesetzt werden, siehe TGL 33403.

3. NACHWEIS DER NUTZUNGSFÄHIGKEIT

3.1. Grundsätze

Beim Nachweis ausreichender Nutzungsfähigkeit der Konstruktion sind TGL 33402; TGL 33403 sowie TGL 33404/01 zu berücksichtigen.
Bei dynamischen Einwirkungen ist in der Regel nur der Nachweis für statische Beanspruchung erforderlich.

3.2. Spannungsermittlung

Die Spannungen sind nach der Elastizitätstheorie mit den Elastizitätsmoduln nach TGL 33403 zu ermitteln. Im Zustand I ist die Berechnung mit ideellen Querschnittswerten vorzunehmen.

3.3. Spannungsumlagerung

Die durch Kriechen und Schwinden bedingten Spannungsumlagerungen dürfen vernachlässigt werden.

3.4. Rißbreite

3.4.1. Grenzwert der Rißbreiten

Die Grenzwerte der Rißbreiten (w_{1m}) sind vom Korrosions-Beanspruchungsgrad der Baukonstruktion abhängig und für den Beanspruchungsgrad I (nicht aggressiv) in Tabelle 11 angegeben. Ist bei Stahlbetonkonstruktionen mit Dichten $> 2\ t/m^3$ die Betondeckung (c) größer als der Mindestwert (min. c) nach Tabelle 16 so dürfen die Grenzwerte der Rißbreiten (w_{1m}) im Verhältnis $\frac{c}{\text{min. } c} \leqq 1,5$ vergrößert werden, wobei die Werte des Feuchtebereiches Fb 1 nicht zu überschreiten sind.

Bei Konstruktionen mit dynamischer Beanspruchung sind grundsätzlich keine größeren Rißbreiten als w_{1m} nach Tabelle 11, Nr. 2 zulässig.

Tabelle 11 Grenzwerte der Rißbreite (w_{lm}) bei Beanspruchungsgrad I (nicht aggressiv)

Nr.	Lage der Konstruktion	Feuchtebereich Kurzzeichen	relative Luftfeuchte %	w_{lm} in mm unter Dauerlast	w_{lm} in mm unter Gesamtlast
1	in trockenen Innenräumen einschließlich Küchen und Bäder in Wohnungen	Fb 1 und Fb 2	≦ 75	0, 3	0, 4
2	in feuchten Innenräumen oder im Freien oder im Erdbereich [2)]	Fb 3	> 75 ≦ 90	0, 2	0, 3
3	in Naßräumen oder im Freien bei häufig wechselnder Feuchtigkeit	Fb 4	> 90	0, 15	0, 25

3.4.2. Nachweis der Rißbreiten infolge von Zugnormalkräften oder Biegung mit und ohne Normalkräfte

Die Beschränkung der Rißbreiten gilt als nachgewiesen, wenn in den Bereichen der größten Beanspruchung der Zugbewehrung (Feld, Stütze) die nach Gleichung (35) bis (37) ermittelten Grenzdurchmesser der Zugbewehrung ($d_{s,\ lm}$) nicht überschritten werden. Der Nachweis der Grenzdurchmesser ist unter Dauerlast und Gesamtlast zu führen. Der kleinere Grenzdurchmesser ist für die Konstruktion maßgebend. Für Konstruktionen mit wesentlichen Zwangskräften ist ein zusätzlicher Nachweis erforderlich.

Wird nach TGL 33404/01 vom elastizitätstheoretischen Verlauf der Schnittgrößen planmäßig abgewichen (z. B. durch die Anwendung der begrenzten Momentenumlagerung oder der Plastizitätstheorie) und das Bemessungsmoment gegenüber dem Moment nach der Elastizitätstheorie verringert, so ist der Grenzdurchmesser nach Gleichung (35) in der Regel ausreichend

$$d_{s,\ lm} = \frac{w_{lm} \cdot \psi_2 \cdot \mu_{s,\ bt}}{\sigma_s} \qquad (35)$$

für Nachweise unter Gesamtlast:

$$\sigma_s \approx \frac{R_s}{1,2} \cdot \frac{\text{erf. } A_s}{\text{vorh. } A_s} \qquad (36)$$

für Nachweise unter Dauerlast:

$$\sigma_s \approx \frac{R_s}{1,2} \cdot \left(\frac{F_d}{\text{max. } F} \cdot \frac{\text{erf. } A_s}{\text{vorh. } A_s} \right) \qquad (37)$$

In Gleichungen (35) bis (37) bedeuten:

w_{lm} Grenzwert der Rißbreite nach Abschnitt 3.4.1.

ψ_2 Beiwert nach Tabelle 12

$\mu_{s,\ bt}$ $\frac{\text{vorh. } A_s}{A_{bt}}$; Verhältnis der Flächen von vorhandener Zugbewehrung (vorh. A_s) und Betonzugzone (A_{bt}); es ist nicht kleiner als 0, 0055 anzusetzen.

Wird der gesamte Betonquerschnitt auf Zug beansprucht, ist $\mu_{s,\ bt}$ getrennt für beide Bewehrungsstränge mit jeweiligem Bezug auf den Gesamtquerschnitt des Betons zu ermitteln.

Für die Ermittlung von A_{bt} darf bei reiner Biegung im Stahlbeton der Nullinienabstand $x \approx 1,2 \cdot x_R$ angenommen werden.

$\frac{F_d}{\text{max. } F}$ Verhältnis Dauerlast (F_d) zu Gesamtlast (max. F); bei reiner Biegung darf

$$\frac{F_d}{\text{max. } F} = \frac{M_{d,\ u}}{\text{max. } M_u}$$ eingeführt werden.

[2)] Fundamente mit > 500 mm Erdüberschüttung und außerhalb des Grundwasser-Wechselbereiches dürfen nur bei der Festlegung von w_{lm} in den Fb 2 eingeordnet werden

Seite 18 TGL 33405/01

Tabelle 12 Beiwert ψ_2

Art der Zugbewehrung		ψ_2 in N/mm^2
glatter Rundstahl	Stahlbeton	$1{,}2 \cdot 10^6$
	Stahlleichtbeton	$0{,}8 \cdot 10^6$
Rippenstahl sowie voll verschweißte Bewehrungsmatten aus glattem Rundstahl mit Querstababständen ≤ 200 mm		$2{,}3 \cdot 10^6$

Auf den Nachweis nach Gleichung (35) darf bei biegebeanspruchten mit St A-I bewehrten Stahlbetonkonstruktionen bei $d_s \leq 25$ mm und bei Vollplatten aus Stahlbeton mit einer Dichte > 2 t/m^3 und Dicken h ≤ 140 mm verzichtet werden, wenn keine ungünstigeren Bedingungen als nach Tabelle 11, Nr. 1 vorliegen. Bei Druckgliedern entfällt der Rißbreitennachweis.

3.4.3. Nachweis der Schrägrißbreiten

Ein Nachweis der Beschränkung der Schrägrißbreiten ist nur dann zu führen, wenn die Querkraftbewehrung nach Abschnitt 2.3.2.3. nachzuweisen ist.

Die Beschränkung der Schrägrißbreite gilt als nachgewiesen, wenn der nach Gleichung (38) ermittelte Bügelgrenzdurchmesser nicht überschritten wird. Dieser Nachweis ist nur für den Zustand der Gesamtbelastung zu führen.

$$d_{v,\,lm} = \psi_3 \cdot w_{lm} \leq 18 \text{ mm} \qquad (38)$$

In Gleichung (38) bedeuten:

ψ_3 Beiwert nach Tabelle 13

w_{lm} Grenzwert der Rißbreite unter Gesamtlast nach Abschnitt 3.4.1.

Bei Stahlbetonkonstruktionen mit Dichten > 2 t/m^3 darf der nach Gleichung (38) ermittelte Grenzdurchmesser um 2 mm vergrößert werden. Soll statt des ermittelten Grenzdurchmessers $d_{v,\,lm}$ ein größerer d_v verwendet werden, ist die erforderliche Querkraftbewehrung im Verhältnis $\sqrt{\frac{d_v}{d_{v,\,lm}}}$ zu erhöhen.

Bei Torsionsbeanspruchungen sind die Bügelabstände nicht größer als $0{,}125 \cdot u_{nu}$, sowie keine größeren Bügeldurchmesser als bei Querkraftbeanspruchungen zu wählen und bei dynamisch bzw. infolge Zwang beanspruchten Konstruktionen sind die Grenzwerte $d_{v,\,lm}$ möglichst zu unterschreiten.

Tabelle 13 Beiwert ψ_3

Bügel der Stahlklasse	ψ_3 für A_v / A_q		
	1,0	0,67	0,33
0; I	50	40	30
III	40	32,5	25
IV	30	25	20

Zwischenwerte dürfen durch lineare Interpolation ermittelt werden.

3.5. Durchbiegung

Die Durchbiegung ist nachzuweisen, wenn es TGL 33402 fordert. Wird die Größe der Durchbiegung für Stahlbetonkonstruktionen nicht nachgewiesen, ist die Schlankheit l_i/h_s nach Tabelle 14 einzuhalten.[3] Die Werte nach Tabelle 14 gelten auch, wenn nach TGL 33404/01 vom elastizitätstheoretischen Verlauf der Schnittgrößen planmäßig abgewichen wird.

[3] unter ungünstigen Verhältnissen, z. B. Dauerlast ≈ Gesamtlast, großen Kriechzahlen und Schwindmaßen, sind bei Ausnutzung der in Tabelle 14 angegebenen Schlankheiten Endwerte der Durchbiegung bis $\frac{l_i}{150}$ möglich.

Tabelle 14 Schlankheiten l_i/h_s für Stahlbetonkonstruktionen

$100\,\mu_s = \frac{\text{erf. } A_s \cdot 100}{b \cdot h_s}$ oder $= \frac{\text{erf. } A_s \cdot 100}{b_{ef} \cdot h_s}$	$l_i = k_i \cdot l_y$ in mm für ≦ Bk 30	$l_i = k_i \cdot l_y$ in mm für > Bk 30	l_i/h_s bei Biegezugbewehrung aus Betonstahl der Klasse 0 und I	III	IV
beliebig	≦ 4500	≦ 4500	40	35	35
≦ 0, 25	≧ 6000	≧ 7500	35	31	26
0, 50			35	31	24
1, 00			35	29	21
2, 00			31	22	17
3, 00			27	18	15
≧ 5, 00			21	14	12

Zwischenwerte sind durch lineare Interpolation zu ermitteln.
Der Beiwert k_i ist der Tabelle 15 zu entnehmen.

Tabelle 15 Beiwert k_i

statisches System		$k_i = \frac{l_i}{l_y}$
Balken oder Platten auf 2 Stützen frei aufliegend		1, 0
Balken oder Platten einseitig eingespannt		0, 8
Balken oder Platten beiderseitig eingespannt		0, 6
Kragarm	starr eingespannt	2, 0
	elastisch eingespannt	2, 4
Endfelder von Durchlaufbalken oder -platten mit	$\frac{\text{min. } l}{\text{max. } l} \geqq 0,8$	0, 9
Mittelfelder von Durchlaufbalken oder -platten mit	$\frac{\text{min. } l}{\text{max. } l} \geqq 0,8$	0, 7

Zweiachsig gespannte Platten dürfen für den Nachweis der Schlankheitsbegrenzung vereinfachend in der Haupttragrichtung wie Stabtragwerke behandelt werden.

4. BEWEHRUNGSKONSTRUKTION

4.1. Betondeckung

Das Maß der Mindestbetondeckung (min. c) ist vom Korrosions-Beanspruchungsgrad und Feuchtebereich der Baukonstruktion abhängig und für den Beanspruchungsgrad I (nicht aggressiv) in Tabelle 16 angegeben. Eine Unterschreitung durch fertigungsbedingte Abweichungen ist nicht zulässig; siehe TGL 33418/01 und /02.

Die Betondeckung darf im Mittel nicht kleiner sein als

- der zugeordnete Bewehrungsdurchmesser, siehe Bild 13
- die zur Erfüllung der brandschutztechnischen Forderungen nach Abschnitt 7, erforderliche
- der um 5 mm vergrößerte Größtkorndurchmesser der Zuschlagstoffe bei Stahlleichtbeton

Seite 20 TGL 33405/01

Tabelle 16 Mindestbetondeckung (min. c) bei Beanspruchungsgrad I - (nicht aggressiv)

Feuchtebereich (F_b) nach Tabelle 11		Fb 1 und Fb 2	Fb 3	Fb 4
min. c in mm für	≧ Bk 7, 5	15 Bügel 10	15	20
	< Bk 7, 5 und Leichtbeton	15	20	25

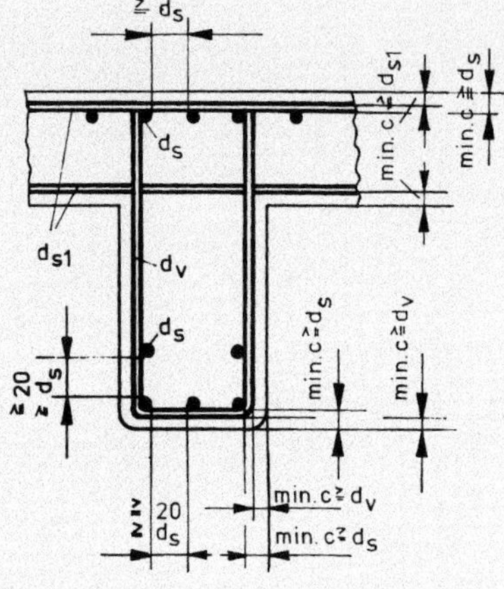

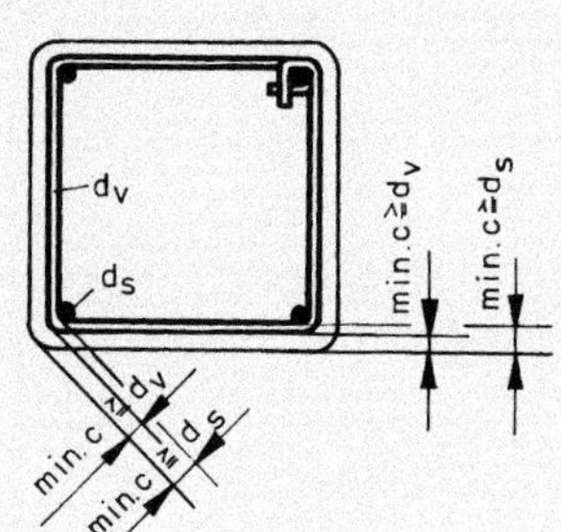

Bild 13

4.2. Stababstände

Der lichte Abstand von gleichlaufenden Bewehrungsstäben außerhalb von Stoßbereichen muß mindestens 20 mm betragen und darf nicht kleiner als der Stabdurchmesser sein, siehe Bild 13. Dies gilt nicht für Doppelstabmatten und für zweilagig verlegte Bewehrungsmatten.

4.3. Formgebung der Bewehrungsstäbe

Beim Biegen der Bewehrungsstäbe dürfen die lichten Krümmungsdurchmesser nach Tabelle 17 grundsätzlich nicht unterschritten werden. Für Biegungen an geschweißten Stäben und Bewehrungsmatten gelten zusätzlich die Festlegungen nach TGL 33405/03.

Für Bügel gelten die Angaben der Tabelle 17 nur, wenn in den Bügelecken Längsstäbe nach Abschnitt 4.5.6. angeordnet werden.

Als Haken dürfen die Formen nach Bild 14 verwendet werden.

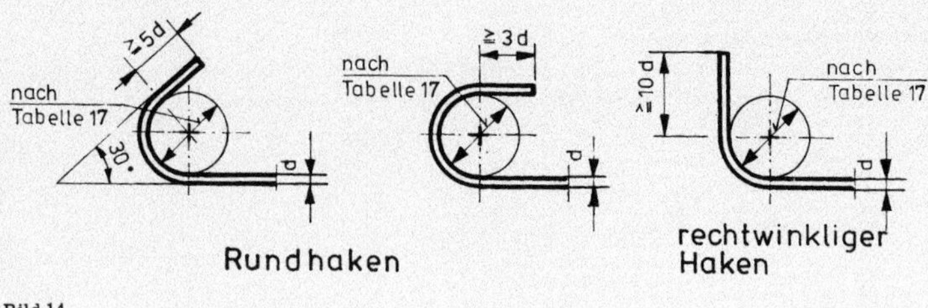

Bild 14

Tabelle 17 Lichter Krümmungsdurchmesser

Stahlklasse	Haken; Bügel d mm	lichter Krümmungsdurchmesser	Auf- oder Abbiegegungen und Schlaufen mit einer seitlichen Betondeckung ≧ 2 d + 20 mm Betonklasse	lichter Krümmungsdurchmesser
0 und I	≦ 20	2, 5 d	< Bk 20	15 d
		4, 5 d Bügel, dynamisch beansprucht	≧ Bk 20	10 d
	> 20	4, 5 d		
III und IV	≦ 12	4, 5 d	< Bk 20	20 d
	> 12	7, 0 d	≧ Bk 20	15 d

4.4. Bewehrungsführung bei Biegebeanspruchung

Die Biegezugbewehrung ist so zu führen, daß die Zugkraftdeckung gesichert ist. Eine für die Konstruktion ausreichend genaue Zugkraftlinie der Längsbewehrung ist aus der um das Versatzmaß (l_v) parallel zur Tragwerksachse verschobenen Momentenlinie zu ermitteln, siehe Bild 15. Die Zugkraftlinie ist stets so anzunehmen, daß sich eine Vergrößerung der ($M_u/z + N_u$) -Fläche ergibt.

Das Versatzmaß (l_v) zwischen 2 Querkraft-Nullstellen ist

- für Konstruktionen ohne Querkraft-Bewehrung $l_v = 1,5 \cdot h_s$
- für Konstruktionen mit Querkraft-Bewehrung nach Gleichung (39) zu errechnen.

$$l_v = (1,8 - 0,72 \cdot \max \xi) \cdot h_s \begin{cases} \geqq 0,5\, h_s \\ \leqq 1,5\, h_s \end{cases} \qquad (39)$$

In Gleichung (39) bedeuten:

$\max \xi = \dfrac{Q_{ur}}{R_{bt} \cdot b_0 \cdot h_s}$; Größtwert zwischen den betrachteten Querkraft-Nullstellen

Q_{ur} nach Gleichung (14)

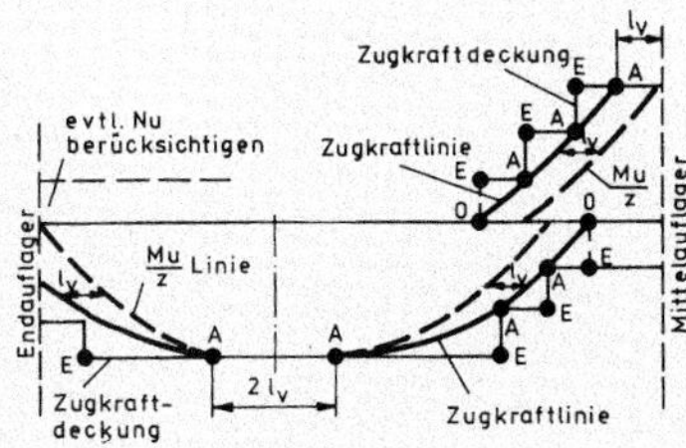

A = Punkt an dem der betreffende Stab rechnerisch voll ausgelastet ist

E = Punkt an dem der betreffende Stab rechnerisch nicht mehr benötigt wird

Bild 15

Seite 22 TGL 33405/01

4.5. Verankerung der Bewehrung

4.5.1. Allgemeines

Auf Zug beanspruchte glatte Rundstähle müssen Rundhaken nach Bild 14 erhalten, wenn nicht durch andere Maßnahmen, z. B. aufgeschweißte Querstäbe, die Wirkung der Haken ersetzt wird oder bei Schalen und Faltwerken Ausnahmen zulässig sind.

Der Grundwert der Verankerungslänge (l_{b0}) ist in Abhängigkeit des Verbundbereiches nach Tabelle 18 zu berechnen.

Guter Verbundbereich liegt vor, wenn

- die Bewehrungsstäbe beim Betonieren bis zu 250 mm über dem Schalungsboden oder einer sich nicht mehr setzenden Betonierebene liegen,
- die Bewehrungsstäbe zwischen 45° und 90° gegen die Waagerechte geneigt sind und
- keine Rißbildung parallel zur Stabachse auftritt.

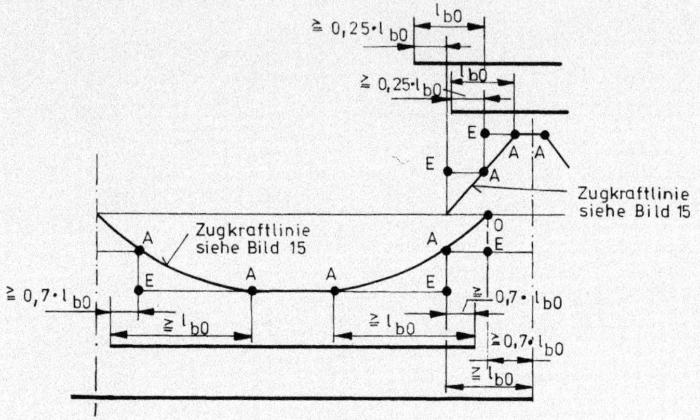

Bild 16a

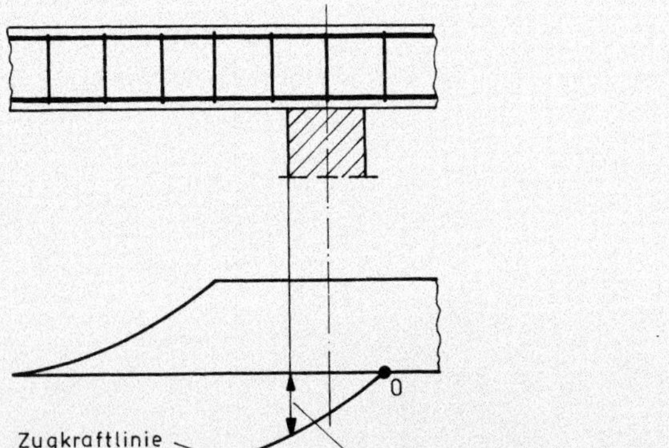

Bild 16b

Tabelle 18 Grundwert l_{b0}

Nr.	Verankerungsart	l_{b0} - Wert in mm im guten Verbundbereich	l_{b0} - Wert in mm im schlechten Verbundbereich
1	glatte Rundstähle mit Rundhaken l_{b0}	$\left(\frac{R_s^0}{4 \cdot R_{bt}^0} - 20\right) d_s \geqq 20 \cdot d_s$	Die Verankerungslängen des guten Verbundbereiches sind zu verdoppeln mit Ausnahme der Mindestwerte $20 \cdot d_s$
2	Rippenstähle ohne Haken l_{b0}	$\frac{R_s^0}{9,6 \cdot R_{bt}^0} \cdot d_s \geqq 20 \cdot d_s$	
3	Rippenstähle mit Haken l_{b0}	$\left(\frac{R_s^0}{9,6 \cdot R_{bt}^0} - 11\right) d_s \geqq 20\, d_s$	
4	Bewehrungsmatten in der Ak II nach TGL 33405/03 mit $d_s \leqq 14$ mm l_{b0}	im Bereich $l_{b0} \geqq 300$ mm muß je Längsstab die Zugkraft $\frac{(\pi \cdot d_s^2 \cdot R_s^0)}{4}$ durch mindestens 2 Querstäbe nach TGL 33405/03 übertragen werden können	

Bei Leichtbeton, bewehrt mit glatten Rundstählen, ist l_{b0} um 50 % zu vergrößern.

4.5.2. Verankerung der Biegezugbewehrung außerhalb von Auflagern

Zur Zugkraftdeckung nicht mehr benötigte Bewehrungsstäbe dürfen unter Beachtung der Forderungen in den Tabellen 6 und 7 gerade, auf- oder abgebogen im Feld enden. Bei dynamischer Beanspruchung sollen die Bewehrungsstäbe in der Regel im gedrückten Beton enden.

Die Verankerungslängen für gerade endende Stäbe sind dem Bild 16a und für Auf- oder Abbiegungen den Bildern 17, 18a und 18b zu entnehmen.

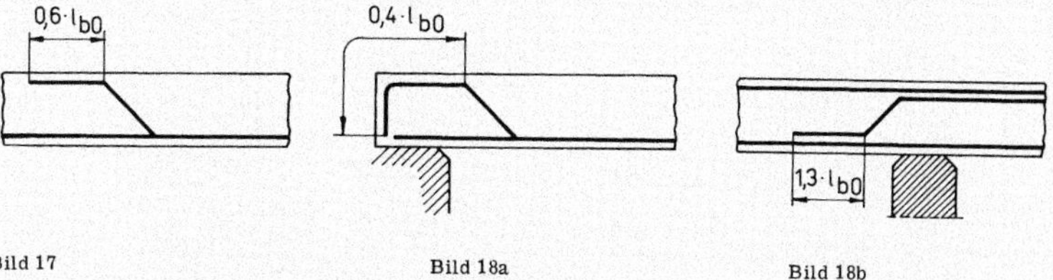

Bild 17 Bild 18a Bild 18b

Bewehrungsmatten der Ausführungsklasse AK II sind zwischen dem Punkt "E" und dem Mattenende, siehe Bild 16, durch in der AK II verschweißte Querstäbe zu verankern. Hierfür sind bei Matten der Feldbewehrung mindestens 2 Querstäbe und der Stützenbewehrung mindestens 1 Querstab anzuordnen.

Seite 24 TGL 33405/01

4.5.3. Verankerung der Feldbewehrung an Endauflagern

An Endlauflagern ist die zum Auflager durchgehende Feldbewehrung für die nach Gleichung (40) ermittelte Verankerungskraft (F_b) innerhalb des Auflagers zu verankern.

$$F_b = Q_{au} \cdot \frac{l_v}{h_s} + N_u \quad (40)$$

F_b ist nicht größer anzunehmen als die Zuggurtkraft in Feldmitte bei wandartigen Trägern

In Gleichung (40) bedeuten:

Q_{au} Querkraft im rechnerischen Auflager

l_v Versatzmaß nach Gleichung (39)

N_u Zug-Normalkraft; auch infolge Torsion

Die Verankerungskraft (F_b) ist durch eine der nachstehend genannten Verankerungen auf den Beton zu übertragen:

- Haken und Haftverbund, siehe Bild 19
- Haftverbund allein bei Rippenstäben, siehe Bild 20
- Ankerkörper, z. B. aufgeschweißte Querstäbe in der AK II, siehe Bild 21
- aufgeschweißte Querstäbe und Haftverbund bei Bewehrungsmatten der AK II mit Längsstäben $d_{s1} \leqq 14$ mm aus Rippenstahl und Querstäben $d_{s2} \geqq 0,5 \cdot d_{s1}$, siehe Bild 21.

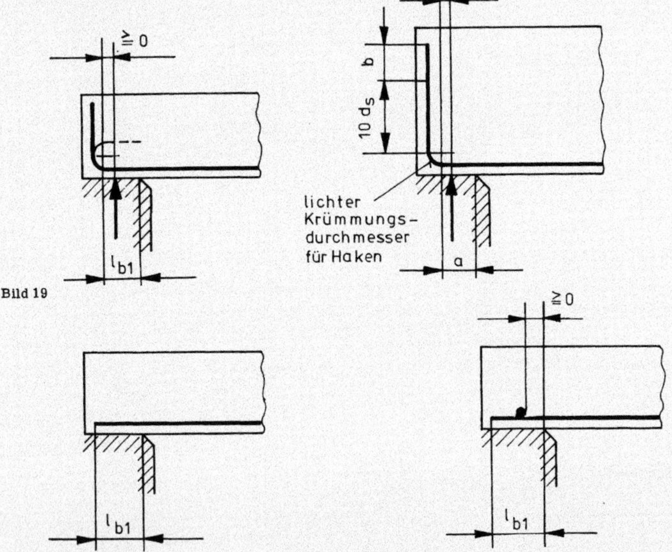

Bild 19

Bild 20

Bild 21

Die durch einen Haken aufnehmbare Kraft (F_h (R)) ist nach den Gleichungen (41) oder (42) zu ermitteln.

$$F_h (R) = 90 \cdot R_{bt} \cdot A_s \quad \text{für glatte Rundstähle} \quad (41)$$

$$F_h (R) = 150 \cdot R_{bt} \cdot A_s \quad \text{für Rippenstähle} \quad (42)$$

Die durch den Haftverbund aufnehmbare Kraft (F_b (R)) ist nach den Gleichungen (43) oder (44) zu ermitteln.

$$F_b (R) \begin{cases} = R_{bt} \cdot \pi \cdot d_s \cdot l_{b1} & \text{Stahlbeton} \\ = 0,6 R_{bt} \cdot \pi \cdot d_s \cdot l_{b1} & \text{Stahlleichtbeton} \end{cases} \text{ mit glatten Rundstählen} \quad (44)$$

$$F_b(R) = 2{,}4 \cdot R_{bt} \cdot \pi \cdot d_s \cdot l_{b1} \text{ für Rippenstähle} \quad (44)$$

4.5.4. Verankerung der Feldbewehrung an Zwischenauflagern, Rahmenecken und Endauflagern mit Kragarmen oder Einspannungen

Bei schlanken Konstruktionen sind die Längsstäbe grundsätzlich über die Auflagermitte zu führen. Hiervon darf abgewichen werden, wenn die Stäbe um das Maß $0{,}7 \cdot l_{b0}$ über den Zugkraftnullpunkt "0" weiter bis ins Auflager geführt werden, siehe Bild 16a.

Gedrungene Konstruktionen mit dem Zugkraftnullpunkt "0" im Auflagerbereich sind entsprechend Abschnitt 4.5.3. für die Zugkraft am Auflagerrand (F_{br}) zu verankern, siehe Bild 16b.

Bei wandartigen Trägern ist die Bewehrung wie an Endlauflagern zu verankern.

4.5.5. Verankerung der Zugbewehrung an Einspannstellen

Voll auf Zug beanspruchte Bewehrungsstäbe, z. B. von Kragarmen oder Zuggliedern, sind entsprechend Bild 22 zu verankern. Steht kein Verankerungsbereich mit Querdruck zur Verfügung, sind die infolge Sprengwirkung auftretenden Querzugsbeanspruchungen des Betons durch Querbewehrung aufzunehmen.

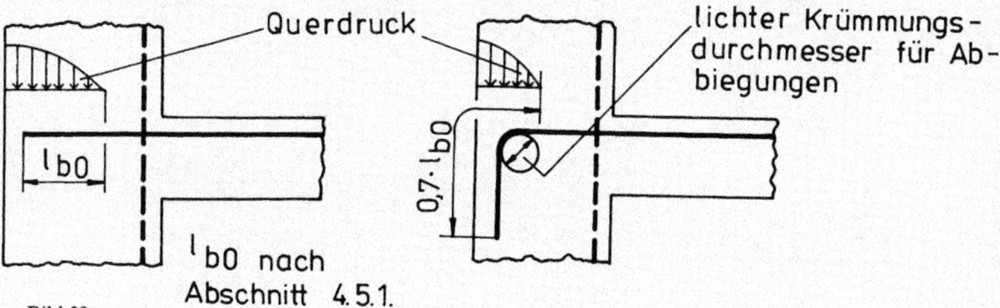

Bild 22

4.5.6. Verankerung der Bügelbewehrung

Die Bügel, auch konstruktiv angeordnete, sind in der Zug- und Druckzone zu verankern. Die Verankerungskraft F_v je Bügelschenkel ist nach Gleichung (45) zu bestimmen.

$$F_v = \frac{\pi \cdot d_v^2}{4} \cdot R_s \quad (45)$$

Die Verankerung muß in der Druckzone (x_R/k_0) zwischen dem Schwerpunkt der Druckzonenfläche und dem Druckrand erfolgen. In der Zugzone darf der Schwerpunkt der Verankerungsstäbe nicht mehr als der Schwerpunkt der Längsbewehrung vom Zugrand entfernt liegen.

Werden Bügel oder Bügelmatten entsprechend den Bildern 23 bis 30 ausgebildet, braucht die Verankerung nicht nachgewiesen zu werden. Werden andere Bügelformen, z. B. nach Bild 31 oder 32 gewählt, ist die Verankerung rechnerisch nachzuweisen. Hierfür dürfen folgende Verankerungselemente zusammenwirkend angesetzt werden:

- Querstabverankerung
- Haftverbund des Bügelschenkels nach Gleichungen (43) oder (44). Als Verbundlänge l_{b1} darf nur die Stablänge in der oberen Druckzonenhälfte angesetzt werden, siehe Bild 31 oder 32
- Hakenverankerung nach den Gleichungen (41) oder (42)

In allen Bügelecken und Haken sind Längsstäbe anzuordnen mit

$d_l \geqq 1{,}2 \cdot d_v$ in der Zugzone und

$d_l \geqq d_v$ in der Druckzone

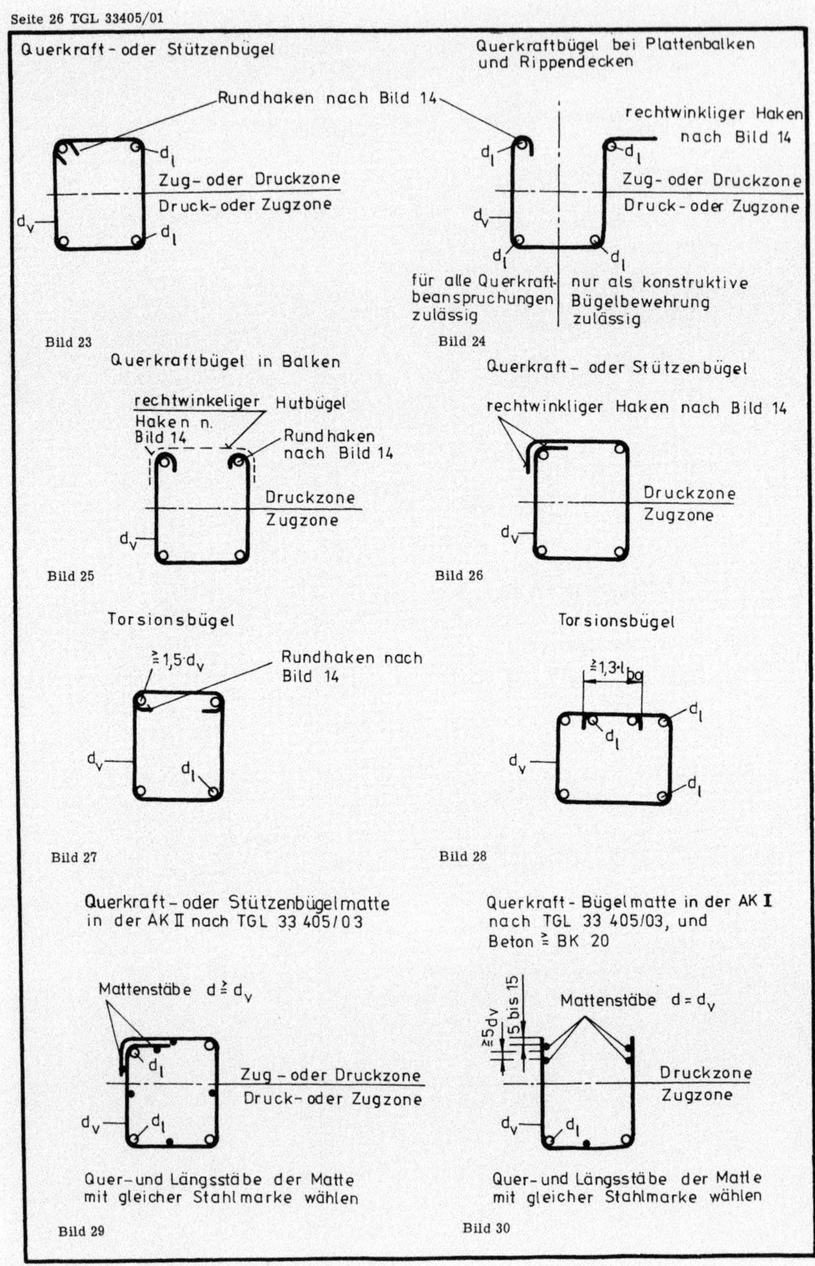
Seite 26 TGL 33405/01
Querkraft- oder Stützenbügel
Rundhaken nach Bild 14
Zug- oder Druckzone
Druck- oder Zugzone
Bild 23
Querkraftbügel bei Plattenbalken und Rippendecken
rechtwinkliger Haken nach Bild 14
Zug- oder Druckzone
Druck- oder Zugzone
für alle Querkraftbeanspruchungen zulässig
nur als konstruktive Bügelbewehrung zulässig
Bild 24
Querkraftbügel in Balken
rechtwinkeliger Haken n. Bild 14
Hutbügel
Rundhaken nach Bild 14
Druckzone
Zugzone
Bild 25
Querkraft- oder Stützenbügel
rechtwinkliger Haken nach Bild 14
Druckzone
Zugzone
Bild 26
Torsionsbügel
≧ 1,5·d_v
Rundhaken nach Bild 14
Bild 27
Torsionsbügel
≧ 1,3·l_ba
Bild 28
Querkraft- oder Stützenbügelmatte in der AK II nach TGL 33 405/03
Mattenstäbe d ≧ d_v
Zug - oder Druckzone
Druck- oder Zugzone
Quer- und Längsstäbe der Matte mit gleicher Stahlmarke wählen
Bild 29
Querkraft-Bügelmatte in der AK I nach TGL 33 405/03, und Beton ≧ BK 20
≧5d_v
5 bis 15
Mattenstäbe d = d_v
Druckzone
Zugzone
Quer- und Längsstäbe der Matte mit gleicher Stahlmarke wählen
Bild 30

Querkraft – oder Stützenbügelmatte in der AK II nach TGL 33 405/03

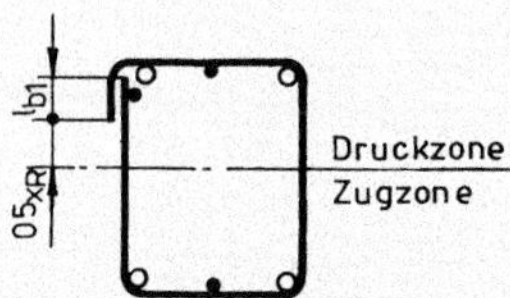

Verankerungsnachweis erforderlich

Bild 31

Querkraftbügelmatte in der AK II nach TGL 33 405/03

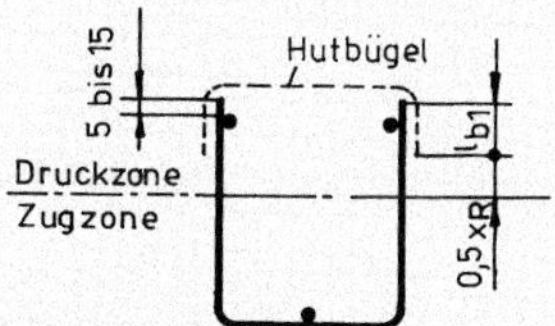

Verankerungsnachweis erforderlich

Bild 32

4.6. Verbundsicherung der Biegezugbewehrung

Der Verbundnachweis darf entfallen, wenn bei Stahlbetonkonstruktionen die in Tabelle 19 angegebenen Grenzdurchmesser ($d_{s,\ lm}$) nicht überschritten werden.

Der Verbundnachweis ist für Biegezugbewehrungen nach den Gleichungen (46) und (47) zu führen bei

- Stahlbetonkonstruktionen mit $d_s > d_{s,\ lm}$ nach Tabelle 19
- Konstruktionen aus Stahlleichtbeton
- glatten Bewehrungsstäben der Stahlklasse IV
- auf Durchstanzen beanspruchten Konstruktionen mit rechnerisch erforderlicher Durchstanzbewehrung

$$\frac{Q_u}{u \cdot h_s} \leqq \begin{cases} 1{,}4 \cdot R_{bt} \\ 0{,}9 \cdot R_{bt} \end{cases} \text{für glatte Rundstähle bei} \begin{cases} \text{Stahlbeton} \\ \text{Stahlleichtbeton} \end{cases} \quad (46)$$

$$\frac{Q_u}{u \cdot h_s} \leqq 3{,}6 \cdot R_{bt} \quad \text{für Rippenstähle} \quad (47)$$

In den Gleichungen (46) und (47) bedeutet:

u Summe der Stabumfänge in der Zugzone

Tabelle 19 Grenzdurchmesser der Biegezugbewehrung

Biegezugbewehrung aus	Grenzdurchmesser $d_{s,\ lm}$ in mm bei	
	≦ Bk 15	≧ Bk 20
Rundstahl der Betonstahlklassen 0 und I	25	28
Rippenstahl der Betonstahlklasse III	20	25
Rippenstahl der Betonstahlklasse IV	16	

4.7. Bewehrungsstöße

4.7.1. Allgemeines

Stöße sind möglichst in nicht voll beanspruchten Querschnitten anzuordnen. Sie können durch

- Überdeckungen
- Schweißungen
- Schraubverbindungen
- Schlaufenverbindungen

hergestellt werden.

Überdeckungsstöße dürfen bei Zugnormalkräften mit Ausmittigkeiten kleiner $0{,}5\ h_s$ nicht angewendet werden, sofern nicht der Stoßbereich zusätzlich umbügelt wird.

Seite 28 TGL 33405/01

Bei geknüpften Hauptbewehrungen aus glatten Rundstählen der Klasse IV sind Überdeckungsstöße nur bei Auslastungen entsprechend Stählen der Klasse I zulässig.
Geschweißte Stoßverbindungen sind nach TGL 33405/03 auszubilden.

Geschraubte Bewehrungsstöße dürfen nur bei vorwiegend ruhender Belastung verwendet werden.

4.7.2. Überdeckungsstöße der Hauptbewehrung

Bei einlagigen Überdeckungsstößen der Hauptbewehrung darf im Stoßquerschnitt das Verhältnis der gestoßenen Bewehrung (A_{sv}) zur vorhandenen Gesamtbewehrung (A_s) nicht größer sein als in Tabelle 20 angegeben.

Tabelle 20 Verhältnis von $\frac{A_{sv}}{A_s}$ und Querbewehrung

Beanspruchungsart der zu stoßenden Bewehrung	d_s mm	$\frac{A_{sv}}{A_s}$	zusätzliche Querbewehrung
Zugbeanspruchung, statisch	≦ 14	1,0	-
	≧ 16	0,5	-
		0,5 bis 1,0	Umbügelung der Stoß-Endbereiche
Zugbeanspruchung, dynamisch	≦ 14	0,5	-
	≧ 16	0,2	-
		0,2 bis 0,5	Umbügelung der Stoß-Endbereiche
Druckbeanspruchung	-	1,0	Umbügelung der Stoß-Endbereiche bei $\mu_{s0} > 1,5\,\%$ bzw. $\mu'_{s0} > 0,75\,\%$

Eine nach Tabelle 20 erforderliche zusätzliche Querbewehrung ist je Stoßseite für eine Kraft

$$F = \frac{\pi \cdot d_s^2}{4} \cdot R_s^0$$

zu bemessen. Der Bügelabstand darf nicht mehr als 150 mm betragen.

Die Überdeckungslängen (l_{sv}) sind nach Tabelle 22 zu ermitteln. Überdeckungsstöße gelten als versetzt, wenn der Abstand der Stoßmitten ≦ 1,1 · l_{sv} beträgt, siehe Bild 33. In vorwiegend ruhend beanspruchten Konstruktionen darf der Abstand der Stoßmitten auf 0,5 · l_{sv} verringert werden, wenn im Stoßbereich zusätzlich im Abstand 15 · d_s eine wirksame Querbewehrung vorhanden ist.

Der lichte Abstand der gestoßenen Bewehrungsstäbe darf nicht größer als 4 · d_s und bei glatten Rundstählen grundsätzlich nicht kleiner als 20 mm sein, siehe Bild 33.

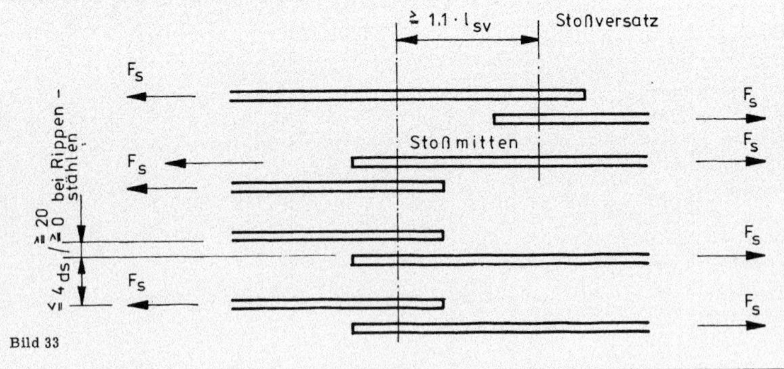

Bild 33

Mehrlagige Überdeckungsstöße sind in der Regel nicht auszubilden, anderenfalls ist der gesamte Stoßbereich zu umbügeln.

Bei Zug- und Druckstößen geschweißter Bewehrungsmatten der Ausführungsklasse II müssen die im Stoßbereich auftretenden, mit dem Beiwert α_v nach Tabelle 21 multiplizierten Kräfte der Längsstäbe durch die im Stoßbereich aufgeschweißten Querstäbe auf den Beton übertragen werden. Die Nachweise sind nach TGL 33405/03 zu führen.

Tabelle 21 Beiwert α_v

Beanspruchung im Stoß	α_v bei Längsstäben aus	
	glattem Rundstahl	Rippenstahl
Zug	1, 33	1, 00
Druck	1, 00	0, 75

Tabelle 22 Überdeckungslängen (l_{sv})

Bewehrung	$\frac{A_{sv}}{\text{vorh } A_s}$	l_{sv} mm
Zugbewehrung, geknüpft oder heftgeschweißt	≦ 0, 2	$1,3 \cdot l_{b0} \cdot \frac{\text{erf } A_s}{\text{vorh } A_s}$ ≧ 250 ≧ $15 \cdot d_s$
	1, 0	$2,0 \cdot l_{b0} \cdot \frac{\text{erf } A_s}{\text{vorh } A_s}$ ≧ 250 ≧ $15 \cdot d_s$
Druckbewehrung, geknüpft oder heftgeschweißt	≦ 1	bei vorwiegend ruhender Beanspruchung ≧ $0,8 \cdot l_{b0}$ ≧ 250
		bei dynamischer Beanspruchung ≧ l_{b0} ≧ 250
zugbeanspruchte geschweißte Bewehrungsmatten der Ak II mit d_s ≦ 14 mm	≦ 1	Anzahl der Maschen ≧ $3,5 \cdot \frac{\text{erf } A_s}{\text{vorh } A_s}$ aufzurunden auf 1, 5; 2, 5 oder 3, 5 Maschen, jedoch nicht kleiner als 300 mm
druckbeanspruchte geschweißte Bewehrungsmatten der AK II mit d_s ≦ 14 mm	≦ 1	≧ 300 mm

Zwischenwerte sind linear zu interpolieren.

In Tabelle 22 bedeuten:

A_{sv} gestoßener Bewehrungsquerschnitt

vorh A_s im Stoß vorhandenen Bewehrungsquerschnitt

erf A_s im Stoß rechnerisch erforderlicher Bewehrungsquerschnitt

l_{b0} Grundwert nach Tabelle 18; bei Druckstößen darf die Abminderung für Haken von $20 \cdot d_s$ nach Tabelle 18, Nr. 1 und von $11 \cdot d_s$ nach Tabelle 18, Nr. 3 nicht berücksichtigt werden.

4.7.3. Überdeckungsstöße der Querbewehrung in Biegezugbereichen

Bei Überdeckungsstößen der Querbewehrung muß $l_{sv} \geqq 0,6\, l_{b0} \geqq 250$ mm sein, wobei l_{b0} immer für guten Verbundbereich angesetzt werden darf.
Bei geschweißten Bewehrungsmatten der AK II darf l_{sv} auf 1, 5 Maschenweiten abgemindert werden. Die Stöße sind möglichst zu versetzen.

4.7.4. Schlaufenstöße

Schlaufenstöße dürfen in der Regel nur bei vorwiegend ruhender Beanspruchung angewendet werden. Sie haben grundsätzlich die Festlegungen in den Bildern 34 und 35 sowie die folgenden konstruktiven Bedingungen zu erfüllen:

- $d_s \leqq 16$ mm, siehe Bild 34 und 35,
- lichter Abstand der Schlaufen einer Stoßseite mindestens $8 \cdot d_s$,
- lichter Abstand zwischen den zu stoßenden Schlaufen höchstens $4 \cdot d_s$,
- mindestens 4 Stähle als Querbewehrung in den Schlaufen bei Schlaufenstöße für Zug, siehe Bild 34, mindestens 3 Stähle als Querbewehrung in den Schlaufen bei Schlaufenstößen für Biegung, siehe Bild 35.

Der lichte Krümmungsdurchmesser (D) der Schlaufen ist so groß zu wählen, daß die Zugkräfte (F) durch den in den Schlaufen liegenden Beton übertragen werden.

Günstig wirkende Einflüsse, z. B. Querdruck, dürfen bei der Ausbildung der Stöße berücksichtigt werden.

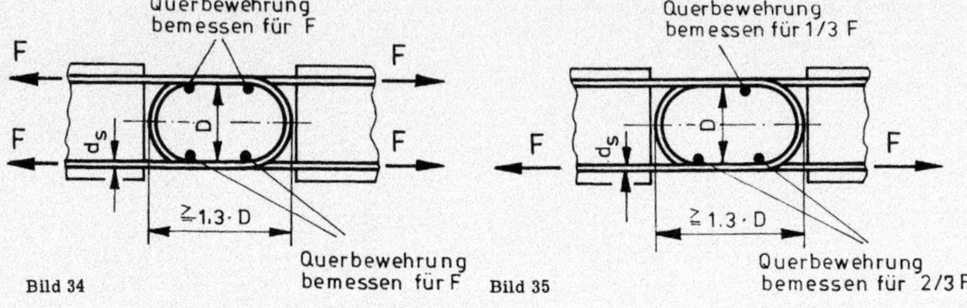

Bild 34 Bild 35

4.8. Umlenkbewehrung

Bei Bauteilen mit gebogenen oder geknickten Leibungen sind die sich aus der Richtungsänderung von Zug- oder Druckkräften ergebenden, nach außen wirkenden Kräfte grundsätzlich durch Bewehrung aufzunehmen.

5. BESONDERE FORDERUNGEN AN BAUTEILE

5.1. Platten und Rippendecken

Die Mindestdicke von Platten und Rippendecken ist der Tabelle 23 zu entnehmen.

Die Auflagerlänge, gemessen von der Vorderkante des unterstützenden Bauteils muß im eingebauten Zustand so gewählt werden, daß die Auflagerkräfte sicher übertragen und die Verankerungskräfte aufgenommen werden können. Mindestauflagerlängen nach Tabelle 23; diese dürfen nur unterschritten werden, wenn die Übertragung aller im Auflagerbereich vorhandenen Kräfte durch entsprechende konstruktive Durchbildung, z. B. Ankerwinkel, gewährleistet wird.

5.1.1. Platten aus Ortbeton

Der Durchmesser der Bewehrungsstähle soll grundsätzlich nicht mehr als 1/10 der Nutzhöhe betragen, wenn nicht der Nachweis sicherer Verbundwirkung für größere Durchmesser geführt wird.

Im Bereich der größten Momente darf der Größtabstand der Bewehrungsstähle bei Platten mit einer Dicke $h \leqq 750$ mm den Abstand $2 \cdot h \leqq 250$ mm und bei Plattendicken $h > 750$ mm den Abstand h/3 nicht überschreiten.

Ist an den Plattenenden die freie Drehbarkeit behindert, muß auch bei Annahme freier Auflagerung eine etwa noch vorhandene unbeabsichtigte Einspannung durch obere Einlagen berücksichtigt werden.

In Platten ist eine Querbewehrung im Höchstabstand von 350 mm anzuordnen, jedoch nicht kleiner als der Abstand der Hauptbewehrung. Der Querschnitt der Querbewehrung muß bei vorwiegend gleichmäßig verteilter Belastung im Bereich der größten Feldmomente 10% und bei nicht gleichmäßig verteilter Belastung 20 % der Zugkraft der Hauptbewehrung, bezogen auf die Längeneinheit aufnehmen können.

Der auf 1 m Plattenlänge vorgesehene Querschnitt der Querbewehrung in cm^2 muß mindestens $200/R_s$ betragen, wobei R_s die Rechenfestigkeit der Querbewehrung in N/mm^2 ist.

Werden mitwirkende Plattenbreiten nach TGL 33404/01 zur Übertragung von Einzellasten herangezogen, so ist unter diesen eine zusätzliche Querbewehrung anzuordnen, die 50 % der Zugkraft der durch die Einzellast allein bedingten Hauptbewehrung aufnehmen kann, siehe Bild 36. In Kragplatten ist diese Querbewehrung an der Unterseite anzuordnen.

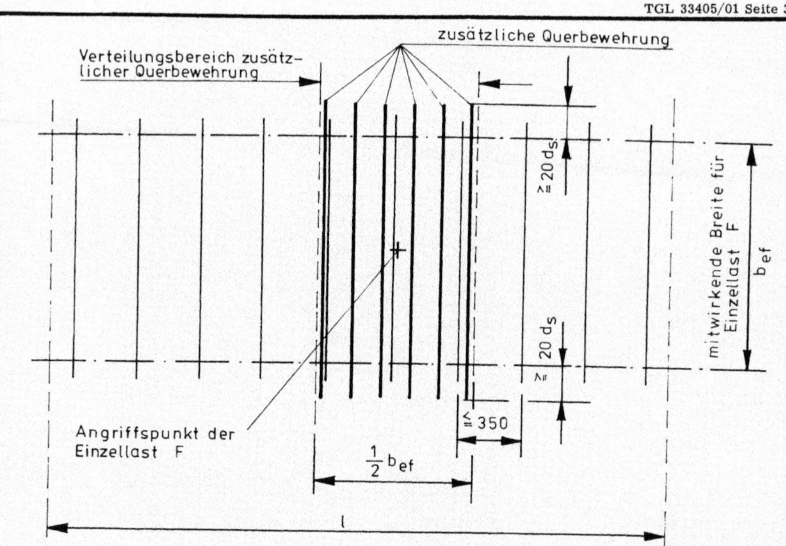

Bild 36

Ist eine rechnerisch nicht berücksichtigte Unterstützung parallel zur Hauptbewehrung vorhanden, ist zur Aufnahme der an der Plattenoberseite auftretenden Zugbeanspruchungen eine Abreißbewehrung anzuordnen. Wird diese nicht genauer ermittelt, sind auf 1 m Länge dieser Unterstützung 60 % der Hauptbewehrung der Platte in Feldmitte anzuordnen, siehe Bild 37.

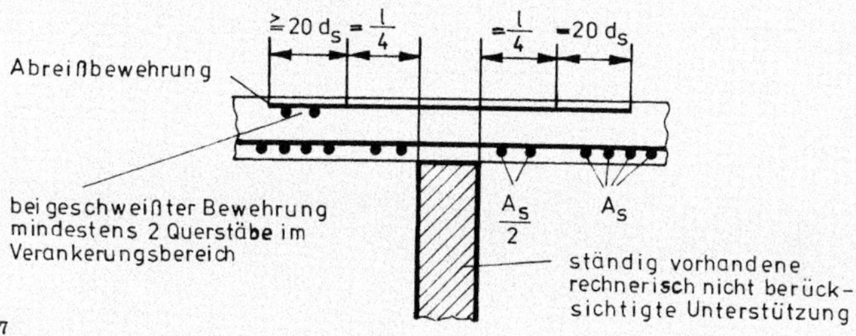

Bild 37

Beiderseits neben einer ständig vorhandenen Unterstützung darf der Querschnitt der Hauptbewehrung der Platte auf eine Länge von maximal 1/4 der Plattenstützweite auf die Hälfte abgemindert werden, siehe Bild 37.

Werden bei frei aufliegenden Rändern von zweiachsig gespannten Platten die Drillmomente zur Abminderung der Feldmomente berücksichtigt, müssen die freien Ecken nach den Angaben in Bild 38 eine besondere Drillbewehrung erhalten, deren Querschnitt mindestens gleich dem der größeren Bewehrung in Feldmitte sein muß.

Diese Drillbewehrung muß unten rechtwinklig, oben parallel zur anliegenden Diagonalen verlaufen. Sie darf auch durch sich kreuzende Bewehrung parallel zu den Plattenrändern ersetzt werden.

Bei zweiachsig gespannten Platten dürfen die Plattenstreifen am Rand auf eine Breite von min. 1/5 mit der Hälfte des in Feldmitte erforderlichen Bewehrungsquerschnittes bewehrt werden.

Seite 32 TGL 33405/01

Tabelle 23 Mindestdicke und Mindestauflagerlänge

Nr.	Konstruktion		Nutzung	min. h mm	Mindestauflagerlänge in mm bei Beton, Stahlbeton	Mauerwerk	Stahl
1	randgelagerte Ortbetonplatten		nur in Ausnahmefällen begehbar	50	60	h in Feldmitte ≦ 110 ≧ 70	40*4)
2			nicht befahrbar	60			
3			befahrbar mit PKW	100			
4			befahrbar mit LKW	120			
5	randgelagerte Fertigteilplatten	ohne Randverstärkung	nicht befahrbar	50	50	70	30
6			befahrbar mit PKW	100	60	110	60
7			befahrbar mit LKW	120			
8		mit Randverstärkung	nicht befahrbar	30	50	70	30
9	punktgestützte Platten aus Ortbeton oder Fertigteilen		nicht befahrbar	150	-	-	-
10			befahrbar mit PKW oder Gabelstapler	220	-	-	-
11	Stahlsteindecken		nicht befahrbar	90	60	mindestens h in Feldmitte, jedoch nicht < 70	40*4)
12	Decken aus Stahlbetonhohldielen mit vergossenen Fugen		nicht befahrbar	60	40		30
13	Decken aus Glasstahlbeton	monolithisch		60	60		40
14		aus Fertigteilen		40	50		
15	Balkendecken aus Fertigbalken mit	b ≦ h	nicht befahrbar	120	60	110	40
16			befahrbar	150	80		60
17		b > h	nicht befahrbar	100	60		40
18			befahrbar	120	80		60
19	Rippendecken Druckplatten	monolithisch	nicht befahrbar	50	-	-	-
20		Fertigteile		30			
21	Rippen	monolithisch Fertigteile		-	60	110	60

*4) zwischen Stahlträgern mindestens I 160

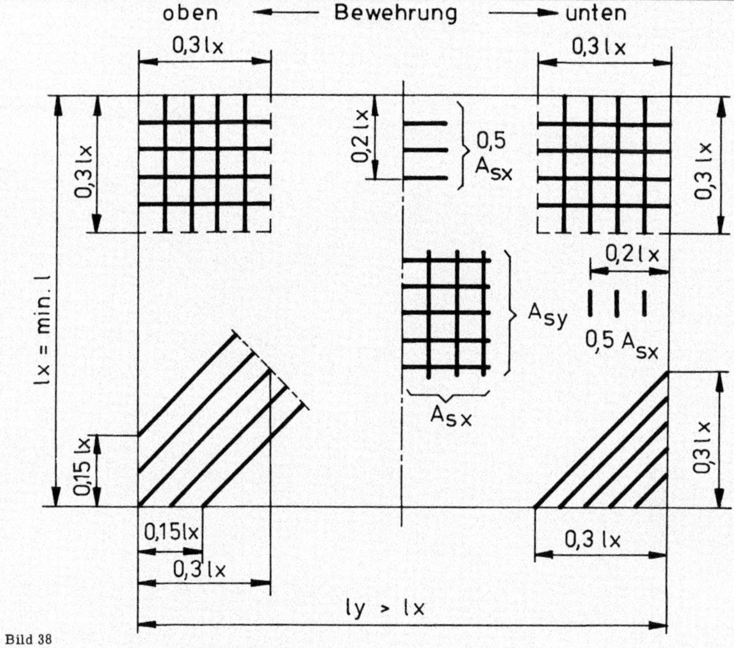

Bild 38

5.1.2. Voll- und Hohldeckenplatten aus Fertigteilen

Es gilt Abschnitt 5.1.1. sofern nachfolgend keine abweichenden Festlegungen getroffen werden.

Eine Querbewehrung ist bei gleichmäßig verteilter Belastung nicht erforderlich, wenn die Breite B einer Platte $\leq \frac{1}{3} l$ und/oder $\leq 6{,}5\ h$ bzw. wenn $m_y \leq 0{,}13 \cdot R^0_{bt} \cdot h^2$ ist. Dabei ist m_y aus der Kopplung der einzelnen Platten untereinander für Nutzlastunterschiede von 50 % im Wechsel auf den einzelnen Platten zu bestimmen. In allen anderen Fällen ist eine Querbewehrung je m Plattenlänge erforderlich, die mindestens den in Tabelle 24 angegebenen Anteil der Zugkraft der Hauptbewehrung im Bereich der größten Momente je m Plattenbreite aufnehmen muß. Diese Querbewehrung darf bei Hohldeckenplatten in Querrippen mit einem Höchstabstand gleich der 15fachen Plattendicke zusammengefaßt werden.

Tabelle 24 Zugkraft für Querbewehrung je m

Seitenverhältnis der Fertigteilplatte B/l	≦ 0,33	≧ 0,50
Anteil der Zugkraft der Hauptbewehrung	0,035	0,10

Zwischenwerte dürfen geradlinig interpoliert werden.

5.1.3. Rippendecken

Bei Rippendecken aus Ortbeton dürfen zur Erzielung einer ebenen Deckenunterschicht statisch wirksame Füllkörper zwischen den Rippen eingebaut werden, Siehe Bild 39.

Bei Fertigteil-Rippendecken dürfen die Zwischenbauteile zur statischen Wirkung mit herangezogen werden, wenn eine einwandfreie Kraftübertragung nachweislich gesichert ist, siehe Bild 40

Seite 34 TGL 33405/01

Rippendecken können aus Fertigteilrippen mit Fertigteilplatten, Fertigteilrippen mit Ortbetonplatten, siehe Bild 41, oder Ortbetonrippen mit Fertigteilplatten, siehe Bild 42, gebildet werden, wobei unter der Bedingung einer einwandfreien Kraftübertragung in den Verbindungen bei der Berechnung für den Endzustand eine gemeinsame Wirkung angenommen werden darf.

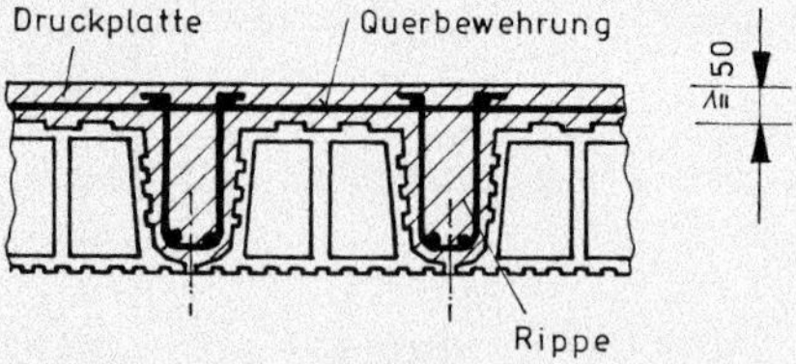

Bild 39

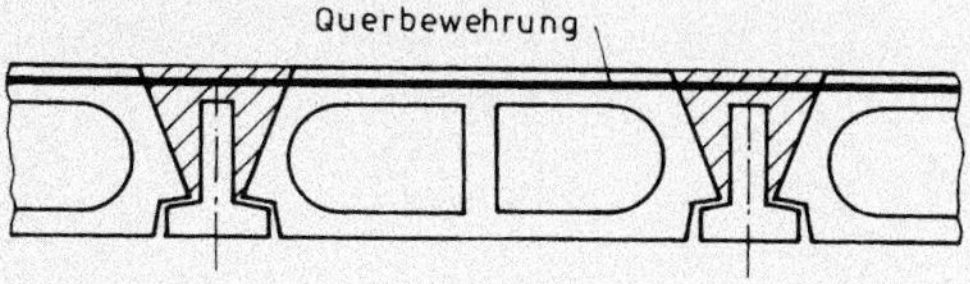

Bild 40

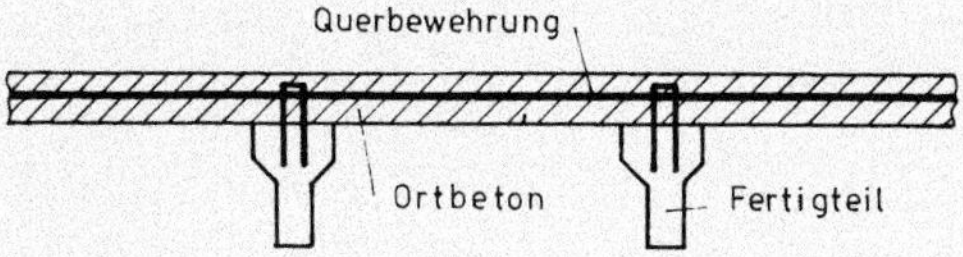

Bild 41

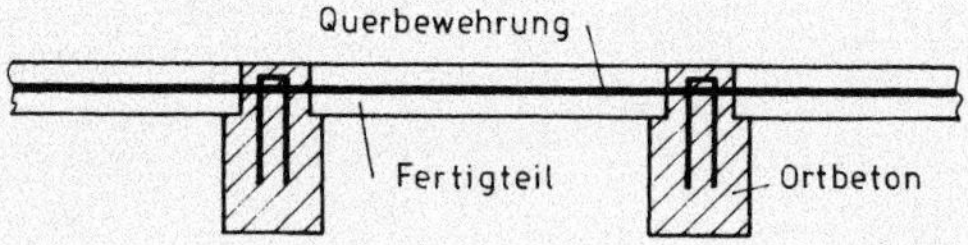

Bild 42

Die Mindestbreite und der Höchstabstand der Rippen nach Tabelle 25 sind einzuhalten.

Tabelle 25 Mindestbreite und Höchstabstand der Rippen

Nr.	Konstruktionsart	Rippen Mindestbreite mm	Rippen Höchstabstand zwischen den Rippen mm
1	Ortbeton-Rippendecken	50	700
2	Fertigteil-Rippendecken	40	700
3		50	1200

Die Druckplatten oder Zwischenbauteile sind für die Lastübertragung zwischen Rippen auszubilden.

Querrippen zur Lastverteilung sind nach Tabelle 26 anzuordnen, wenn kein genauerer Nachweis geführt wird. Einzellasten sind durch Querrippen oder andere geeignete Maßnahmen auf eine ausreichende Anzahl von Rippen zu verteilen. Querrippen müssen den gleichen Betonquerschnitt wie die Hauptrippen erhalten. Der Querschnitt ihrer unteren Bewehrung ist nach Tabelle 26 zu wählen. An der Querrippenoberseite ist mindestens die Hälfte der unteren Bewehrung anzuordnen.

Zwischenbauteile gelten als tragend, wenn sie die auf sie einwirkenden Eigenlasten und eine Einzellast in der Größe der vorgesehenen Nutzlast je m^2 aufnehmen können. Sie dürfen bis 750 mm Rippenabstand ohne Bewehrung ausgeführt werden.

In den Druckplatten von Ortbetonrippendecken sind Bewehrungsstähle quer zur Rippenspannrichtung mit einem Höchstabstand von 350 mm mit einem Gesamtquerschnitt in cm^2 von mindestens $200 / R_s$ anzuordnen. Diese Bewehrung ist auch in Fertigteil-Rippendecken erforderlich, wenn keine anderen Maßnahmen zur Lastverteilung vorgesehen werden.

Die Tragfähigkeit der Druckplatte zwischen den Rippen ist erforderlichenfalls nachzuweisen. Dieser Nachweis ist bei Einzellasten immer zu führen.

Tabelle 26 Querrippen

Nr.	Konstruktionsart		Stützweite	Querrippenanzahl und A_s der unteren Querrippenbewehrung bei einer Deckenbelastung von					
				$f \leq 2$ kN/m²		2 kN/m² < $f \leq 4$ kN/m²		$f > 4$ kN/m²	
				Anzahl	Bewehrung	Anzahl	Bewehrung	Anzahl	Bewehrung
1	Ortbeton-Rippendecken Fertigteilrippen mit Ortbetonplatten Ortbetonrippen mit Fertigteilplatten	Rippenabstand ≦ 330 mm	≦ 7000	-	-	-	-	-	-
2			> 7000	-	-	1	$A_s/2$	1	A_s
3		Rippenabstand > 330 mm	< 5000	-	-	-	-	-	-
4			5000 < l ≦ 7000	1	$A_s/2$	1	$A_s/2$	1	A_s
5			> 7000	1	A_s	3	$A_s/2$	3	A_s
6	Balken- und Rippendecken mit tragenden Zwischenbauteilen	Rippenabstände ≦ 750 mm	≦ 5000	-	-	-	-	-	-
7			> 5000	-	-	1	$A_s/2$	1	A_s
8		Rippenabstände > 750 mm	≦ 5000	-	-	-	-	-	-
9			5000 < l ≦ 7000	1	$A_s/2$	1	$A_s/2$	1	A_s
10			> 7000	1	$A_s/2$	1	A_s	1	A_s

A_s ist die Bewehrung einer Hauptrippe

5.1.4. Flach- und Pilzdecken

Die Bewehrung ist entsprechend den Momentenanteilen auf die Feld- und Gurtstreifen zu verteilen, siehe TGL 33404/01. Dabei sind mindestens 50 % der Gurtstreifenbewehrung auf die für das Durchstanzen maßgebende Breite mit einem maximalen Bewehrungsabstand gleich der Plattendicke h zu konzentrieren. Von der gesamten Feldbewehrung sind mindestens 50 % bis über die quer zur betrachteten Spannrichtung verlaufende Stützenachse zu führen.

Der Nachweis auf Durchstanzen braucht bei Pilzdecken mit Stützenkopfverstärkungen an den Stützenenden, die einen Neigungswinkel von 45° gegen die Horizontale nicht unterschreiten, nur für die Deckenplatte geführt zu werden.

5.1.5. Decken aus Glasstahlbeton

Die Dicke der zu verwendenden Glaskörper muß mindestens 20 mm betragen. Die Randausbildung der Glaskörper muß einen festen Sitz im umgebenden Beton gewährleisten, der als Bk 15 vorzusehen ist.

Der Abstand der Tragrippen darf nicht größer als 250 mm und der der Querrippe nicht größer als 300 mm sein. Die Rippenhöhe muß bei monolithischer Ausführung mindestens 60 mm und bei Fertigteilen 40 mm, die Rippenbreite mindestens 30 mm betragen.

Einzelne Tragteile sind mit Ringankern zur sicheren Verankerung der Rippenbewehrung zu umschließen. Die Bewehrung des Ringankers muß mindestens der der Tragrippen entsprechen.

Räumliche Tragwerke dürfen nur aus Glasstahlbeton mit runden Glaskörpern bestehen, wobei die Rippenhöhen mindestens 80 mm und die Dicke der Glaskörper mindestens gleich der Rippenbreite sein müssen.

Bei der Berechnung dürfen die in der Druckzone liegenden Querschnittsteile der Glaskörper als mitwirkend berücksichtigt werden. Die Rechenfestigkeit der Bewehrung (R_s) beträgt unabhängig von der Stahlklasse 140 N/mm².

Seite 36 TGL 33405/01

5.1.6. Stahlsteindecken

Stahlsteindecken sind grundsätzlich nur bei vorwiegend ruhenden, gleichmäßig verteilten Lasten anzuwenden.

Die Deckenziegel müssen dem betreffenden Standard entsprechen; der Beton darf höchstens mit Bk 15 beim Tragfähigkeitsnachweis angesetzt werden.

Abweichend von Tabelle 14 dürfen bei Stahlsteindecken die Schlankheiten nur $l_i/h_s \leqq 30$, bei nur zur Baureparatur und Wartung begehbaren Decken $l_i/h_s \leqq 40$ betragen.

Bei der Berechnung dürfen zur Querkraftübertragung die Summe der Beton- und Ziegelstege, zur Biegedruckübertragung zusätzlich der außerdem vorhandene Ziegelquerschnitt und Betondruckschichten von mindestens 20 bis höchstens 50 cm Dicke angesetzt werden.

Werden bei zum Vergießen zugelassenen Deckenziegeln die unteren Stoßfugen nicht besonders vermörtelt, darf zur Übertragung negativer Momente nur der Beton der Stege angesetzt werden.

Die seitliche Betondeckung der Bewehrung zu den Ziegelstegen muß mindestens 5 mm betragen.

Im Auflagerbereich ist Vollbeton vorzusehen.

Die Bewehrung ist so zu verteilen, daß im Bereich der maximalen Momente in jeder Fuge ein Bewehrungsstahl liegt. Im Auflagerbereich darf in jeder zweiten Fuge der Stahl aufgebogen werden, wenn er bis über das Auflager geführt wird.

Die Stähle müssen Endhaken erhalten. die bei Decken zwischen Stahlträgern bis an die Trägerstege reichen müssen. Die Rechenfestigkeit für Stänle der Klasse 0 und I ist mit 150 N/mm^2, die der Klasse III und IV mit 180 N/mm^2 anzunehmen.

5.1.7. Unbewehrte Decken

Sofern eine seitliche Aussteifung zur Aufnahme des waagerechten Schubes vorhanden ist und die Bedingungen der Tabelle 27 erfüllt sind, dürfen auf Schalung hergestellte Decken ohne Bewehrung ausgeführt werden.

Tabelle 27 Grenzwerte unbewehrter Decken

Nr.	Bauart	Dicke mm	Druckfestigkeit N/mm^2 Stein	Druckfestigkeit N/mm^2 Fugenbeton	Stützweite m	gesamte Normlast kN/m^2
1	Lochziegel zum Vermauern von Stahlsteindecken	90	15,0	10,0	1,00	4,50
2		190			1,60	5,50
3	Vollziegel	11,5	15,0	5,0	1,30	5,50
4	Beton	100	-	15,0	1,50	5,50

5.2. Balken und Plattenbalken

Balken und Plattenbalken sind vorwiegend auf Biegung beanspruchte stabförmige Bauteile mit $l_i/h_s > 2,0$.

Bügel in Balken und Plattenbalken müssen grundsätzlich den Querschnitt umschließen. Offene Bügel dürfen verwendet werden, wenn in Höhe der fortgelassenen Bügelschenkel quer zur Balkenachse eine kraftschlüssig verankerte Bewehrung mindestens im Abstand der Bügel vorhanden oder $k_{xR} \leqq 0,2$ ist.

Bei Querschnittshöhen größer als 1400 mm ist an den Außenseiten der Balkenstege über die Höhe der Zugzone eine Stegbewehrung anzuordnen. Der Querschnitt dieser Stegbewehrung soll 0,1 % der Fläche der Zugzone betragen und darf als Tragbewehrung mit herangezogen werden. Für Bewehrungsstähle dieser Stegbewehrung gilt als Höchstabstand 400 mm.

Liegen bei profilierten Balken Flansche in der Zugzone, ist die Zugbewehrung unter Berücksichtigung des Abschnittes 2.3.2.4. auch auf diese zu verteilen, siehe Bild 6.

Bei mehrlagiger Bewehrung, bzw. bei Bewehrung am oberen Balkenrand sind Rüttellücken zur Sicherung einer ausreichenden Verdichtung zu belassen.

5.3. Druckglieder

5.3.1. Unbewehrte Druckglieder

Die kleinste Seitenlänge von unbewehrten Druckgliedern muß 200 mm betragen. Sind bei unbewehrten Druckgliedern Querschnittssprünge vorhanden, müssen die auftretenden Querzugspannungen nachgewiesen und erforderlichenfalls durch Bewehrung aufgenommen werden.

5.3.2. Bügelbewehrte Druckglieder

Bei bügelbewehrten Druckgliedern muß die Längsbewehrung durch Bügel oder Spiralen umschlossen werden.

Mindestmaße nach Tabelle 28

Tabelle 28 Mindestmaße

Nr.	Herstellungsart	kleinste Seitenlänge, siehe Bild 43 mm	min. b und min. h von Profilierungen siehe Bild 44 mm	Mindestdurchmesser Längsbewehrung (min. d_s) mm	Mindestdurchmesser Bügel (min. d_v) mm
1	Ortbeton	200	100	12	
2	Fertigteile $\lambda \geqq 70$	150	40	10	$\frac{1}{4}\ d_s \geqq 4$
3	Fertigteile $\lambda < 70$	120			

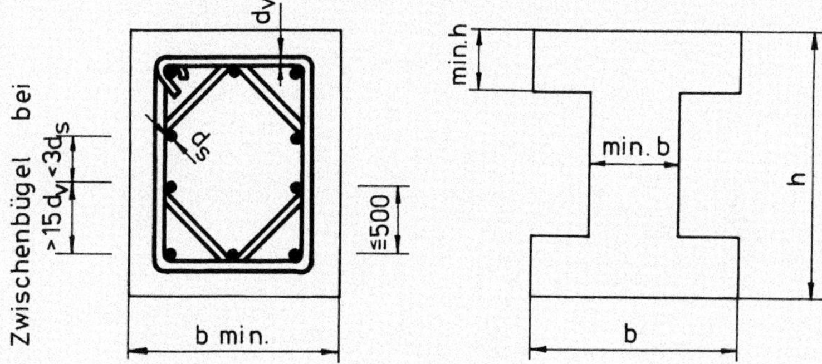

Bild 43 Bild 44

Für die Bewehrung am stärker gedrückten Rand gilt die Gleichung

$$A'_s \leqq 0,225 \cdot A_b \cdot R_b^0/R_s^0 \qquad (48)$$

Sie darf außerdem nicht größer werden als das Dreifache der weniger gedrückten Bewehrung. Dabei darf A'_s im Einspannbereich an Stützenenden und in Ausnahmefällen bis auf den doppelten Betrag erhöht werden. Ausnahmefälle liegen vor bei kurzzeitig wirkenden Belastungen oder örtlichen Schwächungen von Druckgliedern.

Der größte Abstand der Längsstähle darf 500 mm nicht überschreiten, siehe Bild 43.

Der größte Achsabstand der Bügel (s_v) oder die Ganghöhe einer gleichwertigen Spiralbewehrung darf bei vorwiegend ruhender Belastung gleich der kleinsten Seitenlänge oder dem Durchmesser der Querschnitte sein, wenn

- der Durchmesser der Längsstähle nicht größer ist als

  32 mm bei St A-0 und St A-I

  25 mm bei St A-III und St T-III

  22 mm bei St T-IV

- der Achsabstand der Längsstähle s untereinander größer als das 3fache ihres Durchmessers ist
- die Betondeckung der Bügel c_v nicht kleiner ist als

  15 mm bei Betonklassen von ≧ Bk 20
  20 mm bei Betonklassen < Bk 20.

In allen anderen Fällen darf der Achsabstand außerdem den 15fachen Durchmesser der Längsstähle nicht überschreiten.

Bei durchgehenden Geschoßstützen müssen auch im Bereich von Balken und Riegelanschlüssen Stützenbügel angeordnet werden.

Seite 38 TGL 33405/01

Unter Lasteintragungsbereichen sind zusätzlich zur normalen Bügelteilung mindestens 2 Zwischenbügel anzuordnen.

Liegen zwischen den Eckstäben weitere auf Druck beanspruchte Längsstäbe mit einem Achsabstand $< 3\ d_s$ und $> 15\ d_v$ von der Bügelecke entfernt, müssen diese durch Zwischenbügel im doppelten Abstand der Hauptbügel gehalten werden, siehe Bild 43.

5.3.3. Umschnürte Druckglieder

Bei umschnürten Druckgliedern muß die Längsbewehrung durch eine ring- oder spiralenförmige Umschnürungsbewehrung in einem Abstand oder mit einer Ganghöhe von 1/5 des Kerndurchmessers (d_{bk}) jedoch höchstens 80 mm umschlossen sein, siehe Bild 4. Die Betonklasse muß mindestens Bk 15 betragen.

Für umschnürte Druckglieder gelten folgende Mindestmaße

Durchmesser der Kernquerschnitte	$d_{bk} = 150$ mm
Durchmesser der Umschnürungsbewehrung	$d_{s1} = 4$ mm
Durchmesser der Längsbewehrung	$d_s = 12$ mm

Die auf den Kernquerschnitt bezogene Längsbewehrung darf nicht größer sein als $0,45 \cdot R_b^0/R_s^0$

5.4. Ebene und räumliche Flächentragwerke

5.4.1. Wandartige Träger

Die statisch erforderliche Bewehrung ist für die nach TGL 33404/01 zu ermittelnden Kräfte zu bestimmen.

Zusätzlich zu der statisch erforderlichen Bewehrung ist beiderseitig eine Netzbewehrung mit einer Maschenweite von höchstens 300 mm, jedoch nicht größer als die 2fache Wanddicke anzuordnen. Soweit diese Bewehrung im gezogenen Bereich liegt, darf sie auf die Zugbewehrung angerechnet werden.

Wird die Belastung in den unteren Trägerbereich eingetragen, ist hierfür eine Aufhängebewehrung vorzusehen. Diese ist in Trägermitte bis in Höhe gleich der Stützweite und am Auflagerrand bis auf 2/3 dieser Höhe, höchstens jedoch bis zum oberen Scheibenrand zu führen. Die Beanspruchung des Trägerauflagers darf $0,7\ R_b$ nicht überschreiten.

5.4.2. Wände

Die Mindestdicke belasteter Wände muß bei unbewehrten Wänden 120 mm und bei Stahlbetonwänden 100 mm betragen. Die Mindestdicken gelten auch für Wandteile zwischen oder neben Öffnungen, deren Länge kleiner als die 3fache Wanddicke ist, wenn in diesem Bereich

- unbewehrte Wände konstruktiv bewehrt werden,
- Stahlbetonwände die Bedingungen des Abschnittes 5.3.2. erfüllen.

In Stahlbetonwänden ist beidseitig ein Bewehrungsnetz anzuordnen. Dabei muß der Mindestduchmesser der Tragbewehrung 8 mm, bei geschweißten Bewehrungsmatten 6 mm betragen. Der größte Abstand dieser Bewehrungsstäbe darf bei Wanddicken $h \leq 300$ mm das Maß 200 mm und bei Wanddicken $h > 300$ mm 2/3 der Wanddicke nicht überschreiten.

Als Querschnitt der Querbewehrung muß mindestens 1/5 des Querschnittes der Tragbewehrung angeordnet werden, wobei der Abstand der Bewehrungsstäbe 350 mm nicht überschreiten darf.

An den Wandrändern einschließlich Tür- und Fensteröffnungen müssen die Stäbe der Querbewehrung die der Längsbewehrung bügelartig umschließen. Querbewehrungsstäbe sind je m^2 Wandfläche durch mindestens 4 S-Haken zu halten. Ist die erforderliche Tragbewehrung je Wandseite größer als 1 %, sind S-Haken mindestens im Abstand der 2fachen Wanddicke, gemessen in horizontaler und vertikaler Richtung, anzuordnen.

5.4.3. Schalen und Faltwerke

Die Mindestdicke von Schalen und Faltwerken muß bei

Ortbeton 50 mm

und bei

Fertigteilen 30 mm

betragen.

Der Abstand der Bewehrungsstäbe darf höchstens die 3,5fache Schalendicke, jedoch nicht mehr als 300 mm betragen. Liegt auf beiden Seiten ein Bewehrungsnetz, dürfen die innen liegenden Bewehrungsstäbe im doppelten Anstand versetzt, siehe Bild 45, angeordnet werden, wenn sie keine Hauptbewehrung sind. Bei geringer Schalendicke darf die gesamte Bewehrung in einem mittigen Bewehrungsnetz zusammengefaßt werden.

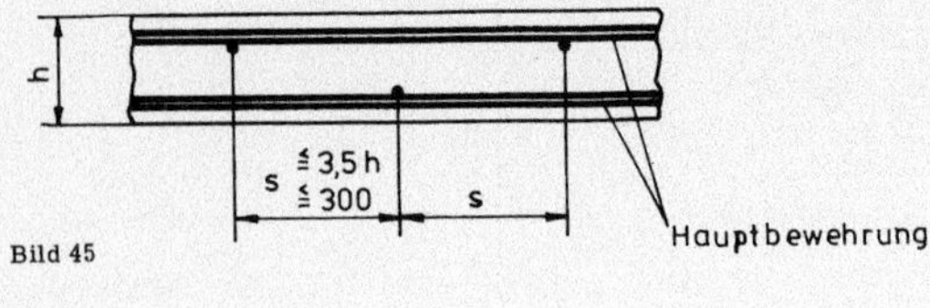

Bild 45

Bei glattem Rundstahl in Gleitbauten darf, wenn kein Leichtbeton angewandt wird, auf Haken verzichtet werden, wenn der größte Durchmesser der Bewehrungsstähle (max. d_s) die folgende Bedingung erfüllt:

$$\max.\ d_s \leq \begin{cases} 0,1\,h_s \\ 16\text{ mm} \end{cases}$$

Die entsprechenden Maße für die Verankerungs- und Überdeckungslängen müssen auf das 1, 5fache vergrößert werden.

5.5. Konsolen und Kragscheiben

Kragkonstruktionen mit einem Abstand des Lastangriffspunkt $s_f \leq h$ sind wie Konsolen und mit $s_f \leq h/2$ wie Kragscheiben zu bemessen.

Die nach Abschnitt 2.3. mit $\alpha_2 = 0,16$ ermittelten Querkräfte dürfen nicht überschritten werden. Hierbei ist als rechnerische Nutzhöhe $h_s \leq 2 \cdot s_f$ einzuführen, siehe Bilder 46 und 47.

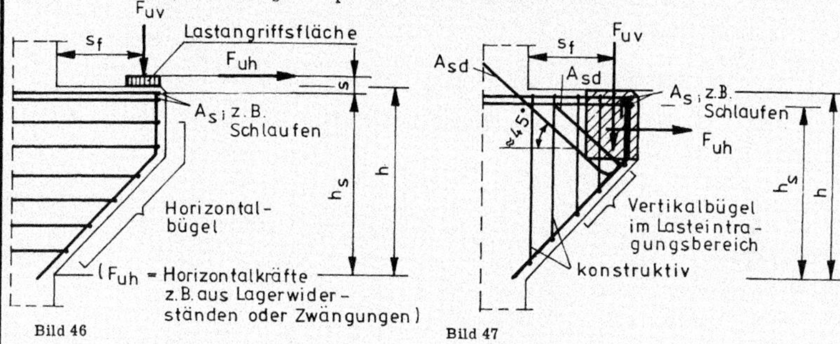

Bild 46 Bild 47

Bei direkt belasteten Konsolen, siehe Bild 46, ist die Zugbewehrung nach Gleichung (49) und bei indirekt belasteten Konsolen, siehe Bild 47, nach Gleichungen (50) und (51) zu ermitteln.

$$A_s = \frac{1}{R_s} \cdot \left(\frac{F_{uv} \cdot s_f + F_{uh} \cdot s}{0,8\ h_s} + F_{uh} \right) \geq \frac{0,63 \cdot F_{uv} + F_{uh}}{R_s} \tag{49}$$

$$A_s = \frac{1}{R_s} \cdot \left(\frac{0,75 \cdot F_{uv} \cdot s_f}{h_s} + F_{uh} \right) \geq \frac{0,3 \cdot F_{uv} + F_{uh}}{R_s} \tag{50}$$

$$A_{sd} = \frac{F_{uv}}{R_s} \tag{51}$$

Bei direkt belasteten Konsolen

- ist die Lasteintragungsfläche durch die voll zu verankernde Zugbewehrung (A_s) zu umschließen,
- sind nicht auf die Zugbewehrung (A_s) anzurechnende Horizontalbügel für 33 % der Tragkraft von A_s anzuordnen, siehe Bild 46.

Bei indirekt belasteten Konsolen

- ist die Zugbewehrung voll zu verankern,
- ist die schräge Zugbewehrung (A_{sd}) annähernd unter 45° anzuordnen und muß in allen Horizontalschnitten über die Lasteintragungshöhe sowie in allen Vertikalschnitten vorhanden sein,
- sind im Bereich der Lasteintragung Vertikalbügel, siehe Bild 47, für $0,4 \cdot F_{uv}$ anzuordnen.

An die Konsole angehängte Lasten sind durch eine zusätzliche, die horizontale Zugbewehrung umschließende Aufhängebewehrung einzuleiten.

Kragscheiben brauchen nur konstruktiv bewehrt zu werden, wenn die nach der Elastizitätstheorie errechneten Hauptzugspannungen die Rechenfestigkeiten (R_{bt}) für Betonkonstruktionen nicht überschreiten. Werden die Rechenfestigkeiten überschritten, darf die Bewehrung nach den Festlegungen für Konsolen bestimmt werden. Dabei muß bei indirekt belasteten Kragscheiben die rechnerisch ermittelte Bewehrung A_{sd} über die untere Hälfte der Scheibe verteilt, und in der oberen Hälfte eine konstruktive Bewehrung angeordnet werden.

Seite 40 TGL 33405/01

5.6. Fundamente

Die Tragfähigkeit unbewehrter Fundamente ist nachgewiesen, wenn die Hauptzugspannungen unter Beachtung von Eigen- und Zwängungsspannungen den Wert R_{bt} nicht überschreiten.

Bei Streifenfundamenten mit Auskragungen kleiner als die 4fache Fundamentdicke muß die Zugbewehrung bis zu den Rändern durchgeführt und durch mindestens rechtwinklig abgebogene Haken oder aufgeschweißte Querstäbe verankert werden.

6. FERTIGTEILKONSTRUKTIONEN

6.1. Bauwerksaussteifung

Die räumliche Steifigkeit von Bauwerken aus Fertigteilen muß durch besondere Maßnahmen, z. B. Einspannungen der Stützen, Vertikalscheiben, Horizontalscheiben, gesichert werden. Als ausreichende Sicherung gelten Konstruktionsteile aus Beton, Stahlbeton, Mauerwerk oder Stahl, wenn
- diese alle Horizontalkräfte einschließlich der Schiefstellungskräfte nach TGL 33404/01 aufnehmen können.
- diese während der gesamten Nutzungszeit funktionstüchtig bleiben und
- die auszusteifenden Bauteile kraftschlüssig so angeschlossen werden, daß sie auch bei außergewöhnlichen Einwirkungen, z. B. Setzungen, Erschütterungen ihre Bindung nicht verlieren.

6.2. Besonderheiten der Berechnung

Bauteile aus Ortbeton und Fertigteilen dürfen in der Regel als monolithische Konstruktionen bemessen werden. Wird dabei eine Querkraftbewehrung entsprechend Abschnitt 2.3. erforderlich, so ist diese grundsätzlich unter Ansatz von $\eta = 1,0$ zu ermitteln.

Die Spannung (σ'_b) gedrückter Fugen zwischen Fertigteilen muß die Beziehung (52) erfüllen.

$$\sigma'_b \leqq \left[1-6\left(1-0{,}8\,\frac{R^0_{b1}}{R^0_{b2}}\right)\left(\frac{t}{h}\right)^2\right] R_{b2} \qquad (52)$$

In der Beziehung (52) bedeutet:

R^0_{b1} Grundwert der Rechenfestigkeit des Fugenbetons $\geqq 0,4\,R^0_{b2}$

R^0_{b2} Grundwert der Rechenfestigkeit des Betons der angrenzenden Fertigteile

t tatsächlich vorhandene Fugendicke

h kleinere Fugenbreite

R_{b2} Rechenfestigkeit des Betons des betrachteten Fertigteiles

Ist die vorhandene Spannung größer als R^0_{b1} des Fugenbetons, müssen die zu stoßenden Elemente an ihren Enden ein Bewehrungsnetz erhalten, das in jeder Richtung mindestens eine Zugkraft vom 0,1fachen der durch die Fuge zu übertragenden Druckkraft aufnehmen kann. Bei Fugendicken über 25 mm ist, wenn der Beton nicht zwischen Schalung eingebracht wird, als wirksame Übertragungsfläche die um die Fugendicke in beiden Richtungen reduzierte Fugengrundfläche anzunehmen.

Die Flächenreduzierung ist nicht durchzuführen, wenn in Abständen von 15 mm in der Fuge Streckmetall oder ein engmaschiges Bewehrungsnetz angeordnet wird.

Die in Fugen nebeneinander liegender Deckenplatten infolge unterschiedlicher, vorwiegend ruhender Lasten wirkende Querkraft $Q_{u,\,fi}$ darf ohne einen bewehrten Aufbeton Q_{fi} nach Gleichung (53) nicht überschreiten.

$$Q_{fi}(R) = 0{,}1\,R^0_{bt}\cdot l_{fi}\cdot h_{fi} \qquad (53)$$

In Gleichung (53) bedeuten:

R^0_{bt} Grundwert der Rechenfestigkeit des Fugenbetons auf Zugbeanspruchung
Bei Fugenausbildungen nach Bild 48 oder Bild 49 ist der Wert grundsätzlich nicht größer als 2/3 der Rechenzugfestigkeit des Betons der Deckenplatten anzunehmen.

l_{fi} zur Kraftübertragung mitwirkende Fugenlänge nach TGL 33404/02. Sie ist bei der Fugenausbildung nach Bild 49 um die im Übertragungsbereich vorhandenen Längsdübel zu verringern.

h_{fi} Verdübelungshöhe $\approx 0,45\,h$

Die Querkraft $Q_{u,\,di}$ in den Fugen von aus Fertigteilen zusammengesetzten Deckenscheiben darf bei Beanspruchung in der Deckenebene Q_{di} nach Gleichung (54) nicht überschreiten.

$$Q_{di}(R) = \alpha_{di}\cdot R^0_{bt}\cdot h_{di}\cdot h \qquad (54)$$

In Gleichung (54) bedeuten:

$R^0_{bt} \leqq 0,9\ \mathrm{N/mm^2}$

α_{di} ein von der Fugenausbildung abhängiger Beiwert. Bei Fugen nach Bild 48 α_{di} = 0, 27 nach Bild 49 α_{di} = 0, 54.

h_{di} Scheibenhöhe

h Plattendicke am Fugenrand

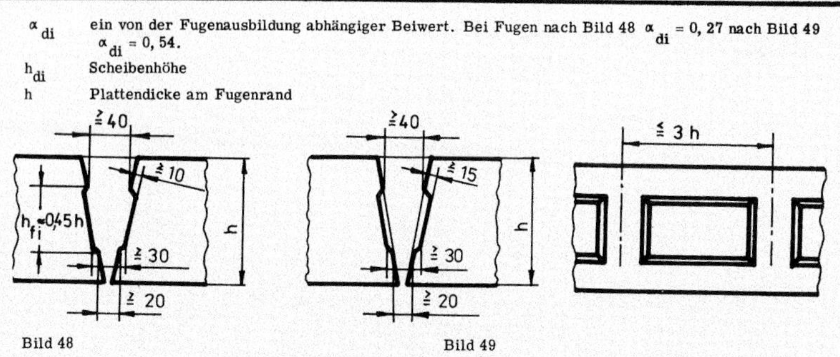

Bild 48 Bild 49

Ist $Q_{u,\,di} \leq 0,04\, h_{di} \cdot h$, so darf auf eine Bewehrung der Deckenfugen zur Übertragung der Querkraft aus der Scheibenwirkung verzichtet werden. Ist $Q_{u,\,di} > 0,04\, h_{di} \cdot h$, so ist eine über die ganze Scheibenhöhe durchgehende Bewehrung vorzusehen, die voll im Zuggurt, in der Regel ist dies der Ringanker, zu verankern ist. Außerdem ist nachzuweisen, daß der Verbund zwischen Zuggurt und den Deckenfertigteilen gesichert ist, z. B. durch profilierte Stirnseiten der Deckenplatten. Die Aufnahme von senkrecht zur Plattenlängsachse in der Fuge wirkenden Zugkräften ist nachzuweisen.

6.3. Besonderheiten der konstruktiven Durchbildung

Bauwerke aus Fertigteilen sind so zu konstruieren, daß infolge des Versagens eines Fertigteiles der Einsturz eines größeren Abschnittes oder des ganzen Bauwerkes ausgeschlossen ist. Werden Bauteile aus Ortbeton und Fertigteilen als ein gemeinsam wirkender Querschnitt bemessen, so sind zur Gewährleistung des Verbundes geeignete konstruktive Ausbildungen der Fertigteile, z. B. Profilierungen, erforderlich. Werden auf Druck beanspruchte Fugen nachträglich vermörtelt oder ausbetoniert, müssen die Fugen mindestens gleich der 0,1fachen Verfülltiefe, jedoch nicht weniger als 30 mm dick sein.
Auf Querkraft beanspruchte Fugen in aus Fertigteilen zusammengesetzten Scheiben sind gegen Aufreißen zu sichern, z. B. durch Ringanker. Die Auflager von Fertigteilen sind so auszubilden, daß ihre sichere Lage bei der Errichtung und Nutzung des Bauwerkes unter Berücksichtigung der Verformungen der Elemente, gewährleistet ist. Bei der Bemessung der Auflagerbereiche der Elemente, wie auch der Auflager selber sind die aus der Längenänderung der Elemente resultierenden Kräfte mit zu berücksichtigen.

7. BRANDSCHUTZTECHNISCHE FORDERUNGEN

7.1. Grundsätze

Die Bauteile sind so auszubilden, daß sie den für den jeweiligen Verwendungszweck geforderten Feuerwiderstand (fw) aufweisen.

Der Feuerausbreitungsgrad von Bauteilen aus allen im Geltungsbereich dieses Standards genannten Baustoffarten ist ohne Feuerausbreitung (ofa). Die Feuerwiderstandswerte dieses Abschnittes gelten nicht für Bauteile aus Glasstahlbeton.

Für Bauteile, deren Feuerausbreitungsgrad nicht eindeutig festgelegt werden kann, z. B. Mehrschichtelemente, oder deren Feuerwiderstand sich nach den Angaben dieses Abschnittes nicht ermitteln läßt, ist das Brandverhalten nach TGL 10685/12 und /13 oder durch ein Gutachten einer zugelassenen Prüfstelle nachzuweisen.

Die Feuerwiderstandswerte für Bauteile gelten unter der Bedingung, daß ihre Unterstützungen und/oder Befestigungen sowie die Fugen zwischen ihnen mindestens den gleichen Feuerwiderstand besitzen. Für mehrschichtige Bauteile mit Tragschichten aus Stahlbeton ist der Feuerwiderstand der Tragschicht maßgebend. Innen liegende Dämmschichten sind in diesem Falle wie Bekleidungen zu betrachten.

7.2. Einflußgrößen auf den Feuerwiderstand

7.2.1. Bauteilquerschnittsmaße und Bewehrungslage

Für den Nachweis des Feuerwiderstandes ist das Maß der Bewehrungslage (a_s) das Konstruktionsmaß für den Abstand des Schwerpunktes der Tragbewehrung von der brandbeanspruchten Oberfläche des Querschnittes, siehe Bild 50. Fertigungsbedingte Abmaße werden nicht berücksichtigt.

Bei mehrlagig angeordneter Bewehrung darf a_s auf die Schwerachse aller Bewehrungsstäbe der Zug- oder Druckbewehrung bezogen werden, jedoch muß a_s eines jeden Einzelstabes mindestens dem für fw 30 geforderten Wert entsprechen. Gleichzeitig ist auf die Einhaltung der erforderlichen Betondeckung nach Abschnitt 4.1. zu achten.

Für den jeweils erforderlichen Feuerwiderstand sind die Mindestmaße für a_s und die Querschnitte von Bauteilen Tabelle 29 oder 30 zu entnehmen. Die Werte gelten für die Grenztemperatur 500 °C und Beton mit quarzhaltigen Zuschlagstoffen. Bei Bauteilen aus Beton mit vorwiegend kalkhaltigen Zuschlagstoffen sowie aus Leichtzuschlagstoffbeton ist Abschnitt 7.2.2. zu berücksichtigen.

Seite 42 TGL 33405/01

Bei zweiachsig gespannten Platten mit einem Seitenverhältnis $l_y/l_x \leqq 1,5$ dürfen für die untere Bewehrungslage die Werte a_s nach Tabelle 29 auf 50 % reduziert werden. Für Seitenverhältnisse $l_y/l_x \geqq 2,0$ gelten die Werte a_s nach Tabelle 29 für die untere Bewehrungslage. Für $1,5 < l_y/l_x < 2,0$ darf zwischen den vorgenannten Werten gradlinig interpoliert werden.

In Balken mit großer Querkraftbeanspruchung, $\alpha_2 > 0,16$ nach Tabelle 7, bei denen die Querkraftbewehrung nur aus Bügeln besteht, ist a_s auf die Bügel zu beziehen, sofern der Bezug auf die Hauptzugbewehrung keine ungünstigeren Werte ergibt.

Für Träger mit I-Querschnitt sind folgende zusätzliche Forderungen in Abhängigkeit vom Verhältnis der Untergurtbreite (b_u) zur Stegdicke (b_w) einzuhalten:

$\frac{b_u}{b_w} > 1,4$

a_s nach Tabelle 30 ist mit dem Faktor $0,85 \cdot \sqrt{b_u/b_w}$ zu vergrößern.

$\frac{b_u}{b_w} > 2$

Im Steg ist eine Netzbewehrung anzuordnen. Die Querschnittsfläche dieser Bewehrung muß mindestens 0,15 % der Grundrißfläche des Steges betragen. Diese Bewehrung darf zur Querkraftsicherung mit herangezogen werden.

$\frac{b_u}{b_w} > 3$

Der Untergurt ist als Zugglied nach Tabelle 29 zu betrachten.

Ist zur Erreichung des geforderten Feuerwiderstandes eine Betondeckung bis zur Oberfläche der Tragbewehrung von mehr als 50 mm bei Stahlbeton bzw. mehr als 60 mm bei Stahlleichtbeton erforderlich, so ist zur Vermeidung von Abplatzungen im Brandfall eine zusätzliche Schutzbewehrung innerhalb der Betondeckung anzuordnen, z. B. engmaschige Netzbewehrung.

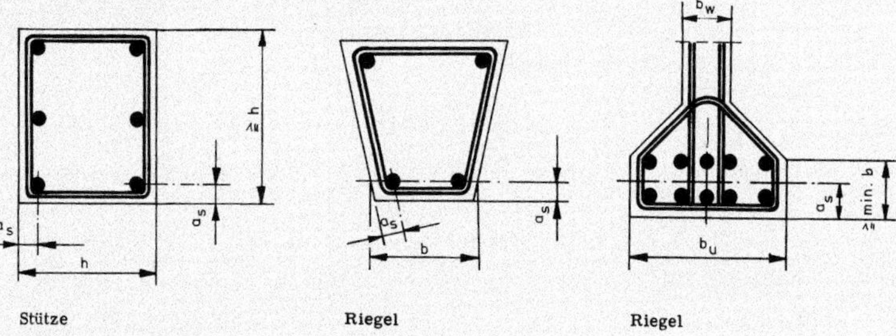

Bild 50

Tabelle 29 Mindestmaße der Querschnitte und min a_s für Stützen und Wände sowie statisch bestimmt gelagerte Platten und Zugglieder

Feuerwiderstand	Stützen mit Rechteckquerschnitt bei allseitiger Brandbeanspruchung			tragende Wände und Stützen mit Rechteckquerschnitt bei einseitiger Brandbeanspruhung 5)			Trennwände	Außenwände nicht tragend		Dach- und Deckenplatten 7)	Zugglieder		
	unbewehrt	bewehrt		unbewehrt	bewehrt								
(fw)	min. h mm	min. h mm	min. a_s mm	min. h mm	min. h 6) mm	min. a_s mm	min. h mm	min. h der Tragschicht mm	min. a_s mm	min. a_s 8) mm	min. h und min. b mm	min. A_b mm^2	min. a_s 8) mm
15	-	120	15	-	-	-	50	30		-	-	-	-
30	-	150	15	-	-	-	60	50	10	10	80	13 000	25
45	200	170	20	-	-	-	70	60		15	100	20 000	30
60	220	190	25	120	100	15	80	70	15	20	120	29 000	40
90	260	230	35	140	120	20	100	90	20	30	150	45 000	55
120	300	260		160	135		120			40	200	80 000	65
150	340	300	40	180	150	30	135	-	-	50	220	97 000	70
180	380	340		200	165		150			60	240	115 000	80

---

5) gilt für Stützen, die in voller Höhe so in Wänden mit mindestens dem gleichen Feuerwiderstand wie die Stützen eingebaut sind, daß sie nur auf einer Seite dem Brand ausgesetzt sind. Öffnungen in der Wand müssen in diesem Fall mindestens um das Maß min. h von der Stütze entfernt sein.

6) bei tragenden Wänden mit Rippen- oder Hohlraumquerschnitten ist die effektive Betondicke (Nettobetonvolumen bezogen auf die Wandfläche) maßgebend; bei Rippenquerschnitten sind außerdem die Rippen nach Tabelle 30 nachzuweisen.

7) für Deckenplatten ist außerdem min h wie für Trennwände einzuhalten. Dabei ist bei Hohlraumquerschnitten und bei Rippendeckenplatten mit keramischen oder gleichwertigen Füllkörpern die effektive Betondicke maßgebend. Bei Stahlsteindecken ergibt sich die effektive Betondicke unter Ansatz des Nettovolumens aus Fugen-, Druckbeton- und Deckenziegeln. Bei Rippendeckenplatten ohne Füllkörper ist die Dicke der Druckplatte maßgebend; außerdem sind die Rippen nach Tabelle 30 nachzuweisen.

8) unter Berücksichtigung der Grenztemperaturen der Betonstähle nach Abschnitt 7.2.3. und der Festlegung über eine zusätzliche Bewehrung zur Verhinderung von Abplatzungen der Betondeckung nach Abschnitt 7.2.1.

Tabelle 30 Mindestmaße der Querschnitte und min a_s für statisch bestimmt gelagerte Balken und Plattenbalken sowie Rippen von Rippenquerschnitten

Feuer-widerstand (fw)	Kleinste Querschnittsbreite oder Gurtabmaße min. b[9] min. a_s[10] in mm					Stegdicke min. b_w für I-Querschnitte[11] mm
30	min. b min. a_s	80 25	120 15	160 10	200 10	70
45	min. b min. a_s	100 30	140 25	180 20	250 20	80
60	min. b min. a_s	120 40	160 35	200 30	300 25	100
90	min. b min. a_s	150 55	200 45	280 40	400 35	100
120	min. b min. a_s	200 65	240 55	300 50	500 45	120
150	min. b min. a_s	220 70	270 60	350 55	550 50	120
180	min. b min. a_s	240 80	300 70	400 65	600 60	140

7.2.2. Art des Betons und der Zuschlagstoffe

Die Mindestmaße der Tabellen 29 und 30 dürfen mit den Faktoren nach Tabelle 31 in Abhängigkeit von der Zuschlagstoffart reduziert werden.

Tabelle 31 Abminderungsfaktoren in Abhängigkeit von der Zuschlagstoffart

Beton	Abminderungsfaktor
Beton mit vorwiegend kalkhaltigen Zuschlagstoffen	0,9
Beton mit Leichtzuschlagstoffen	
k_ϱ = 1,25 kg/dm^3	0,8
k_ϱ = 1,80 kg/dm^3	0,9

7.2.3. Stahlmarken, Auslastung der Bewehrung

Weicht die Grenztemperatur der Betonstähle bei Zuggliedern, Platten und Balken von 500 °C ab, ist a_s nach Tabelle 29 oder a_s nach Tabelle 30 für je 50 K Verringerung um je 5 mm zu vergrößern bzw. für je 50 K Erhöhung der Grenztemperatur um je 5 mm zu verringern.

---

[9] bei Querschnitten mit schrägen Seiten darf in Höhe der Schwerachse der Bewehrung gemessen werden.

[10] unter Berücksichtigung der Festlegungen für Balken mit großer Querkraftbeanspruchung und einer zusätzlichen Bewehrung zur Verhinderung von Abplatzungen der Betondeckung sowie der Grenztemperatur der Betonstähle nach Abschnitt 7.2.3.

[11] unter Berücksichtigung der zusätzlichen Forderungen in Abhängigkeit von b_u/b_w

Sofern keine genaueren Untersuchungsergebnisse vorliegen, dürfen die Richtwerte für die Stahlgrenztemperaturen unter Normlast in Abhängigkeit vom Verhältnis der erforderlichen zur vorhandenen Fläche der Biegezugbewehrung Tabelle 32 entnommen werden.

Tabelle 32 Grenztemperaturen der Betonstähle

Stahlmarke	Stahlgrenztemperatur in °C für erf. A_{s1}/vorh. A_{s1}		
	1,0	0,8	≤ 0,5
St A-I St A-III St B-IV (einschließlich S, RDP, S RDP)	500	525	550
St T-III St T-IV	550	575	600

Zwischenwerte dürfen linear interpoliert werden.

7.2.4. Zusätzliche Schutzschichten

Durch zusätzliche Schutzschichten dürfen die nach Tabelle 29 oder 30 zur Einhaltung des Feuerwiderstandes erforderlichen Mindestmaße der Querschnitte und der Bewehrungslage a_s ergänzt oder ersetzt werden, soweit der Verbund zwischen Schutzschicht und Konstruktion bei Brandbeanspruchung gewährleistet ist.

Die in Tabelle 33 angegebenen äquivalenten Schutzschichtdicken entsprechen einer Schichtdicke von 10mm Beton.

Tabelle 33 Äquivalente Schutzschicht für 10 mm Beton

Schutzschicht	Dicke mm
zweilagiger Putz (je eine Lage aus Mörtel MG III mit Sand 0/4 und aus Mörtel MG II mit Sand 0/2, Dicke 5 mm)	10
Verkleidung aus anorganischen Brandschutzplatten [12)]	5
Verkleidung aus Leichtbauplatten Sokalit nach TGL 24452/01 [12)]	5

7.2.5. Lagerungsbedingungen

Sofern keine genaueren Untersuchungsergebnisse vorliegen, darf der günstige Einfluß einer vorhandenen Einspannung auf den Feuerwiderstand bei Platten und Balken im eingebauten Zustand durch Ansatz des nächsthöheren Feuerwiderstandes nach Tabelle 29 oder 30 in Rechnung gestellt werden.

---

12) Die Eignung der Befestigungsart der Verkleidungsplatten ist vom Anwender durch Prüfzeugnis oder Gutachten einer zugelassenen Prüfstelle nachzuweisen.

Hinweise

Gemeinsam mit TGL 33401/01, TGL 33402, TGL 33403, TGL 33404/01 und /02, TGL 33405/02, TGL 33411/01 und /02, TGL 33412/01, /02, /05 und /06, TGL 33418/01 und /02, TGL 33419/01 und TGL 33421/01 Ersatz für TGL 11422 Ausg. 3.64, TGL 22810 Ausg. 5.72, TGL 0-1044 Ausg. 1.63, TGL 0-1045 Ausg. 4.73, TGL 0-1046 Ausg. 1.63, TGL 0-1047 Ausg. 3.63, TGL 0-4225 Ausg. 4.63, TGL 0-4227 Ausg. 5.63 und TGL 116-0648 Ausg. 10.62

Änderungen gegenüber TGL 11422, TGL 0-1044, TGL 0-1045, TGL 0-1046, TGL 0-1047, TGL 0-4225 und TGL 116-0648; vollständig überarbeitet, Inhalt neu geordnet

Einführung der Trag- und Nutzungsfähigkeitsnachweise nach der Methode der Berechnung nach Grenzzuständen.

Vorliegender Standard enthält gemeinsam mit TGL 33402, TGL 33403, TGL 33404/01 und TGL 33405/02 die Festlegungen des ST RGW 1406-78.

Gegenüber ST RGW 1406-78 wurden die für die Anwendung der Berechnungsmethode nach Grenzzuständen erforderlichen Ergänzungen vorgenommen.

Im vorliegenden Standard ist auf folgende Standards Bezug genommen:
TGL 10685/12 und /13; TGL 24452/01; TGL 33402; TGL 33403; TGL 33404/01 und /02; TGL 33405/03; TGL 33418/01 und /02

Dieser Standard ist Bestandteil des ETV Beton, Teilkomplex
- Berechnung und bauliche Durchbildung-.

Anhang 6 – Zusammenstellung von Feuerwiderstandswerten, Feuerausbreitungsgraden und Eignungsgruppen für die Einstufung von Bauwerksteilen und Ausbaukonstruktionen (in Auszügen)

Herausgeber

Bauakademie der DDR, Institut für Baustoffe, Leitstelle Bautechnischer Brandschutz

Stand Dezember 1984

Inhalt

Erläuterungen

Diese Zusammenstellung galt im Zusammenhang mit dem Standardkomplex TGL 10685 „Bautechnischer Brandschutz“. Es wurden hier Werte für den Feuerwiderstand von Bauwerksteilen in Verbindung mit damals üblichen bzw. geprüften Befestigungsmitteln und Fugenausbildungen angegeben. Es waren oder sind bei einer Beurteilung der betreffenden in Anlehnung an diese Zusammenstellung demzufolge die Anwendungsvorschriften (gleichbedeutend mit heutigen Herstellervorschriften) und Konstruktionsunterlagen der ausführenden Betriebe zu beachten. Bei Abweichungen waren Brandversuche, die die Tauglichkeit bestätigten, nachzuweisen. Die angegebenen Feuerausbreitungsgrade galten für den jeweiligen Schichtenaufbau der Bauwerksteile und Ausbaukonstruktionen bei standardisierter oder geprüfter Fugenausbildung. Bauwerksteile und Ausbaukonstruktionen aus nichtbrennbaren oder schwerbrennbaren Stoffen nach TGL 10685/11 wurden entsprechend der folgenden Tabelle I eingestuft.

Tabelle I: Feuerausbreitungsgrad von Bauwerksteilen und Ausbaukonstruktionen

Feuerausbreitungsgrad	Bauwerksteile/Ausbaukonstruktionen
ohne Feuerausbreitung	... aus Baustoffen und/oder Verbundbaustoffen, die nach TGL 10685/11 nichtbrennbar sind; brennbare Beschichtungen wie Farbanstriche, Tapeten und Folienbekleidungen bis höchstens 1 mm Dicke bleiben unberücksichtigt, wenn sie nicht brennend abtropfen.
	... aus Baustoffverbunden mit brennbaren und/oder schwerbrennbaren Kernschichten und nichtbrennbaren Deckschichten von ≥ 20 mm Dicke. Die nichtbrennbaren Deckschichten müssen durch nichtbrennbare Verbindungselemente miteinander verbunden sein und die brennbaren Kernschichten allseitig umschließen. Brennbare Beschichtungen wie vor.
lokale Feuerausbreitung	... aus Baustoffen und/oder Verbundbaustoffen, die nach TGL 10685/11 schwerbrennbar sind und die nicht brennend abtropfen. Brennbare Beschichtungen wie vor.

Die Brennbarkeitsgruppen ausgewählter Baustoffe wurden wie folgt angegeben (Tabelle II).

Tabelle II: Brennbarkeitsgruppen ausgewählter Baustoffe

Brennbarkeitsgruppe	Ausgewählte Baustoffe
nichtbrennbar	– mineralische Baustoffe – silikatische Baustoffe – keramische Baustoffe – metallische Baustoffe – Baustoffe aus Glas (Bausteine, Profile, Glasfaserisolier- und -dämmstoffe, Scheiben, Schaumglas) – Mineralwolle-Erzeugnisse nach TGL 32328 – Gipskartonplatten nach TGL 26718
schwerbrennbar	– Einschicht-HWL-Platten nach TGL 8950/01 – Holzbeton nach TGL 31767

Nr.	Beschreibung der Konstruktion	Skizze	Dicke d mm	Brandverhaltensgruppe fw	Fa	Eignungsgruppe
1	2	3	4	5	6	7
1.12.	Stützkernelement AZ-PUR-AZ nach TGL 22 972/12: - 5 mm Asbestzementplatte - 40 oder 70 mm PUR-HS - 5 mm Asbestzementplatte		50 oder 80	0	lFa	E 15
1.13.	Stützkernelement BAZ-PS-BAZ mit umlaufendem Holzrahmen nach TGL 22 972/16 (Entw. 9/80) - 6 mm anorganische Brandschutzplatte - 55 mm PS-Schaumstoff - 6 mm anorganische Brandschutzplatte (Anorganische Brandschutzplatte nach TGL 22 973)	d	67	15	lFa	E 15
1.14.	wie Nr. 1.13. jedoch 8 mm anorganische Brandschutzplatte nach TGL 22 973		71	30	lFa	E 15
1.15.	Stützkernelement SP-PS-SP mit umlaufendem Holzrahmen - 16 mm Flachspanplatte nach TGL 6072/02 - 60 mm PS-Schaumstoff - 16 mm Flachspanplatte nach TGL 6072/02		92	-	mFa	E 15

75

Nr.	Beschreibung der Konstruktion	Skizze	Dicke d mm	Brandverhaltensgruppe fw	Brandverhaltensgruppe Fa	Eignungsgruppe
1	2	3	4	5	6	7
1.16.	Stützkernelement HF-PUR-HF - 3,2 mm Hartfaserplatte - 50 mm PUR-Hartschaum - 3,2 mm Hartfaserplatte		56	0	gFa	E 0
1.17.	Rahmenelement HF-PS-HF nach TGl 22 972/11 - 3,2 mm Hartfaserplatte - 50 mm PS-Schaumstoff - 3,2 mm Hartfaserplatte mit umlaufendem Holzrahmen	d	56	0	gFa	E 0
1.18.	Rahmenelement AZ-PS-AZ - 6 mm Asbestzementplatte - 50 mm PS-Schaumstoff - 6 mm Asbestzementplatte mit umlaufendem Holzrahmen		62	0	gFa	E 0
1.19.	Wabenkernplatte nach TGL 22 972/15 - 15 mm glasfaserbewehrte Gipsdeckschicht - Wabenkern - 15 mm glasfaserbewehrte Gipsdeckschicht mit umlaufendem Rahmen ohne umlaufenden Rahmen		70	60 45	oFa 1Fa	E 30

76

Nr.	Beschreibung der Konstruktion	Skizze	Dicke d mm	Brandverhaltensgruppe fw	Brandverhaltensgruppe Fa	Eignungsgruppe
1	2	3	4	5	6	7
1.20.	Rahmenelement GK-MIWO-SP als Außenwand – 9,5 mm Gipskarton nach TGL 26 718 mit Glasfaseranteil oder 18 mm Gipskarton ohne Glasfaser – 75 mm Mineralwolleplatten – 16 mm Flachspanplatte nach TGL 6072/02		100 oder 110	15	mFa	–
1.21.	Rahmenelement SP-MIWO-SP als Außenwand – 19 mm Flachspanplatte nach TGL 6072/02 – Dampfsperre – 78 mm Mineralwolleplatten – 19 mm Flachspanplatte nach TGL 6072/02 – 2 mm Plastputzbeschichtung		118	2)	mFa	–
1.22.	Rahmenelement SP-MIWO-SP als Innenwand – 16 mm Flachspanplatte nach TGL 6072/02 – ca. 50 mm Mineralwolleplatten – 16 mm Flachspanplatte nach TGL 6072/02		82	2)	mFa	E 15

77

Nr.	Beschreibung der Konstruktion	Skizze	Dicke d mm	Brandverhaltensgruppe fw	Brandverhaltensgruppe Fa	Eignungsgruppe
1	2	3	4	5	6	7
1.23.	Rahmenelement GK-MIWO-AZ als Außenwand - 18 mm Gipskarton nach TGL 26 718 - 96 mm Mineralwolleplatten - 8 mm Asbestzementplatte (außen) mit umlaufendem Holzrahmen mit umlaufendem Stahlrahmen		122	45	1Fa oFa	-
1.24.	Rahmenelement GK-MIWO-GK als Innenwand - 9,5 mm Gipskarton nach TGL 26 718 - 50 mm Mineralwolleplatten (eingeklebt) - 9,5 mm Gipskarton nach TGL 26 718 mit umlaufendem Holzrahmen mit umlaufendem Stahlrahmen		70	2)	1Fa oFa	E 30
1.25.	Rahmenelement HF-MIWO-HF - 3,2 mm Hartfaserplatte - 50 mm Mineralwolleplatten - 3,2 mm Hartfaserplatte mit umlaufendem Holzrahmen		56	0	gFa	E 0

78

Nr.	Beschreibung der Konstruktion	Skizze	Dicke d mm	Brandverhaltensgruppe fw	Fa	Eignungsgruppe
1	2	3	4	5	6	7
1.26.	Rahmenelement AZ-MIWO-AZ - 6 mm Asbestzementplatte - 50 mm Mineralwolleplatten - 6 mm Asbestzementplatte mit umlaufendem Holzrahmen		62	15	1Fa	E 15
1.27.	Rahmenelement Metall-MIWO-Metall - ca. 1 mm Metall - 50 mm Mineralwolleplatten - ca. 1 mm Metall mit umlaufendem Stahlrahmen		ca. 52	15	oFa	E 30
1.28.	Rahmenelement GK-Luftschicht-GK - 9,5 mm Gipskarton nach TGL 26 718 - Luftschicht - 9,5 mm Gipskarton nach TGL 26 718 mit umlaufendem Holzrahmen			15	1Fa	E 15

79

Nr.	Beschreibung der Konstruktion	Skizze	Dicke d mm	Brandverhaltensgruppe fw	Brandverhaltensgruppe Fa	Eignungsgruppe
1	2	3	4	5	6	7
1.29.	ROCASO-Ständerwand; Randanschluß mit 3-facher Glasfaser-Isolierschnur 30 mm Ø oder 3-facher MIWO-Schnur (mit Glasfasergarn umsponnen) oder MIWO-Platten d = 10 mm; Fugenabdeckung mit Ekotal-Hutprofil oder verspachtelt, Gipskarton – B zusätzliche vollflächige MIWO-Füllung / Horizontalfugen – RST 51) mit / ohne – RST 47) ohne[3)] / ohne – RST 42) ohne[3)] / mit	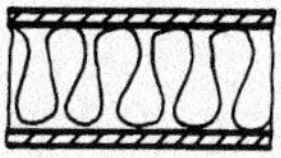	150 150 150	120 45 15	oFa	E 30
	– RST 47) mit / ohne – RST 42) ohne[3)] / ohne – RST 37) ohne[3)] / mit		125 125 125	60 30 15	oFa	E 30
	– RST 42 mit / ohne – RST 37 ohne[3)] / ohne		100 100	45 30	oFa	E 30
	Desgl.; Fugen gemäß Klemmverbindung mit / ohne ohne[3)] / ohne		125 125	30 15	oFa	E 30
	ROCASO-Ständerwand mit Regelwandanschluß Plastosit – für alle Typen, Gipskarton – B			0	oFa	E 30

80

Nr.	Beschreibung der Konstruktion	Skizze	Dicke d mm	Brandverhaltensgruppe fw	Fa	Eignungsgruppe
1	2	3	4	5	6	7
1.30.	PVC-Hart-Trennwandprofil nach TGL 21 448/03 30 mm x 200 mm an Stahlprofilen befestigt		30	0	lFa	E 0
1.31.	- 5 mm glasfaserbewehrter Gips - 50 mm HWL-Platte nach TGL 8950/01 - 5 mm glasfaserbewehrter Gips als Innenwand		60	15	lFa	E 30
1.32.	- 15 mm Putz MG II - 50 mm HWL-Platte - 15 mm Putz MG II als Innenwand		80	30	oFa	E 30
1.33.	Außenwandelement - Metall- oder Asbestzement - PS- oder PUR-HS oder HWL-MSP - Metall- oder Asbestzement			0	gFa	-

81

Nr.	Beschreibung der Konstruktion	Skizze	Dicke d mm	Brandverhaltensgruppe fw	Brandverhaltensgruppe Fa	Eignungsgruppe
1	2	3	4	5	6	7
1.34.	Außenwandelement - GK-Platten (≧9,5 mm) - PE-Folie - Flachspanplatte nach TGL 6072/02 - Dämmschicht, beliebig - Flachspanplatte nach TGL 6072/02 - Luftspalt - Wetterschutzschale, metallisch oder mineralisch				mFa	–
1.35.	Außenwandelement wie Nr. 1.34. jedoch HF-Platten anstelle der Flachspanplatten				gFa	–

1) d entspricht min h nach TGL 33 405/01
2) keine Prüfergebnisse für den Feuerwiderstand vorhanden
3) Rand-, Paketbedämpfung und ohne MIWO-Einlage

2	WANDBEKLEIDUNGEN					
(Schichtenaufbau von der Oberfläche zum Untergrund) Wandbekleidungen besitzen selbst keinen Feuerwiderstand. Sie können die Erhöhung des Feuerwiderstandes der bekleideten Wände bewirken, dies muß jedoch durch fw-Prüfung oder Gutachten einer zugelassenen Prüfstelle nachgewiesen werden.						
Nr.	Beschreibung der Konstruktion	Skizze	Dicke d mm	Brandverhaltensgruppe fw	Fa	Eignungsgruppe
1	2	3	4	5	6	7
2.1.	Außenwandbekleidung: - ebene oder profilierte Metalltafeln - auf Unterkonstruktion "nichtbrennbar" nach TGL 10 685/11		ca. 1	-	oFa	-
2.2.	Außenwandbekleidung: - ebene oder profilierte Asbestzementtafeln - auf Unterkonstruktion "nichtbrennbar" nach TGL 10 685/11		6	-	oFa	-
2.3.	Außenwandbekleidung mit Dämmschicht: - ebene oder profilierte Asbestzementtafeln - Schaumglas- oder Mineralwolleplatten - auf Unterkonstruktion "nichtbrennbar" nach TGL 10 685/11		6	-	oFa	-
2.4.	Außenwandbekleidung mit Dämmschicht: - ebene oder profilierte Asbestzementtafeln - PS-Schaumstoff (Typ F) - auf beliebiger Unterkonstruktion		6	-	mFa	-

83

Nr.	Beschreibung der Konstruktion	Skizze	Dicke d mm	Brandverhaltensgruppe fw	Brandverhaltensgruppe Fa	Eignungsgruppe
1	2	3	4	5	6	7
2.5.	Außenwandbekleidung mit Dämmschicht: - ebene oder profilierte Metall- oder Asbestzementtafeln - PUR-HS (Ortschaum)		1 bzw. 6	-	lFa	-
2.6.	Außenwandbekleidung mit Dämmschicht: - ebene oder profilierte Metalltafeln - PS (Typ F) oder PUR-HS - auf beliebiger Unterkonstruktion		ca. 1	-	mFa	-
2.7.	Außenwand-Beschichtungsbahn: - Steinbrösel in - Ilmantin-Haftbinder 421 - Polyester-Viskose-Vliesstoff - auf Putz mit Mökotex aufgeklebt		ca. 2	-	lFa	-
2.8.	Beschichtung: - Farbsplitt in - Morinol-Haftbinder oder in ungesättigtem Polyesterharz HBA 425 - auf Putz oder Beton		ca. 2	-	lFa	-
2.9.	Außenwandbekleidung: - Holzschalung (mit Nut und Feder oder als Stülpschalung o. a.)		≧20	-	mFa	-

84

Nr.	Beschreibung der Konstruktion	Skizze	Dicke d mm	Brandverhaltensgruppe fw	Brandverhaltensgruppe Fa	Eignungsgruppe
1	2	3	4	5	6	7
2.10.	Außenwandbekleidung: - profilierte, warmgeformte PVC-Hartplatten oder -folien - auf beliebiger Unterkonstruktion		1	-	lFa	-
2.11.	Außenwandbekleidung: - profilierte, warmgeformte PVC-Hartfolienstreifen mit PVC-Hartfolien-Zwischenlamellen - auf PVC-Hartfolien-Klemmleisten		1	-	lFa	-
2.12.	Außenwandbekleidung mit Dämmschicht: - profilierte, warmgeformte PVC-Hartplatten oder -folien - PS-Schaumstoff (Typ F) - auf beliebiger Unterkonstruktion		1	-	mFa	-
2.13.	Innenwandbekleidung: - Holzbretter (natur, lasiert, lackiert oder furniert) - auf beliebiger Unterkonstruktion		≧20	-	mFa	E 15
2.14.	Innenwandbekleidung: - Flachspanplatten nach TGL 6072/02 - auf beliebiger Unterkonstruktion		≧16	-	mFa	E 15

85

Nr.	Beschreibung der Konstruktion	Skizze	Dicke d mm	Brandverhaltensgruppe fw	Fa	Eignungsgruppe
1	2	3	4	5	6	7
2.15.	Innenwand-Akustikbekleidung: - Mineralwolleplatten mit PVC-Weichfolienbeschichtung - auf beliebiger Unterkonstruktion	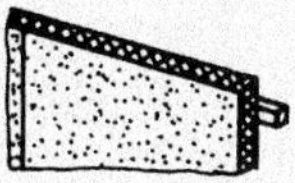	30	-	oFa	E 30
2.16.	Innenwand-Akustikbekleidung "Malikustik"-Platten: - PC-Faservlies mit Retovliesabdeckung und PVC-Weichfolienbeschichtung - vollflächig auf Untergrund geklebt	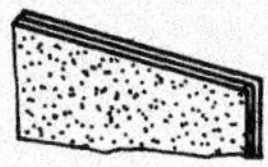	3	-	mFa	E 15
2.17.	Innenwand-Akustikbekleidung "Phonex"-Platten: - Piathermflocken in Nesselhülle, mit PVC-Weichfolie abgedeckt - auf beliebiger Unterkonstruktion	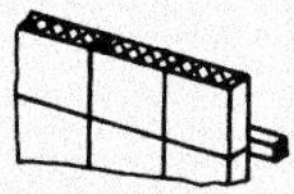	30	-	gFa	E 0
2.18.	Feuchtraumbekleidungen: - ebene PVC-Hartplatten oder -folien - vollflächig auf Untergrund geklebt (Untergrund mindestens "schwerbrennbar" nach TGL 10 685/11)		1 bis 2	-	lFa	E 15

86

Nr.	Beschreibung der Konstruktion	Skizze	Dicke d mm	Brandverhaltensgruppe fw	Brandverhaltensgruppe Fa	Eignungsgruppe
1	2	3	4	5	6	7
2.19.	(Feuchtraum-) Bekleidung: - PVC-Weichfolie mit oder ohne Gewebekaschierung - vollflächig auf Untergrund geklebt (Untergrund beliebig)	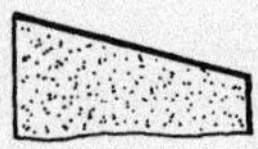	ca. 1	-	mFa	E 0

87

3	STÜTZEN					
außer Stahlstützen Das Maß der Bewehrungslage a_s ist der Abstand der Schwerachse der Längsbewehrung von der feuerbeanspruchten Oberfläche						
Nr.	Beschreibung der Konstruktion	Skizze	Querschnitt mm	Brandverhaltensgruppe fw	Fa	Eignungsgruppe
1	2	3	4	5	6	7
3.1.	Mauervollziegel Mauerklinker, Hochlochziegel, Kalksandvoll- und lochsteine vollfugig gemauert		240 x 365 240 x 240	150 180	oFa oFa	- -
3.2.	Schwerbeton einschließlich dichter Silikatbeton, bewehrt		siehe TGL 33 405/01		oFa	-
3.3.	Holzstützen, massiv oder verleimt (ohne Flammenschutzmittel)		fw nach Prüfzeugnis		mFa	-

88

4	STAHLSTÜTZEN

mit Bekleidung

(d = Dicke der Bekleidung einschließlich Putzträger)

Für die folgenden Positionen sind die angegebenen Prüfzeugnisse und Werkstandards zu beachten:

4.2. – Prüfzeugnis Nr. Fw 118/80 vom 14. 11. 1980 des Institutes für Bergbausicherheit, Bereich Freiberg (IfB Freiberg)

4.5. – Prüfzeugnis Nr. Fw 33/71 vom 25. 8. 1971 einschließlich Nachtrag vom 11. 5. 1972 des IfB Freiberg
– Werkstandard HCN 124 des VE BMK Chemie Halle

4.6. – Prüfzeugnis Nr. Fw 34/71 vom 25. 8. 1971 des IfB Freiberg
– Werkstandard HCN 124 des VE BMK Chemie Halle

4.7. – Prüfzeugnis Nr. Fw 47/73 vom 5. 3. 1973 des IfB Freiberg

4.8. – Prüfzeugnis Nr. Fw 49/73 vom 11. 4. 1973 des IfB Freiberg

4.9. – Prüfzeugnis Nr. Fw 55/73 vom 27. 9. 1973 des IfB Freiberg

4.10. – Prüfzeugnis Nr. Fw 108/80 vom 21. 4. 1980 des IfB Freiberg

Nr.	Beschreibung der Konstruktion	Skizze	Dicke d mm	Brandverhaltensgruppe fw	Brandverhaltensgruppe Fa	Eignungsgruppe
1	2	3	4	5	6	7
4.1.	Gips, Leichtbeton oder Putz (MG II) auf nicht brennbarem Putzträger oder Mauervollziegel	d	15 30 50 65	15 60 90 120	oFa	–

Nr.	Beschreibung der Konstruktion	Skizze	Dicke d	Brand-ver-hal-tens-gruppe		Eignungs-gruppe
			mm	fw	Fa	
1	2	3	4	5	6	7
4.2.	Basaltwollespritzmasse, bei einem Querschnittsquotienten q = F/U ≧ 0,529 cm (F = Querschnittsfläche U = brandbeanspruchter Umfang) Der Querschnittsquotient q ist wie folgt zu bestimmen: - bei Steghöhen bis 400 mm für das gesamte Profil - bei Steghöhen über 400 mm gesondert für Steg und Flansche, wobei für die Bemessung von d der kleinste Wert q maßgebend ist	d	20 40 60	60 90 150	oFa	-
4.3.	Gipsfertigteile mit Glasfasereinlage, kunstharzvergütet, in U-Form bewehrt, ϱ = 1,2 kg/dm³ Fertigteile verschraubt, Schraubenabstand maximal 300 mm, Fugenvermörtelung mit Gips	d	25	60	oFa	-
4.4.	Gipsfertigteile in Plattenform, unbewehrt, 50 mm Porengips und allseitig 10 mm Purgipsbeplankung mit Glasvlieseinlage, zu einem Kastenquerschnitt zusammengesetzt und durch Gipsdübel Ø 25 mm mit Drahteinlage im Abstand von 300 mm verbunden ϱ = 0,8 kg/dm³, Fugenvermörtelung mit Gips		70	180	oFa	-

Nr.	Beschreibung der Konstruktion	Skizze	Dicke d mm	Brandverhaltensgruppe fw	Brandverhaltensgruppe Fa	Eignungsgruppe
1	2	3	4	5	6	7
4.5.	20 mm Sokalit nach TGL 24 452 oder Neptunit nach TGL 29 312 Quotient: Querschnittsfläche Stahl mm²/ Innerer Umfang der Bekleidung mm: α ≦ 13,5 α > 13,5		20	 90 120	oFa	–
4.6.	2 x 20 mm Sokalit nach TGL 24 452 oder Neptunit nach TGL 29 312 Quotient beliebig (siehe Nr. 4.5.)		40	180	oFa	–
4.7.	20 mm Sokalit nach TGL 24 452 oder Neptunit nach TGL 29 312 als äußere Bekleidung auf Gipskarton mit Glasfasereinlage GK-F nach TGL 26 718/01 Dicke Gipskarton 12,5 mm 18 mm		 32,5 38	 120 150	oFa	–
4.8.	Gipskarton mit Glasfasereinlage GK-F nach TGL 26 718/01 auf Eckleisten 1 x 18 mm 2 x 12,5 mm 18 + 9,5 mm 18 + 12,5 mm		 18 25 27,5 30,5	 30 45 45 60	oFa	–
4.9.	Gasbeton nach TGL 21 098		75	180	oFa	–

91

Nr.	Beschreibung der Konstruktion	Skizze	Dicke d mm	Brandverhaltensgruppe fw	Brandverhaltensgruppe Fa	Eignungsgruppe
1	2	3	4	5	6	7
4.10.	Anorganische Brandschutzplatte nach TGL 22 973 mit einem Querschnittsquotienten q = F/U (F = Stahlquerschnitt, U = brandbeanspruchter Umfang) ≦ q < 0,30 cm 0,30 cm ≦ q < 0,73 cm 0,73 cm ≦ q < 1,27 cm 1,27 cm ≦ q < 1,94 cm 1,94 cm ≦ q < 3,05 cm q ≧ 3,05 cm		2 x 12	45 60 90 120 150 180	oFa	–
4.11.	Stahlstütze I 14 mit Gipswabenkernplatte nach TGL 22 972/15		40	60	lFa	–

92

5	DECKEN

einschließlich Unterzüge (außer Stahlträger) statisch bestimmt gelagert.
Das Maß der Bewehrungslage a_s ist der Abstand der Schwerachse der Bewehrung von der feuerbeanspruchten Oberfläche. Bei mehrlagig angeordneter Bewehrung darf a_s auf die Schwerachse aller Bewehrungsstäbe der Zug- bzw. Druckbewehrung bezogen werden, jedoch muß a eines jeden Einzelstabes mindestens dem für fw 30 geforderten Wert entsprechen.

Nr.	Beschreibung der Konstruktion	Skizze	Dicke d mm	Brandverhaltensgruppe fw	Brandverhaltensgruppe Fa	Eignungsgruppe
1	2	3	4	5	6	7
5.1.	Stahlbetonvollplatten [4)]		siehe TGL 33 405/01		oFa	–
5.2.	Spannbetonvollplatten Tragbewehrung aus St 140/160, sofortiger Verbund $a_s \geqq 25$ mm 30 mm 35 mm bei teilweiser Einspannung laut Vorschrift 50/76 der StBA $a_s \geqq 25$ mm	d	140 190 290 140	45 60 90 60	oFa	–
5.3.	Deckenplatten aus Gasbeton $a_s \geqq 15$ mm 20 mm	d	100 200	45 60	oFa	–

93

Nr.	Beschreibung der Konstruktion	Skizze	Dicke d mm	Brand-ver-hal-tens-gruppe fw	Fa	Eignungs-gruppe
1	2	3	4	5	6	7
5.4.	Stahlbetonhohlplatten		siehe TGL 33 405/01		oFa	–
5.5.	Stahlbetonhohldielen nach TGL 24 778	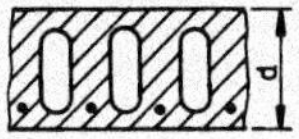 d	60 bis 100	30	oFa	–
5.6.	Spannbetonhohlplatten, Tragbewehrung aus St 140/160, sofortiger Verbund $a_s \geqq$ 25 mm 30 mm		 190 190	 45 60	oFa	–
5.7.	Äquivalente Schutzschichten für 10 mm Betondeckung	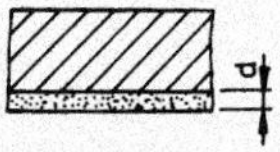 d	siehe TGL 33 405/01 Tabelle 33		oFa	–
5.8.	Stahlsteindecken $a_s \geqq$ 15 mm	 d	90	30	oFa	–
5.9.	Stahbetonriegel, -unterzüge, -balken, -binder einschließlich Stahlbetonrippen von Rippendecken ohne Füllkörper[5)]	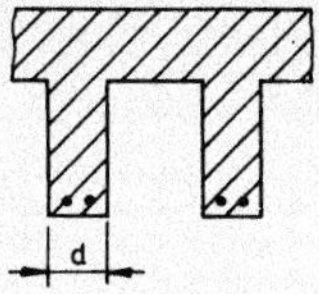 d	siehe TGL 33 405/01		oFa	–

94

Nr.	Beschreibung der Konstruktion	Skizze	Dicke d mm	Brandverhaltensgruppe fw	Brandverhaltensgruppe Fa	Eignungsgruppe
1	2	3	4	5	6	7
5.10.	Holzbalkendecke mit Einschub und nichtbrennbarer Auffüllung und Putz auf Putzträger Putzdicke mindestens 15 mm			30	1Fa	-

4) d entspricht min h nach TGL 33 405/01
5) d entspricht min b nach TGL 33 405/01

95

6	STAHLTRÄGER

mit Bekleidung
(d = Dicke der Bekleidung einschließlich Putzträger)

Für die folgenden Positionen sind die angegebenen Prüfzeugnisse und Unterlagen zu beachten:

6.2. – Prüfzeugnis Nr. Fw 118/80 vom 14. 11. 1980 des IfB Freiberg

6.3. – Prüfzeugnis Nr. Fw 52/73 vom 14. 6. 1973 des IfB Freiberg (Unterdecke)
– VEB WBK Magdeburg (Trägerverkleidung)
– Werkstandard HCN 124 des VE BMK Chemie Halle

6.4. – Prüfzeugnis Nr. Fw 108/80 vom 21. 4. 1980 des IfB Freiberg

6.5. – wie 6.3. (Unterlagen von Freiberg, Magdeburg und Halle)

Nr.	Beschreibung der Konstruktion	Skizze	Dicke d mm	Brandverhaltensgruppe fw	Brandverhaltensgruppe Fa	Eignungsgruppe
1	2	3	4	5	6	7
6.1.	Gips, Leichtbeton oder Putz MG II auf nichtbrennbarem Putzträger		15 20	30 45	oFa	–
6.2.	Basaltwollespritzmasse, bei einem Querschnittsquotienten q = F/U ≧ 0,529 cm (F = Querschnittsfläche U = brandbeanspruchter Umfang) Der Querschnittsquotient q ist wie folgt zu bestimmen: – bei Steghöhen bis 400 mm für das gesamte Profil – bei Steghöhen über 400 mm gesondert für Steg und Flansche, wobei für die Bemessung von d der kleinste Wert q maßgebend ist. Der Unterflansch ist mit einem Putzträger (Maschendraht o. ä.) zu versehen.	d	20 40 60	60 90 150	oFa	–

Nr.	Beschreibung der Konstruktion	Skizze	Dicke d mm	Brandverhaltensgruppe fw	Fa	Eignungsgruppe
1	2	3	4	5	6	7
6.3.	Sokalit- oder Neptunitplatten nach TGL 24 452 bzw. 29 312 als Unterdecke	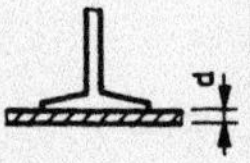	20	90	oFa	–
6.4.	Anorganische Brandschutzplatte nach TGL 22 973 mit einem Querschnittsquotienten q ≧ F/U (F = Stahlquerschnitt, U = branbeanspruchter Umfang) q < 0,30 cm 0,30 cm ≦ q < 0,73 cm 0,73 cm ≦ q < 1,27 cm 1,27 cm ≦ q < 1,94 cm 1,94 cm ≦ q < 3,05 cm q ≧ 3,05 cm	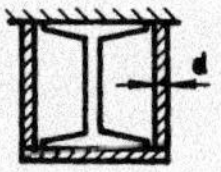	2 x 12	45 60 90 120 150 180	oFa	–
6.5.	Sokalit- oder Neptunitplatten nach TGL 24 452 bzw. 29 312 als Trägerverkleidung		20	90	oFa	–
6.6.	Sokalit- oder Neptunitplatten nach TGL 24 452 bzw. 29 312 oder Putz MG II auf Putzträger aus Ziegeldrahtgewebe als Bekleidung des Flansches und Profil voll ausgemauert – mit Ausnahme von Langlochziegeln – oder ausbetoniert	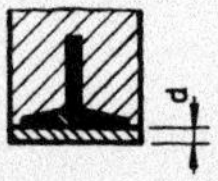	20	90	oFa	–

97

Nr.	Beschreibung der Konstruktion	Skizze	Dicke d mm	Brand-verhaltens-gruppe fw	Fa	Eignungs-gruppe
1	2	3	4	5	6	7
6.7.	Stahlprofile voll ausgemauert - mit Ausnahme von Langlochziegeln - oder ausbetoniert, bis zu einer Spannweite von 7200 mm; Dicke des ungeschützten Flansches t = 6 mm t = 8 mm			30 45	oFa	-
6.8.	Stahlzellendecken für zulässige Belastung von 300 kp/m², mit Unterdecken aus Gipswabenkernplatten mit - Rundstahlabhängung - Universalabhängung			45 30	oFa	-

98

7	DECKENBEKLEIDUNGEN / UNTERDECKEN					
(Schichtenaufbau von der Oberfläche zum Untergrund) Deckenbekleidungen und Unterdecken besitzen selbst keinen Feuerwiderstand. Sie können eine Erhöhung des Feuerwiderstandes der bekleideten Decken bewirken, dies muß jedoch durch fw-Prüfung bzw. Gutachten einer zugelassenen Prüfstelle nachgewiesen werden.						
Nr.	Beschreibung der Konstruktion	Skizze	Dicke d mm	Brandverhaltensgruppe fw	Brandverhaltensgruppe Fa	Eignungsgruppe
1	2	3	4	5	6	7
7.1.	Unterdecke "Rocaso-Dekor" Typen: RDE-600 x 600; RDE-600 x 600-D; RDE-600 x 1200-D - Dehafolpapierkaschierung - 9,5 mm Gipskarton nach TGL 26 718/01 - auf Ekotal-Hutprofilen aufgelegt und mit Punktabhängern an Metallprofilen abgehängt (geschlossene Decke)		10	–	oFa	E 30
7.2.	Akustikunterdecke "Rocaso-Absorberdecke" Typ: RDE-600 x 600-A - Dehafolkaschierung - 9,5 mm Gipskarton nach TGL 26 718/01, gelocht - Rieselschutz: Retovlies - Mineralwolleplatten - auf Ekotal-Hutprofilen aufgelegt und mit Punktabhängern an Metallprofilen abgehängt (geschlossene Decke)		10	–	oFa	E 15

99

Nr.	Beschreibung der Konstruktion	Skizze	Dicke d mm	Brandverhaltensgruppe fw	Brandverhaltensgruppe Fa	Eignungsgruppe
1	2	3	4	5	6	7
7.3.	Unterdecke aus Gipselementen (600 mm x 600 mm 600 mm x 1200 mm 1200 mm x 300 mm) an Metallprofilen abgehängt (geschlossene Decke)	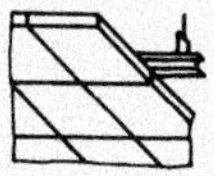	40	-	oFa	E 30
7.4.	Akustikunterdecke "Astik N" ohne Einbau von Beleuchtungskörpern oder Belüftungselementen (geschlossene Decke); Elemente von 600 mm x 600 mm Größe: - Deckenspiegel aus glasfaserbewehrtem Gips, gelocht - Rieselschutz: Kraftpapier oder Toilettenpapier oder Glasvlies - Mineralwolleplatten - Rückwand: Kunstledertrennpapier oder Alu-Folie oder kaschierte Alu-Folie an Holzkonstruktion abgehängt	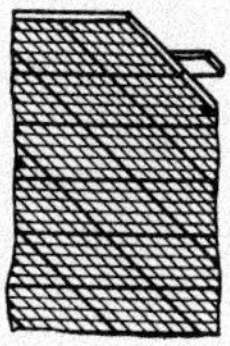	40	-	lFa	E 30
7.5.	Akustikunterdecke "Astik N" mit Einbau von Beleuchtungskörpern oder Belüftungselementen (durchbrochene Decke); Elemente von 600 mm x 600 mm Größe: Aufbau wie Nr. 7.4.	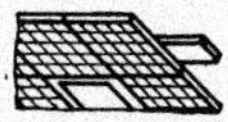	40	-	lFa	E 15

100

Nr.	Beschreibung der Konstruktion	Skizze	Dicke d mm	Brandverhaltensgruppe fw	Brandverhaltensgruppe Fa	Eignungsgruppe
1	2	3	4	5	6	7
7.6.	Unterdecke mit Gipselementen 600 mm x 600 mm; 600 mm x 1200 mm; 1200 mm x 300 mm mit Durchbrechungen - an Unterkonstruktion aus Stahl - an Unterkonstruktion aus Holz		≥ 40	-	oFa lFa	E 30 E 15
7.7.	Unterdecke: - profilierte oder ebene Asbestzementtafeln auf Unterkonstruktion aus Stahl auf Unterkonstruktion aus Holz		5	-	oFa lFa	E 15
7.8.	Unterdecke: - profilierte Aluminiumplatten auf Unterkonstruktion aus Stahl auf Unterkonstruktion aus Holz		≥0,8	-	oFa lFa	E 15
7.9.	Unterdecke: Flachspanplatten auf beliebiger Unterkonstruktion		≥16	-	mFa	E 15
7.10.	Bekleidung: - Holzbretter oder Holztäfelung auf beliebiger Unterkonstruktion		≥ 20	-	mFa	E 15

101

Nr.	Beschreibung der Konstruktion	Skizze	Dicke d mm	Brandverhaltensgruppe fw	Brandverhaltensgruppe Fa	Eignungsgruppe
1	2	3	4	5	6	7
7.11.	Akustikunterdecke: - Mineralwolleplatten mit PVC-Weichfolienbeschichtung, mit Aluminiumprofilen bewehrt - an beliebiger Unterkonstruktion befestigt oder auf Stahlträgerflansche aufgelegt		40	-	oFa	E 30
7.12.	Akustikunterdecke - Aluminiumsichtlamellen - an Klemmleisten abgehängt - Mineralwolleplatten an Decke geklebt oder abgehängt		⩾30	-	oFa	E 15
7.13.	Akustikunterdecke "Phonex" - Piathermflocken in Nesselhülle mit PVC-Weichfolie abgedeckt - auf beliebiger Unterkonstruktion		⩾40	-	gFa	E 0
7.14.	Akustikunterdecke "Rauma" Balken: - Piathermflocken in Glasseidenhülle mit PVC-Weichfolie abgedeckt - Balken an Metallhängern befestigt.		⩾200	-	lFa	E 15

102

Nr.	Beschreibung der Konstruktion	Skizze	Dicke d	Brand-ver-hal-tens-gruppe		Eignungs-gruppe
			mm	fw	Fa	
1	2	3	4	5	6	7
7.15.	Akustikbekleidung "Malikustikplatten" - PC-Faservlies mit Retovliesabdeckung und PVC-Weichfolien-beschichtung - vollflächig auf Untergrund geklebt		5	-	mFa	E 15

103

8	DACHKONSTRUKTIONEN

Unterdecken, abgehängte Decken und Unterschalen zweischaliger Dächer sowie wärme- oder schalldämmende Bekleidungen bleiben bei der Festlegung der Brandverhaltensgruppe der Dachkonstruktion grundsätzlich unberücksichtigt.
Sie gelten als Innenbekleidungen gemäß TGL 10 685/07.
Die brennbaren Stoffe dieser Elemente und Bekleidungen sind entsprechend TGL 10 685/02 als Brandlast zu erfassen.

Unterschalen von zweischaligen Dächern oder Unterdecken dürfen zur Erhöhung des Feuerwiderstandes der Dachkonstruktionen herangezogen werden, wenn

- die Dachkonstruktionen aus nichtbrennbaren Baustoffen bestehen und die Unterschalen oder -decken sowohl unter- als auch oberseitig die Anforderungen an oFa erfüllen,
- die Unterschalen oder -decken keine Öffnungen und keine Einbauten, z. B. Lüftungsöffnungen, Lampenkörper, besitzen und an die Raumwände dicht anschließen,
- der Dachraum weder zur Unterbringung von Anlagen oder Anlagenteilen der Elektrotechnik/Elektronik, der Heizungs-, Lüftungs- und Sanitärtechnik genutzt wird noch anderweitig nutzbar ist.

Die Erhöhung des Feuerwiderstandes der Dachkonstruktion durch Unterdecken oder Unterschalen zweischaliger Dächer ist durch Prüfung oder Gutachten einer zugelassenen Prüfstelle nachweisen zu lassen.

Nr.	Beschreibung der Konstruktion	Brandverhaltensgruppe	
		fw	Fa
8.1.	Stahlbetonkonstruktionen (Platten, Schalen, Binder, Träger, Balken)6)	siehe TGL 33 405/01	oFa
8.2.	Trapezförmige Faltwerkträger (VT-Falten) nach TGL 21 856/04	30	oFa
8.3.	Hyperbolische Dachschalenträger (HP-Schalen) nach TGL 21 856/05	30	oFa
8.4.	Stahlkonstruktionen, ungeschützt mit den Abmessungen des kleinsten Einzelprofils $A \geqq 30\ cm^2$ und $d \geqq 10$ mm	15	oFa
	$A < 30\ cm^2$ und/oder $d < 10$ mm	0	oFa

104

Nr.	Beschreibung der Konstruktion	Brandverhaltensgruppe fw	Fa
8.5.	Stahlkonstruktionen mit Bekleidung - Stahlstützen	siehe Abschnitt 4.	
	- Stahlträger	siehe Abschnitt 6.	
8.6.	Holzkonstruktionen mit den Abmessungen A ≧ 300 cm^2 und d ≧ 90 mm	15	mFa
	A < 300 cm^2 und/oder d < 90 mm	0	mFa

6) Stahlbeton-Dachkassettenplatten in FWKL I bis V zulässig

105

9	DACHDECKUNGEN	
Die nachstehend ausgewiesenen Feuerausbreitungsgrade für Dachdeckungen gelten für die Festlegung des Gebäudeabstandes nach TGL 10 685/03. Für nicht genannte Dachdeckungen ist der Feuerausbreitungsgrad von einer zugelassenen Prüfstelle nachweisen zu lassen.		
Dachdeckungen ohne Dämmschichten		
Nr.	Dachdeckung	Feuerausbreitungsgrad.
9.1.	Dachziegel, Dachsteine, Schiefer, Asbestzement, Metall, Glas und andere Dachdeckungen aus nichtbrennbaren Stoffen	oFa
9.2.	Bituminöse Bahnendeckungen mit mineralischer Beschichtung Schutzschicht nach TGL 22 317/08	mFa 7)
	Schüttschicht ≧ 4 kg/m²	lFa 7)
9.3.	Bituminöse Schichten auf Beton mit mineralischer Beschichtung Schutzschicht < 4 kg/m²	mFa
	Schüttschicht ≧ 4 kg/m²	lFa
9.4.	Bituminöse Schindeln	mFa
9.5.	Bituminöse Wellpappen, z. B. Wellbit	gFa
9.6.	Bitumenemulsion-Latex-Kombination auf Beton nach TGL 23 426	oFa
9.7.	Holzschindeln, Stroh, Schilf	gFa
9.8.	GUP Wellplatten nach TGL 25 537	gFa
9.9.	GUP Steildachprofilplatten nach TGL 37 519	lFa

106

Nr.	Dachdeckung	Feuerausbreitungsgrad
9.10.	Dachdichtungsgummibahnen NBR/SBR-Synthesekautschuk nach ASMW-Zulassung 84/83 mit mineralischer Beschichtung Schutzschicht < 4 kg/m²	gFa
	Schüttschicht ≧ 4 kg/m²	mFa
9.11.	Elastbaufolien nach TGL 37 459	mFa
9.12.	Dachfolien aus chloriertem PE	lFa 7)

Dachdeckungen mit Dämmschichten

Nr.	Dachdeckung	Dämmschicht	Feuerausbreitungsgrad bei Dachdeckung ohne Kaminwirkung	Feuerausbreitungsgrad bei Dachdeckung mit Kaminwirkung
9.13.	Metall, Asbestzement	Schaumglas, Schaumbeton, Mineralwolle, HWL-ESP	oFa	oFa
		PUR, HWL-MSP	lFa	mFa
		PS	mFa	gFa
9.14.	Bituminöse Bahnendeckungen mit mineralischer Schutzschicht nach TGL 22 317/08	Schaumglas, Schaumbeton	lFa 7)	lFa
		Mineralwolle, HWL-ESP	lFa 7)	lFa
		PUR, HWL-MSP	mFa	mFa
		PS	mFa	gFa
9.15.	Stützkernelemente Stahl-PUR-Stahl nach TGL 22 972/17 oder AL-PUR-Al nach TGL 22 972/13		lFa	-

107

Nr.	Dachdeckung	Dämmschicht	Feuerausbreitungsgrad bei Dachdeckung ohne Kaminwirkung	mit Kaminwirkung
9.16.	Gedämmte Dachelemente Stahl-PUR-BIT mit Deckschicht aus bituminösen Bahnen nach TGL 22 980		lFa	-
9 17.	Verbundprofilbandelemente PUR- oder PS-Schaumstoffkern		-	gFa

ESP = Einschichtenplatte
MSP = Mehrschichtenplatte

7) auf flächiger Deckungsunterlage aus Beton: oFa

Beispiele für Dachdeckungen

ohne Kaminwirkung

mit Kaminwirkung

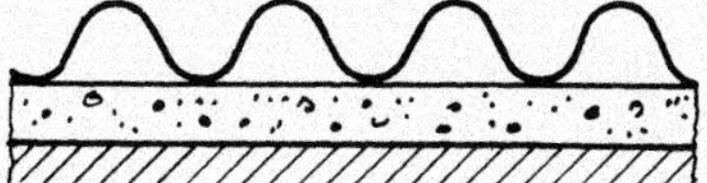

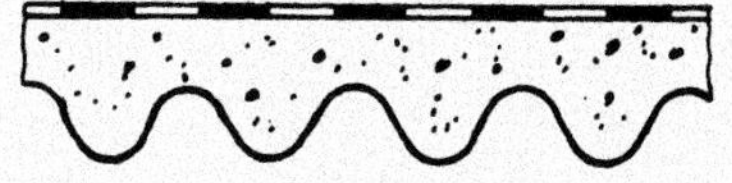

Bild 1

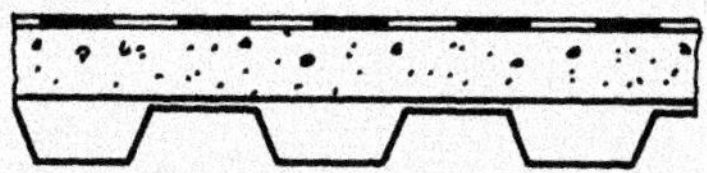

Bild 2

108

Anordnung von Schutzstreifen nach TGL 10685/07 zur Unterteilung der Dachflächen von Dachdeckungen mit dem Feuerausbreitungsgrad mFa und gFa

Gestaltung des Schutzstreifens	Feuerausbreitungsgrad
Ebene Asbestzement-, Keramik- oder Betonplatten auf Dachdeckung aufgeklebt	oFa
Mineralische Beschichtung Schüttschicht > 7 kg/m²	oFa
Schüttschicht ≧ 4 bis 7 kg/m²	lFa

Bei Dachdeckungen mit Dämmschichten sind unter dem Schutzstreifen nur nichtbrennbare oder schwerbrennbare Dämmstoffe zulässig, z. B. Schaumglas, Schaumbeton, Mineralwolleplatten, HWL-Einschichtplatten.

109

10	VERGLASUNGEN					
Nr.	Beschreibung der Konstruktion	Skizze	Dicke d mm	Brandverhaltensgruppe fw	Fa	Eignungsgruppe
1	2	3	4	5	6	7
10.1.	Drahtglas in Außenwänden, Fläche bis 0,5 m², in Beton- oder Stahlbetonrahmen mit Stahlstiften, -keilklemmen oder -klammern befestigt		6	30	oFa	-
10.2.	Kittlose Außenwandverglasung, einfach mit Drahtglas nach TGL 27 367/01 bis /07 Scheibengrößen maximal 750 x 2000 mm - Dichtungsband : Bitumen - Dichtungsband : PVC		7	0 15	lFa oFa	-
10.3.	Vollglasbausteine in Wänden		115 240	60 120	oFa oFa	-
10.4.	Hohlglasbausteine in Wänden		115	60	oFa	-
10.5.	Drahtglas in Dachflächen		6	2)	oFa	-

2) siehe Abschnitt 1

110

11	TÜREN				
Nr.	Beschreibung der Konstruktion	Skizze	Dicke d mm	Feuer-wider-stand fw	Eig-nungs-gruppe
1	2	3	4	5	6
11.1.	Vollholztür, fugendicht ohne Glasfüllung		20	15	E 15
11.2.	Eichenholztür mit Nut und Feder, Rahmen und Schwelle nicht brennbar Falztiefe des Rahmens 30 mm der Schwelle 10 mm		40	30	E 30
11.3.	Stahlhohltür aus mindestens 1,5 mm dickem versteiftem Stahlblech		35	15	E 30
11.4.	Brandschutztüren nach TGL 22 891		nach Angaben des Herstellers		
11.5.	Brandschutzklappen nach TGL 28 911 und TGL 28 912		nach Angaben des Herstellers		

12	DÄMMSCHICHTEN					
einschließlich deren Mantel auf Rohrleitungen, Schächten und Kanälen						
Nr.	Beschreibung der Konstruktion	Skizze	Dicke d mm	Brand-verhal-tens-gruppe fw	Fa	Eignungs-gruppe
1	2	3	4	5	6	7
12.1.	Dämmschicht: Mineralwollematte (bis 2 % Harzanteil) kaschiert auf Al-Folie oder Wellpappe; Mineralwolleschalen (bis 6 % Harzanteil), ohne Kaschierung; Mineralwolleplatten (bis 5 % Harzanteil), ohne Kaschierung; Mantel: - Stahlblech8) - PVC-Hartfolie oder PVC-Folie schlagzäh9) - Aluminiumblech			- - -	oFa lFa oFa	E 30 E 15 E 15
12.2.	Dämmschicht: Mineralwolle-Lamellenmatte, mit Bitumen- oder Kautschuk-klebstoff auf Al-Folien oder Sackpapier aufkaschiert Mantel: - Stahlblech8) - PVC-Hartfolie oder PVC-Folie schlag-zäh9) oder Aluminiumblech			-	lFa lFa	E 30 E 15

112

Nr.	Beschreibung der Konstruktion	Skizze	Dicke d mm	Brandverhaltensgruppe fw	Fa	Eignungsgruppe
1	2	3	4	5	6	7
12.3.	Dämmschicht: Mineralwolle-Plattenlamellen, mit Bitumen- oder Kautschukklebstoff mit dem Mantel verbunden Mantel: - Stahlblech[8)] - PVC-Hartfolie oder PVC-Folie schlagzäh[9)] oder Aluminiumblech			-	1Fa 1Fa	E 30 E 15
12.4.	Dämmschicht: PUR-Hartschaumstoff PIC-Hartschaumstoff Mantel: Aluminium- oder Stahlblech[8)]; PVC-Hartfolie oder PVC-Folie schlagzäh[9)]			-	1Fa	E 15
12.5.	Dämmschicht: Polystyrolschaumstoff (Typ F) mit mindestens 20 mm Glasfasermatte ummantelt Mantel: - Stahlblech[8)] - PVC-Hartfolie oder PVC-Folie schlagzäh[9)] - Aluminiumblech			-	oFa 1Fa oFa	E 30 E 15 E 15

8) verzinkt-lackiert oder plastisol-beschichtet
9) mechanisch befestigt (z. B. mit Bindedraht, selbstschneidende Schrauben)

113

Anmerkungen

1 Wirth, H., Denkmalpflegerische Axiologie, in: Wissenschaftliche Zeitung der Hochschule für Architektur und Bauwesen, Weimar 41 (1995) 1/2, S. 83

2 Metz, L., Holzschutz gegen Feuer, Berlin 1942, S. 10

3 Hochfürstlich-Sachsen-Weimarische Obervormundschaftliche Feuerordnung vor die Fürstl. Residenz-Stadt Weimar, Weimar 1760

4 Ebd.

5 Entwurf einer Bauordnung. Erlass des Staatskommissars für das Wohnungswesen vom 25. April 1919, in: Baupolizeiliche Vorschriften, hrsg. v. Preußischen Ministerium für Volkswohlfahrt, Druckschrift Nr. 3, Berlin 1925, S. 16–62

6 Baupolizeiliche Bestimmungen über Feuerschutz (feuerbeständige und feuerhemmende Bauweisen). Erlass vom 12. März 1925, in: Baupolizeiliche Vorschriften, hrsg. v. Preußischen Ministerium für Volkswohlfahrt, Druckschrift Nr. 3, Berlin 1925, S. 64–67

7 Der Begriff „feuerbeständig“ tritt an die Stelle des bisherigen Begriffes „feuerfest“.

8 Der Begriff „feuerhemmend“ tritt an die Stelle des bisherigen Begriffes „feuersicher“.

9 Vgl. Erlass vom 12. März 1925

10 „Es ist zugelassen, dass unter Hohlräumen im Sinne dieser Vorschrift auf ein und denselben Stein beschränkte Luftzellen nicht verstanden werden, und zwar dann nicht, wenn die Steinwandungen genügend stark sind ... und wenn auf die Hohlzellen nicht mehr als die Hälfte des Querschnitts entfällt.“ Somit waren sowohl allseitig geschlossene als auch beiderseitig offene Lochsteine für die Errichtung von Brandmauern zugelassen, „wenn die den Nachbarsteinen zugekehrten Öffnungen so geschlossen werden, daß weder horizontal noch vertikal durchgehende Kanäle entstehen“.

11 Der Begriff Mittelhaus wurde dreigeschossigen Wohnhäusern mit Erlass des Staatskommissars für das Wohnungswesen vom 10. Februar 1919 „beigelegt“, um Erleichterungen für Mietshäuser, die in der Baugattung zwischen „Kleinhäusern“ und „Großhäusern“ angesiedelt waren, zu befördern.

12 Zentralblatt der Bauverwaltung 1920, S. 452

13 Ebd.

14 Baupolizeiliche Bestimmungen über Feuerschutz ..., wie Anm. 6, hier S. 65 ff.

15 Ebd.

16 Anm. 1) des Erlasses: Der Begriff „feuerbeständig“ tritt an die Stelle des bisherigen Begriffes „feuerfest“.

17 Anmerkung 2) des Erlasses: Der Begriff „feuerhemmend“ tritt an die Stelle des bisherigen Begriffs „feuersicher“.

18 Erlass, betreffend Änderung des Musters zu einer Bauordnung, hrsg. v. Preußischen Ministerium für Volkswohlfahrt, Berlin 15. März 1925

19 Erlass, betreffend Zulassung neuer Bauweisen für ebene Steindecken (II C. Nr. 1170/29), hrsg. v. Preußischen Ministerium für Volkswohlfahrt, Berlin 15. Mai 1929

20 Rundschreiben des preußischen Ministers für Volkswohlfahrt (II 6200. 31.5, gez. Dr. Schohpohl), Betrifft: Zulassung neuer Bauweisen, Berlin 4. Juli 1930

21 DIN 4102, Brandverhalten von Baustoffen und Bauteilen, derzeit 22 Teile, u. a.: Teil 1: Baustoffe; Begriffe, Anforderungen und Prüfungen, Berlin Mai 1998; Teil 4: Zusammenstellung und Anwendung klassifizierter Baustoffe, Bauteile und Sonderbauteile, Berlin März 1994; Teil 22: Anwendungsnorm zu DIN 4102-4 auf der Basis von Teilsicherheitsbeiwerten, Berlin November 2004; Dokument A1: Zusammenstellung und Anwendung klassifizierter Baustoffe, Bauteile und Sonderbauteile, Änderung A1, Berlin November 2004. Im Kapitel 8 wird weiterführend auf die bauaufsichtliche Bindungswirkung der DIN 4102 als „Eingeführte Technische Baubestimmung“ eingegangen.

22 DIN 4102, Widerstandsfähigkeit von Baustoffen und Bauteilen gegen Feuer und Wärme, Bl. 1, Begriffe, Berlin August 1934

23 DIN 4102, Widerstandsfähigkeit von Baustoffen und Bauteilen gegen Feuer und Wärme, Bl. 1, Begriffe, Berlin November 1940

24 DIN 4102, wie Anm. 22

25 DIN 4102, wie Anm. 23

26 Im Jahre 1965 erschienen zwei Blätter der DIN 4102, Brandverhalten von Baustoffen und Bauteilen, neu: Bl. 2: Begriffe, Anforderungen und Prüfungen von Bauteilen, Berlin September 1965; Bl. 4: Einreihung in die Begriffe, Berlin September 1965

27 Während die Blätter 2 und 4 der DIN 4102 bereits im September 1965 erschienen, befand sich das Blatt 1 noch bis zum Jahre 1966 in Überarbeitung.

28 DIN 4102, Bl. 4, wie in Anm. 26, S. 2 f.

29 Diese Eigenschaften wurden im Blatt 1 der DIN 4102 im Jahr 1966 erstmals genormt.

30 Die Einreihung in die Feuerwiderstandsklassen war gemäß Blatt 2 DIN 4102 vom September 1965 für die raumabschließenden Bauteile an die Bedingung gebunden, dass während der Prüfdauer des jeweiligen Feuerwiderstandes „auf der dem Feuer abgewandten Seite keine entzündbaren Gase auftreten, die nach Wegnahme einer fremden Zündquelle allein weiterbrennen dürfen. Die raumabschließenden Teile dürfen sich nicht mehr als 140 Grad über die Anfangstemperatur des Probekörpers bei Versuchsbeginn erwärmen". An die Oberflächentemperaturen von Treppen wurden keine Anforderungen gestellt.

31 Anordnung Nr. 2 über verfahrensrechtliche und bautechnische Bestimmungen im Bauwesen – Deutsche Bauordnung (DBO) – Vom 2. Oktober 1958, in: Gesetzblatt der Deutschen Demokratischen Republik, Sonderdruck Nr. 287, Berlin 15. Dezember 1958, S. 266

32 In der DDR trat an Stelle der DIN 4102 im Jahre 1965 die TGL 10685, in der ebenfalls die Kategorien „brennbar" und „nichtbrennbar" zu finden waren, jedoch mit differenzierten Unterscheidungen hinsichtlich der Feuerwiderstandsdauer (15-Minuten-Schritte) und der realen Brandgefährdung auf der Grundlage der zu ermittelnden Brandlast im Gebäude.

33 Eine Wahrnehmung der deutschen Regelungen zum Umgang mit dem Baustoff Holz in Bezug auf die österreichische Herangehensweise formulierte W. Hilzensauer in einem Diskussionsbeitrag: „Wir Österreicher lehnen uns in vielen Dingen an die BRD an und haben dabei meistens die Absicht, es ein bisschen weniger kompliziert zu machen ... In Österreich kann ein Baustoff, der die an sich vorgeschriebene Brandschutzklasse nicht erreicht, über den Weg einer allgemeinen bauaufsichtlichen Zulassung verwendet werden, obwohl er zum Beispiel nicht B 1 ist, aber sich durch einen anwendungsbezogenen Großversuch ... bewährt hat." (in: Brandverhalten und Feuchteschutz von Holz und Holzkonstruktionen. Drittes Fachgespräch am 24. März 1981 in Würzburg, Vorträge und Diskussionsbeiträge hrsg. v. d. Deutschen Gesellschaft für Holzforschung, H. Nr. 66, München 1982, S. 39)

34 Verordnung über die technische Normung in der Deutschen Demokratischen Republik" vom 3. August 1990, in: Gesetzblatt der Deutschen Demokratischen Republik 1990, Teil I Nr. 46, Berlin 3. August 1990, S. 812 f.

35 Baugesetzbuch – BauGB – in der Fassung des Europarechtanpassungsgesetzes Bau (EAG Bau) vom 24. Juni 2004 (BGBl. S. 1359)

36 Baunutzungsverordnung (BauNVO), Verordnung über die bauliche Nutzung der Grundstücke 1990

37 Zu diesem Sachverhalt gibt es in den Bundesländern z. T. sehr unterschiedliche Auslegungen. So wurde z. B. in Mecklenburg-Vorpommern mit dem Waldabstandserlass aus dem Jahre 2004 der erforderliche „Waldabstand" für bauliche Anlagen von 50 m auf 30 m verkürzt, dagegen der Spielraum für die Erteilung von Ausnahmen jedoch erheblich eingeschränkt.

38 Musterbauordnung, Stand November 2002, zuletzt geä. durch Beschluss der Bauministerkonferenz vom 13.05.2016

39 Ebd., § 26 (2)

40 Ebd., § 67

41 www.saarheim.de/Anmerkungen/verhaeltnissmaessigkeit,htm, 06.02.2017

42 Ebd.

43 Musterbauordnung, wie Anm. 38

44 Muster-Richtlinie über brandschutztechnische Anforderungen an hochfeuerhemmende Bauteile in Holzbauweise – M-HFHHolzR, Stand Juli 2004,

45 Thüringer Bauordnung (ThürBO) vom 16.3.2004

46 Geburtig, G., Bauen im Bestand – Baurecht, Möglichkeiten und Grenzen, in: Bauen im Bestand – mit Holz, 4. Holzbauforum, Berlin 2004, S. 8–36, hier S. 9

47 K. Schneider, Rechtsprechung in Streitfällen, in: Bestandsschutz und Brandschutz, vds [Verband der Sachversicherer] – Fachtagung am 23. November 2005 in Köln, o. S., Manuskripts. 3

48 Ebd.

49 Temme, H.-G., Geschützter oder nicht geschützter Bestand, in: Ebd., o. S., Manuskripts. 6

50 Ebd.

51 Temme, H.-G., Bauordnungsrechtliche Forderungen bei der Modernisierung oder Umnutzung auch denkmalgeschützter Gebäude, in: Deutsches Architektenblatt, H. 11, Berlin November 1992, S. OST 463 – OST 470, hier S. 466

52 Geburtig, G., Bauen im Bestand ..., wie Anm. 46, S. 11

53 Bekanntmachung zum Vollzug der Thüringer Bauordnung vom 3. April 2014 (VollzBekThürBO)

54 Produktgruppe MHHR der Fachkommission Bauaufsicht (Hrsg.), Erläuterungen zur Muster-Richtlinie über den Bau und den Betrieb von Hochhäusern (Muster-Hochhaus-Richtlinie – MHHR), Fassung April 2008, Abschnitt C „Bestandsschutz"

55 Bauordnung für Berlin (BauO Bln) vom 29. September 2005, zuletzt geändert am 17. Juni 2016 (gültig ab 1. Januar 2017), § 81 (1)

56 Geburtig, G., Brandschutz im Bestand, in: Unterlagen zum 1. Brandschutztag Mecklenburg-Vorpommern, hrsg. v. Kompetenzzentrum Bau Mecklenburg-Vorpommern an der Hochschule Wismar und der Arbeitsgemeinschaft der Brandschutzingenieure Mecklenburg-Vorpommern, Wismar 2006, S. 53, vgl. auch K. Schneider, Rechtsprechung in ..., wie Anm. 47, hier Manuskripts. 2 u. 4

57 Brandschutzleitfaden für Gebäude besonderer Art oder Nutzung, hrsg. v. Bundesministerium für Verkehr, Bau- und Wohnungswesen, Berlin November 1998[2], S. 15

58 Patterson, J., Simplified Design for Building Fire Safety, New York 1993, S. 61

59 Oberlandesgericht Nürnberg, Urteil vom 27.07.2005, Az.: 6 U 117/05

60 Ebd., vgl. auch Wirtschaftsdienst Ingenieure & Architekten, H. 7, Nordkirchen 2006, S. 1

61 Hamburgisches Oberverwaltungsgericht, Beschluss vom 4.1.1996, Az.: BS II 61/95, BRS 58 Nr. 112, Baurecht 5/96, S. 694 f.

62 Bayrisches Staatsministerium des Innern, Vollzug der Bayerischen Bauordnung (BayBO); Brandschutz in bestehenden Gebäuden, E-Mail an die Regierungen im Freistaat Bayern vom 25.07.2011, hier Pkt. 2.1

63 Ebd., hier Pkt. 2.6

64 Temme, H.-G., Geschützter ..., wie Anm. 49, Manuskripts. 4

65 Mehl, F., Bauaufsichtliche Akzeptanz von Ingenieurmethoden im Brandschutz. Anwendungsbereiche und Grenzen, Promat-Fachbeitrag, Ratingen 2003, S. 2

66 Oberverwaltungsgericht Nordrhein-Westfalen, Urteil vom 28.8.2001, Az.: 10 A 3051/99, Baurecht 2002, S. 763

67 Temme, H.-G., Bauordnungsrechtliche Forderungen ..., wie Anm. 51, hier S. OST 464

68 Hessischer Verwaltungsgerichtshof, Beschluss vom 18.10.1999 – 4 TG 3007/97; siehe auch: Die öffentliche Verwaltung, Bd. 53, H. 8, Stuttgart, April 2000, S. 338 f.

69 Ebd.

70 Geburtig, G., Anlagentechnische Maßnahmen für den Brandschutz bei Burgen und Schlössern, in: Burgen und Schlösser, H. 1, Braubach 2003, S. 36–41

71 SIA, Norm 81, Brandrisikobewertung – Berechnungsverfahren, hrsg. v. Schweizerischen Ingenieur- und Architekten-Verein (SIA), dem Brandverhütungsdienst für Industrie + Gewerbe (BVD) und der Vereinigung kantonaler Feuerversicherungen (VKF), Zürich 1984, S. 6

72 Die SIA Norm 81 enthält im Anhang 1 ein Formular zur Berechnung der Brandsicherheit, in dem für das jeweils zu betrachtende Gebäude alle Kennwerte, die in Tabellenform innerhalb der Norm zur Verfügung gestellt werden, zusammenzutragen sind. Abschließend erhält man das zulässige (dimensionslose) Brandrisiko, das größer als 1,0 sein sollte.

73 In der SIA Norm 81 werden variable Kenngrößen für die das Brandrisiko beeinflussenden Faktoren vorgegeben, die für ein Gebäude zu unterschiedlichen Sicherheitseinstufungen führen können.

74 Müllenberg, U., Brandschutztechnische Gesamtbewertung der Liegenschaften der Klassik Stiftung Weimar, Tagungsunterlagen zum 7. EIPOS-Sachverständigentag am 20./21. November 2006 in Dresden, o. S., hier Manuskripts. 14

75 Ebd., Das war die Grundlage für die Bewertung des objektkonkret vorliegenden Sicherheitsniveaus. Höhere sicherheitstechnische Mängel spiegeln sich in einem verminderten Beitrag der Einflussgröße zum Gesamtsicherheitsniveau – und damit in einem geringeren Zahlenwert – wider.

76 Thüringer Bauordnung vom 13. März 2014

77 Bauordnung für Berlin ..., wie Anm. 55, § 81 (3)

78 Ebd., § 81 (4)

79 Vereinigung der Landesdenkmalpfleger in der Bundesrepublik Deutschland (VdL), Arbeitsgruppe Bautechnik (Hrsg.), Arbeitsheft 13: Brandschutz im Baudenkmal, Münster 2014

80 Geburtig, Gerd, Brandschutz im Baudenkmal (3 Bände): Grundlagen, Berlin 2017[2]; Museen, Veranstaltungsräume, Gaststätten und Hotels, Berlin 2010; Wohn- und Bürobauten, Berlin 2011

81 Musterbauordnung ..., wie Anm. 38, hier §§ 16a und 16b

82 Ebd., hier § 16a

83 Ebd., hier § 17

84 Oberverwaltungsgericht Mecklenburg-Vorpommern, Beschluss vom 12. September 2008 – 3 L 18/02 –

85 OLG Hamburg, Urteil vom 20.09.2013, Az. 9 U 67/12, s. auch Beschluss des BGH vom 13.07.2016, Az. VII ZR 280/13

86 PBP Planungsbüro professionell, Endlich Klarheit: Beim Bauen im Bestand darf von DIN-Normen abgewichen werden, S. 14–16, Heft 03/2017

87 Gesetz zur Modernisierung des Schuldrechts vom 26.11.2001, BGBl. Jahrgang 2001 Teil I Nr. 61, S. 3138–3188, Bonn 2001

88 holzbau handbuch, mehrere Reihen zum Holzbau, u.a. Reihe 3, Teil 4, Folge 2: Feuerhemmende Bauteile (F 30-B), hrsg. v.d. DGfH Innovations- und Service GmbH, München Mai 1994

89 holzbau handbuch, Reihe 7, Teil 3, Folge 1: Erneuerung von Fachwerkbauten, hrsg. v.d. DGfH Innovations- und Service GmbH, München September 2004

90 So widmet man sich derzeit in einem gesonderten TC der Erhaltung bestehender Bausubstanz.

91 Sommer, T., Perspektiven der Brandschutzbemessung nach DIN 4102 Teil 4, Teil 22 und Eurocode, in: Braunschweiger Tage '07, 21. Fachtagung Brandschutz – Forschung und Praxis am 26. u. 27. September 2007 in Braunschweig, Tagungsband, hrsg. v. D., Hosser, H. 199, Braunschweig 2007, S. 75–88

92 H.-P. Leimers Untersuchungen zur Bestimmung der Feuerwiderstandsdauer von Fachwerkwänden flossen in die Regeln des WTA-Merkblattes Fachwerkinstandsetzung nach WTA XII: Brandschutz bei Fachwerkgebäuden ein.

93 Nause, P., Forschungsbericht Brandschutztechnische Bewertung von historischen Konstruktionen, in: Veröffentlichung der MPA Braunschweig, 23.3.2004

94 Barrois, B., Brandschutz bei der Althofsanierung am Beispiel der Schwarzwaldhäuser, Dissertation, Karlsruhe 1993, S. 167 f.

95 Fachwerkinstandsetzung nach WTA: Brandschutz von Fachwerkgebäuden und Holzbauteilen, WTA-Merkblatt 8-12, aktuelle Ausg. 05.2017/D, hrsg. v. d. Wissenschaftlich-Technischen Arbeitsgemeinschaft für Bauwerkserhaltung und Denkmalpflege e. V., München 2017

96 Leimer, H.-P., Bestimmung der Feuerwiderstandsdauer von Fachwerkwänden; Fachwerk-

instandsetzung nach WTA, Band 2; Stuttgart 2002, S. 70–75

97 Ehm, Chr., Brand-, Schall- und Wärmeschutz von historischen Fachwerkhäusern, in: wksb-Schriftenreihe, Nr. 30, Ludwigshafen 1992, S. 24–31

98 Hajpál, M., Der Einfluss von Brandereignissen auf das Verformungsverhalten bzw. die mechanischen Kennwerte von Natursteinen, in: WTA-Journal 3/04, WTA-Publications, München 2004, S. 277–290

99 Baltz, C., Preußisches Baupolizeirecht, Berlin 1897, S. 179, hier Anmerkung 1)

100 Ebd., hier S. 173, Anmerkung 1)

101 Ebd., hier S. 173, Anmerkung 7)

102 Baupolizeiliche Bestimmungen ..., wie Anm. 6

103 Zulassung von Viellochsteinen im Freistaat Baden, in Baumarkt 1931, Heft 10, S. 297

104 Ebd.

105 Ebd.

106 DIN 4102, Widerstandsfähigkeit ..., wie Anm. 22, hier Bl. 2

107 Ebd.

108 Möller M. u. R. Lühmann, Über die Widerstandsfähigkeit auf Druck beanspruchter Baukonstruktionsteile bei erhöhter Temperatur, Berlin 1888

109 Stude, A. u. M. Reichel, Bericht über die am 9., 10. und 11. Februar 1893 in Berlin vorgenommene Prüfung feuersicherer Baukonstruktionen, Berlin 1893

110 Busch, Helmut, Feuereinwirkung auf nicht brennbare Baustoffe und Baukonstruktionen, Dissertation, Zementverlag, Berlin-Charlottenburg 1935

111 TGL 33405/01, Betonbau, Nachweis der Trag- und Nutzungsfähigkeit, Konstruktionen aus Beton und Stahlbeton, Oktober 1980

112 Ebd.

113 Schmidt, F.-D., Vierke, R. u. J. Weise, Feuerwiderstand von vorgefertigten Decken und Wänden uner Berücksichtigung des Einbauzustandes, in: Mitteilungsblatt STAATLICHE BAUAUFSICHT, Heft 7, Berlin 1983, S. 54–56

114 Baupolizeiliche Bestimmungen ..., wie Anm. 6

115 Ebd.

116 Alfes, Ch. u. P. Schmeißel, Spannungsdehnungsverhalten, Schwinden und Kriechen von Sandsteinen, in Jahresberichte Steinzerfall – Steinkonservierung (Verbundforschungsprojekt Steinzerfall und Steinkonservierung), Berlin 1992, S. 3–17

117 Ebd.

118 Appel, St., Brandschutz im Detail – Decken: Bewertung von Decken im Bestand, Köln 2014

119 Baupolizeiliche Bestimmungen ..., wie Anm. 6

120 DIN 4102, Widerstandsfähigkeit ..., wie Anm. 22, hier Bl. 2

121 Seekamp, H., W. Becker, T. Kristen, K. Kordina, H.-J. Wierig, H. Dorn u. K. Egner, Baulicher Brandschutz (Versuche an Bauteilen). Untersuchungen über das Brandverhalten von Bauteilen aus Stahlbeton und Spannbeton, Holz und Stahl, durchgeführt im Auftrage des Bundesministers für Wohnungswesen, Städtebau und Raumordnung und der Stiftung für Forschungen im Wohnungs- und Siedlungswesen, Berichte aus der Bauforschung, H. 38, Berlin 1964, S. 67–95, hier S. 74

122 Ebd., S. 71 ff.

123 DIN 4102, Widerstandsfähigkeit ..., wie Anm. 23, hier Bl. 2

124 Freise, O., Brandverhalten von Holzbalkendecken, Holzwänden und Holztüren, in: Brandverhalten und Feuerschutz von Holz und Holzkonstruktionen, Vorträge zum Fachgespräch am 23. Oktober 1966 in Würzburg, hrsg. v. d. Deutschen Gesellschaft für Holzforschung e. V., Bericht 1/67, München 1967, S. 35–42

125 Ebd., S. 36 f.

126 DIN 4102, Widerstandsfähigkeit ..., wie Anm. 23, hier Bl. 2

127 Freise, O., Brandverhalten ..., wie Anm. 124

128 Nause, P., Alter schützt vor Feuer nicht; in: Trockenbau Akustik, H. 8, Köln 2004, S. 42–45, s. auch Brandschutztechnische Beurteilung und Ertüchtigung von Holzkonstruktionen in bestehenden Gebäuden. Abschlußbericht Doz. Dr.-Ing. Beilicke, Dipl.-Ing. Aradi, Bau-Ing. von Lieben unter Mitwirkung von IBMB TU Braunschweig, MPA Braunschweig, Dr.-Ing. J. Wesche, Februar 1993. Das Forschungsvorhaben wurde im Auftrage der Deutschen Gesellschaft für Holzforschung e. V. (DGfH) mit Mitteln des Bundesministers für Wirtschaft über die AIF durchgeführt.

129 Brandschutz mit Kauf, Iphofen April 2007

130 Baupolizeiliche Bestimmungen ..., wie Anm. 6

131 Nause, P., Forschungsbericht ..., wie Anm. 93

132 Wesche, J., Ertüchtigung von Bauteilen und Brandschutztüren, in: Bestandsschutz und Brandschutz. VdS-Fachtagung Schadensverhütung und Technik (Verband der Sachversicherer) am 23. November 2005 in Köln, o. S., hier Manuskripts. 4

133 Nause, P., Forschungsbericht ..., wie Anm. 93

134 Bauakademie der DDR, Institut für Baustoffe, Leitstelle Bautechnischer Brandschutz (Hrsg.), Zusammenstellung von Feuerwiderstandswerten, Feuerausbreitungsgraden und Eignungsgruppen für die Einstufung von Bauwerksteilen und Ausbaukonstruktionen, in: Bautechnischer Brandschutz. Staatliche Standards, Vorschriften der Staatlichen Bauaufsicht, Kennwerte, Berlin 1984, S. 69–113, hier S. 93 f.

135 TGL 33405/01, Betonbau ..., wie Anm. 111

136 Ebd.

137 Ebd.

138 Schmidt, F.-D., Vierke R. u. J. Weise, Kommentar zum Feuerwiderstand von Decken und Deckenscheiben, in: STAATLICHE BAUAUFSICHT, Berlin 9 (1985) 12, S. 91 f.

139 Ebd.

140 Ebd.

141 Schmidt, F.-D., Vierke R. u. J. Weise, Feuerwiderstand von vorgefertigten Decken und Wänden unter Berücksichtigung des Einbauzustandes, in: STAATLICHE BAUAUFSICHT, Berlin 7 (1983) 7, S. 54–56

142 Schmidt, F.-D., Ungeschützte Spannbeton-Volldecke der Wohnungsbauserie 70 (WBS 70) zur Anwendung als Branddecke bei Funktionsunterlagerung, in: Schriftenreihe Brandschutz – Explosionsschutz. Aus Forschung und Praxis, Bd. 9, Berlin 1983, S. 152–168

143 Institut für Bergsicherheit Leipzig, Bereich Freiberg, Prüfbericht und Prüfbescheinigung Nr. 31-FW 106/80 vom 2.5.1980

144 Institut für Bergsicherheit Leipzig, Bereich Freiberg, Bericht Nr. 31/8/1171.1/82 vom 11.11.1982 über Brandversuche an Spannbetonvolldecken im Einbauzustand

145 Kordina, K. und C. Meyer-Ottens, Holz Brandschutz Handbuch unter Mitarbeit von C. Scheer, hrsg. v. d. Deutschen Gesellschaft für Holzforschung e. V., München, 1994[2]

146 Eurocode 5, Entwurf, Berechnung und Bemessung von Holzbauwerken, Teil 1-2: Allgemeine Regeln – Bemessung für den Brandfall, DIN EN 1995-1-2, Berlin, Oktober 2006

147 Erler, K., Alte Holzbauwerke – Beurteilen und Sanieren, Berlin 2004[2], Anhang 3

148 Bauakademie der DDR ... , wie Anm. 134, hier S. 96–98

149 TGL 33405/01, Betonbau ..., wie Anm. 111

150 Fachwerkinstandsetzung nach WTA XII ..., wie Anm. 95

151 Kordina, K. und C. Meyer-Ottens, Holz ... wie Anm. 145

152 Foerster, M., Die Eisenkonstruktionen der Ingenieur-Hochbauten, Leipzig 1924

153 Bauakademie der DDR ... , wie Anm. 134, hier S. 89

154 s. u. a. bei Bauschinger, J., Über das Verhalten gusseiserner, schmiedeeiserner und steinerner Säulen im Feuer und bei rascher Abkühlung (Anspritzen), in: Mitteilungen aus dem mechanisch-technischen Laboratorium der K. Technischen Hochschule in München H. 12, München 1885, S. 1–30 oder Möller, M. u. R. Lühmann, Über die Widerstandsfähigkeit auf Druck beanspruchter eiserner Baukonstruktionsteile bei erhöhter Temperatur, in: Verhandlungen des Vereins zur Förderung des Gewerbefleißes 66, 1887

155 Krieg, S. W., Der Guss eiserner Stützen im 19. Jahrhundert, in: Erhalten historisch bedeutsamer Bauwerke, Sonderforschungsbereich 315, Universität Karlsruhe, Jahrbuch 1990, Berlin 1992, S. 223–248

156 Kordina, K. u. F. Hoffend, Tragverhalten von gusseisernen Stützen unter Brandbeanspruchung. Abschlußbericht, Institut für Baustoffe, Massivbau und Brandschutz, Technische Universität Braunschweig, Braunschweig 1986

157 Nause, P., Alter ... wie Anm. 128

158 Wielgosch-Frey, A. u. R. Käpplein, Rechnerischer Nachweis gusseiserner Hohlsäulen unter Brandbelastung, in: Erhalten historisch bedeutsamer Bauwerke, Sonderforschungsbereich 315, Universität Karlsruhe, Jahrbuch 1997/1998, Berlin 2000, S. 239–257

159 Ebd.

160 Ebd.

161 Krieg, St. W., „Feuerfest" oder „nicht feuerbeständig"?, Das Brandverhalten historischer gusseiserner Stützen und heutige feuerpolizeiliche Auflagen, in: Erhalten historisch bedeutsamer Bauwerke, Sonderforschungsbereich 315, Universität Karlsruhe, Jahrbuch 1991, Berlin 1993, S. 161–181

162 Wielgosch-Frey, A. u. R. Käpplein, Rechnerischer Nachweis ..., wie Anm. 158

163 Geburtig, G., Mehr als zehn Jahre haltbar?, in: ausbau + fassade, H. 6, Geislingen/Steige 2017

164 TGL 33405/01, Betonbau ..., wie Anm. 111

165 DIN EN 1993-1-2, Oktober 2006, Eurocode 3: Bemessung und Konstruktion von Stahlbauten – Teil 1-2: Allgemeine Regeln – Tragwerksbemessung für den Brandfall

166 Appel, St., Brandschutz im Detail – Dächer, Anforderungen – Planung – Ausführung, Köln 2015

167 Baupolizeiliche Bestimmungen ..., wie Anm. 6

168 Kabelitz, E., Zum Thema Brandschutz im Treppenbau, in: Bauen mit Holz, H. 10, Karlsruhe 1985, S. 676–679

169 Materialforschungs- und Prüfungsanstalt für Bauwesen Leipzig (Hrsg.), Abschlussbericht, Sicherheitsbetrachtungen für Treppenhäuser mit Holztreppen in mehrgeschossigen Altwohnbauten, bearb. v. W. Rösler und J. Stiller, Leipzig 28.05.1993

170 Ebd., hier S. 7

171 Ahnert, R., K. H. Krause, Typische Baukonstruktionen von 1860 bis 1960 zur Beurteilung der vorhandenen Bausubstanz, Band 3, Berlin 2009[7], S. 108 f.

172 DIN 4102, Bl. 2, wie Anm. 123

173 Freise, O., Brandverhalten ..., wie Anm. 124, S. 42

174 Zusammenstellung von Feuerwiderstandswerten, Feuerausbreitungsgraden und Eignungsgruppen für die Einstufung von Bauwerksteilen und Ausbaukonstruktionen, in: Bautechnischer Brandschutz (Staatliche Standards, Vorschriften der Staatlichen Bauaufsicht, Kennwerte), hrsg. v. d. Bauakademie der DDR, Institut für Projektierung und Standardisierung, Berlin 1985, S. 69–113, hier S. 111

175 Materialforschungs- und Prüfungsanstalt für Bauwesen Leipzig (Hrsg.), Abschlussbericht ..., wie Anm. 169

176 DIN 18095-3, Rauchschutzabschlüsse – Teil 3: Anwendung von Prüfergebnissen, Juni 1999

177 DIN 18095-1, Türen; Rauchschutztüren; Begriffe und Anforderungen, Oktober 1988

178 Allgemeine Durchführungsverordnung zur Niedersächsischen Bauordnung vom 11. März 1987, mit Änderungen vom 22. Juli 2004, § 15 f.

179 Bauregelliste A, Bauregelliste B und Liste C, hier Ausgabe 2005/1, Sonderheft Nr. 31, Berlin 28. Juni 2005, S. 81 ff.

180 Kordina, K., u. C. Meyer-Ottens, Holz Brandschutz ..., wie Anm. 145, S. 206 f.

181 Ebd., hier S. 215

182 Ebd., hier S. 209 ff.

183 Ebd., hier S. 214 f.

184 Ebd., hier S. 207

185 DIN 14676:2012-09, Rauchwarnmelder für Wohnhäuser, Wohnungen und Räume mit wohnungsähnlicher Nutzung – Einbau, Betrieb und Instandhaltung, Berlin September 2012

186 vfdb-Richtlinie 01-01:2008-04, Anhang 1, Verein zur Förderung des Deutschen Brandschutzes e. V., Ref. 1, Braunschweig, April 2008

187 Geburtig, G., Brandschutz im Bestand: Holz, Stuttgart 2009, S. 212

188 DIN 18009-1:2016-09, Brandschutzingenieurwesen – Teil 1: Grundsätze und Regeln für die Anwendung, Berlin September 2016

Stichwortverzeichnis